"十二五"普通高等教育本科规划教材

涂料技术导论

刘安华　编著

化学工业出版社

教材出版中心

·北京·

图书在版编目（CIP）数据

涂料技术导论/刘安华编著. —北京：化学工业出版
社，2005.3（2023.9重印）
"十二五"普通高等教育本科规划教材
ISBN 978-7-5025-6715-6

Ⅰ. 涂…　Ⅱ. 刘…　Ⅲ. 涂料　Ⅳ. TQ63

中国版本图书馆 CIP 数据核字（2005）第 014623 号

责任编辑：杨　菁　　　　　　　　　　文字编辑：冯国庆
责任校对：顾淑云　　　　　　　　　　装帧设计：潘　峰

出版发行：化学工业出版社　教材出版中心（北京市东城区青年湖南街 13 号　邮政编码 100011）
印　　装：北京科印技术咨询服务有限公司数码印刷分部
787mm×1092mm　1/16　印张 13¼　字数 325 千字　2023 年 9 月北京第 1 版第 7 次印刷

购书咨询：010-64518888　　　　　　　售后服务：010-64518899
网　　址：http://www.cip.com.cn
凡购买本书，如有缺损质量问题，本社销售中心负责调换。

定　　价：45.00 元

前　言

涂料作为保护和装饰物体表面的高分子基复合膜，是一种同国民经济和人们生活密切相关的材料，其重要性已不言而喻。

作为支撑涂料这个重要行业的技术基础，涂料科学是个古老的领域，但不是个成熟的学科。在涂料的研发与生产中，蕴涵着振奋人心的挑战和发展事业的机遇。涂料工业是在高分子科学、粉体科学、胶体与界面化学及化学工程学的基础上发展起来的，它正在逐步形成独自的基础理论和专门技术。

归纳总结涂料科学和阐述涂料工程技术方面的书籍繁多，且大多是手册形式的，浩繁冗长，在有限的时间或课时内，使教学或自学无从下手。而另一方面，涂料的应用发展迅猛，涂料应用或科研人员和学生迫切需要了解和认识涂料方面的技术知识，但却缺少实用的入门教材。

本教材在阅读大量涂料方面的资料、著作基础上，结合编者多年的教学、科研和技术开发的经验，简明扼要地叙述了涂料树脂的合成、涂料配方原理、涂料基本工艺、涂料施工及性能检测和涂料工厂设计等重要内容，给了学生或自学者一个完整的涂料技术的概念。

本教材包括绪论、涂料树脂合成、生漆的加工与改性、涂料配方原理、涂料生产基本工艺、涂料施工、涂料性能检测和涂料工厂设计简介等内容。"绪论"介绍了涂料的作用与发展概况、涂料的分类和命名以及涂料工艺的课程特点及学习要求；"涂料树脂合成"介绍了合成树脂的特点，并重点介绍了醇酸、氨基、环氧、聚氨酯、有机硅和聚丙烯酸酯等树脂的合成与制备要点；"生漆的加工与改性"介绍了生漆的特性、生漆的加工精制、生漆的化学改性和生漆过敏及其防治；"涂料配方原理"介绍了涂料的基本组成，并重点介绍了涂料配方的基本原理；"涂料生产基本工艺"介绍了色漆生产工艺过程，并分别阐述了乳胶漆、粉末涂料和水溶性漆的生产工艺；"涂料施工"介绍了被涂物件表面处理、涂布方法、涂膜干燥过程和涂装施工的程序；"涂料性能检测"介绍了涂料原始状态检测、涂料施工性能检测和漆膜性能检测等测试方法和要点；"涂料工厂设计简介"介绍了涂料工厂总体设计、涂料生产装置设计和工程项目的经济评价的方法和要点。

通过本教材的学习，可以了解涂料的用途和组成、常见原料的物化性质及在涂料中的作用；理解加聚和缩聚反应的反应机理以及线形和网状聚合的规律；掌握涂料配方的基本原理；掌握涂料清漆和色漆的制造方法；了解涂料的主要施工方法及性能检测技术，并掌握一般涂料工程设计要求。

本教材编写的取材参考了国内外的相关资料，在此谨致谢忱。由于编者水平所限，必然存在诸多不足乃至漏误，敬请读者指正和谅解。

编　者

2005 年 3 月

目　　录

第1章 绪 论

涂料是保护和装饰物体表面的涂装材料，将其涂布于物体表面，能形成一层薄膜，赋予物体以保护、美化或其他所需的效果。各种交通工具、家用电器、桥梁、建筑物和军工产品等，大都需要涂料进行保护和装饰。特别是钢铁和木材制品，如果没有涂料的保护，长期暴露在空气中，就会受到湿气、水分、酸雾、盐雾、腐蚀性气体、微生物和紫外线等的侵蚀而逐渐被破坏。因此，涂料是一种同国民经济和人们生活密切相关的高分子基复合材料。

在材料工业中，涂料占据着一定的地位。目前，涂料中合成树脂的比例占有绝对优势，已成为一种重要的合成材料。涂料工业具有广泛性和专一性，并具有投资少、见效快的特点。

虽然涂料科学是个古老领域，但它却不是个成熟的学科，在涂料的研发与生产中，蕴涵着振奋人心的挑战和发展事业的机遇。涂料工业是在高分子科学、粉体科学、胶体与界面化学及化学工程学的基础上发展起来的，它正在逐步形成独自的基础理论和专门技术。

1.1 涂料的定义和范围

涂料可以通过其外观（如清漆、色漆、金属闪光漆或有光漆）和功能（如防腐蚀、防磨损、防滑、装饰性或光敏性）来描述。涂料可区分为有机涂料和无机涂料，但两者之间是有重叠的，因为许多涂料是由分散于有机基料中的无机颜料组成的。

本书论述以有目的地施工于底材的有机基料的涂料为限，不包括其他如厨房炉灶上的搪瓷等涂料，因为这些涂料中没有有机化学基料。更进一步地说，有机涂料是那些历史上可追溯到油漆的材料。涂料和油漆的区别不是很多，按一般惯例，涂料作为更广泛的名词使用，而油漆限于非水溶剂涂料。

基于这种限定，许多可以称为涂料的材料也不在本书的讨论之列，如油墨、纸张和织物生产上应用的聚合物；照相软片上的涂料；贴花和其他层压制品以及化妆品等。但是本书涉及的许多基本原理也可适用于这些材料。

据全球涂料业务上通用的名称，有机涂料被划为三大类：建筑涂料；产品涂料；特种涂料。

（1）建筑涂料 建筑涂料包括用于装饰和保护建筑物外壁和内壁的色漆和清漆（透明漆），也包括其他售作家用和售给小企业用于如橱柜和家具的（不包括售给家具厂的）涂料，往往叫做零售漆。它们是通过油漆商店和其他零售渠道直接售于涂装承包商和自己动手涂装DIY（do it yourself）用户的。该市场是三大类中周期性变化最小的。即使在经济轻微衰退时，年新建房量下降所引起的油漆需要量的减少，也往往会被旧房、家具等重涂的增加所抵

1

消。乳胶漆占建筑涂料的 77%。

（2）产品涂料　产品涂料通常也叫工业漆，如在工厂里施工于汽车、家电、电磁线、飞机、家具、金属罐以及口香糖包装产品上的涂料等。这类市场往往称为 OEM（original equipment manufacture）市场，即原设备制造用漆市场。产品涂料产量和制造业活动地位成正比。这类业务是周期性的，随着 OEM 周期而变化，在大多情况下，产品涂料是为专用客户的生产条件和性能要求定制设计的。本类产品数目比其他两类多得多，研究和开发要求也更高。

（3）特种涂料　特种涂料指在工厂外施工的工业涂料和一些其他涂料，例如气雾罐包装涂料。它包括在 OEM 工厂以外施工（通常在车身修理工场）的汽车、卡车涂料、船舶涂料（船舶体积太大，不适合在工厂施工）以及公路和停车场车道用涂料。它也包括钢铁桥梁、贮罐、化工厂等的维修漆。

1.2　涂料的组成

有机涂料是化学物质的复杂混合物，它们可分为四大类：基料；挥发性组分；颜料；助剂。

（1）基料　基料是形成连续膜附着于底材（被涂表面），将涂料其他物质结合在一起成膜和提供相当结实的外层表面的材料。在很大程度上，基料决定着涂料性能。本书讨论的涂料基料是有机聚合物。

（2）挥发性组分　在多数涂料中都含有挥发性组分，这些挥发性组分在涂料施工过程中起重要作用。它们使涂料施工有足够的流动性，在施工时和施工后挥发掉。直至 1945 年，所有挥发性组分几乎都是低分子量有机溶剂，它能溶解基料组分。而 1945 年以后，开发了许多涂料，它们的基料不是完全溶解在挥发性组分里的。由于要求降低挥发性有机化合物（volatile organic compounds，VOC）排放，所以涂料研发的主要趋势是减少溶剂使用，以制造更浓缩的涂料（高固体分涂料）和使用水作主要挥发性组分的涂料（水性涂料）。现代大多数涂料，包括水性涂料，都含有一些挥发性有机溶剂，例外的是粉末涂料和辐射固化涂料。

（3）颜料　颜料是分散于漆料中的，成膜后仍悬浮在基料里的微细不溶固体。一般说来，颜料的主要目的是给涂料提供颜色和不透明性。但是它们对施工和涂膜性能也有相当影响。虽然大多数涂料含有颜料，但也有一种重要涂料少含或不含颜料，一般称为清漆。

（4）助剂　助剂是包含在涂料中的少量材料，可使涂料改变某些性能，如催干剂、稳定剂和流平剂等。

大多数涂料是复杂的混合物。许多涂料含有来自四大类的几种物质，而各种物质通常又是化学混合物，可能的组合是无限的，不同的应用也是无限的。

1.3　涂料的作用与发展概况

1.3.1　涂料的作用
归纳起来，涂料具有以下主要作用。

（1）保护作用　涂料涂布于物体表面形成漆膜，一方面能保持物体表面的完整，另一方面能使物体与环境隔绝起来，免受各种环境条件如日光、空气、雨水、腐蚀性气体和化学药品等所引起的损害。除了这种"屏蔽"作用外，有的涂料具有对金属的缓蚀作用或先蚀作用，从而可延长金属制品的使用寿命。例如，化工厂的各种设备、管道、贮罐和塔釜等都离不开涂料的保护。特别是在使用环境严酷的情况下（如海上钻井平台和油管等），涂料的保护作用就更为显著。

涂料除了常用于金属和木材制品外，还可以对水泥制品和塑料制品提供有效的保护。例如，当涂料涂布于塑料制品表面后，可以防止塑料的光老化和氧化，减少溶剂和其他化学药品对塑料的腐蚀，降低增塑剂的挥发，从而延长了塑料制品的使用寿命。因此，塑料用涂料得到迅速的发展。

（2）装饰作用　涂料对各种制品的装饰作用是显而易见的。例如，随着物质生活水平的提高，人们不仅要求各种生活用品能经久耐用，而且还需要得到美的享受。随着社会的发展，这方面的要求也将更加突出。从日常生活中的家具、自行车、电冰箱等轻工产品，到古色古香的历史名胜建筑和现代化的高楼大厦，无不需要涂料来装饰和保护。

（3）功能作用　有些涂料不但具有保护和装饰物体的作用，而且还具有许多特殊的功能。这类涂料常称为功能涂料。例如在铜导线上涂布一层绝缘漆所形成的漆包线，就是一种既能通过导线导电，导线间又能绝缘的导电材料。可以说，有了漆包线才有今天的电机工业，而所使用的绝缘漆就是具有绝缘功能的涂料。

功能涂料是基于涂料的结构和组成，并且与光学、声学、力学、电磁学和生物学等性质相结合而发展起来的一种专一性很强的、具有特殊功能的新材料，常用于国民经济、国防军事和尖端技术。例如，船舶、船坞、声呐等水下设备用的防污涂料；火箭壳体表面的烧蚀涂料；卫星内部的温控涂料；信息材料用的磁性涂料；国防军事用的迷彩涂料；医院、食品生产车间用的防霉杀菌涂料；电子工业用的半导体或导电涂料等。其中，有的已取得很好的效果，充分发挥了涂料的功能作用，更多的产品正在不断地被开发与研究。

另外，涂料还常用于色彩标志。各类工厂，特别是化工厂的各种物料管道、气体贮罐等都要刷上规定的色彩，使操作人员易于识别，以保证操作安全。涂料还常用于道路的交通标志，在保障交通安全方面也起到其应有的作用。

1.3.2　涂料工业的发展概况

涂料发展的历史可以追溯到原始社会。我国是最早使用涂料的国家之一，历代的漆器已成为我国古代文明的象征。但当时主要是以虫胶、大漆为基础的天然树脂作为涂料的原料。到20世纪初，随着科学技术的进步，合成树脂开使应用于涂料生产。20世纪30年代前后，醇酸树脂开始工业化生产，有力地促进了涂料工业的发展。但是，直到20世纪50年代和20世纪60年代，涂料工业的原料才转向石油化工产品。随着市场需要的增加和技术的进步，涂料工业也得到迅速的发展。

与此同时，涂料工业在品种结构上正在发生变化，即合成树脂涂料的比例不断上升。在合成树脂内部，形成了以醇酸、丙烯酸、乙烯基、环氧和聚氨酯树脂为主体的系列化合成树脂涂料。涂料品种也正朝着高质量、高效能、专用型和功能型方向发展。其耗能型、溶剂型涂料也朝着节能型、水性、高固体分、非水分散、低污染型和粉末涂料方向发展。概括地说，现代涂料的发展方向是开发符合环保要求的高性能品种，而高性能是指高装饰、重防腐、超耐久、功能化以及良好的施工应用等性能。

1.4 涂料的分类及命名

由于早期的漆是以植物油为基本原料，所以习惯上称涂料为油漆。随着科学技术的进步，各种合成树脂和改性油已成为造漆的主要原料，并已逐渐趋向不使用植物油。因此，油漆的含义已发生了根本的变化，而称其为有机涂料或简称涂料。

1.4.1 涂料的分类

对品种繁多的涂料进行分类是十分必要的，这有助于涂料产品的系列化和标准化。通常可从不同的角度对涂料进行分类。

按施工方法分，有刷用漆、喷漆、烘漆、电泳漆等。

按用途分，有建筑漆、船舶漆、电气绝缘漆和汽车漆等。

按涂料作用分，有打底漆、防锈漆、防火漆、耐高温漆、头道漆、二道漆等。

按漆膜外观分，有大红漆、有光漆、无光漆、半光漆、皱纹漆和锤纹漆等。

按产品形态分，有溶剂型涂料、无溶剂型涂料、分散型涂料、水乳型涂料及粉末涂料等。

上述分类名称尽管依然沿袭下来，但它不能反映不同品种涂料的基本差别，也不便于系统化和标准化。

因此，目前我国采用以成膜物质为基础的分类方法。若主要成膜物质由两种以上树脂所组成，则以在成膜物质中起决定作用的一种树脂为分类依据。为此，可将涂料分为 18 大类，其中最后一类为辅助材料，包括稀释剂、催干剂、脱漆剂和固化剂等。除辅助材料类以外的 17 类成膜物质分类及命名代号见表 1.1。

表 1.1 成膜物质分类及命名代号

序号	命名代号	成膜物质类别	主要成膜物质
1	Y	油性漆类	天然动植物油、清油（熟油）、合成油
2	T	天然树脂漆类	松香及其衍生物、虫胶、乳酪素、动物胶、大漆及其衍生物（包括由天然资源所产生的物质，以及经过加工处理后的物质）
3	F	酚醛树脂漆类	改性酚醛树脂、纯酚醛树脂、二甲苯树脂
4	L	沥青漆类	天然沥青、石油沥青、煤焦沥青、硬质酸沥青
5	C	醇酸树脂漆类	甘油乙酸酯脂、季戊四醇醇酸树脂、其他改性醇酸树脂
6	A	氨基树脂漆类	脲醛树脂、三聚氰胺甲醛树脂
7	Q	硝基漆类	硝基纤维素、改性硝基纤维素
8	M	纤维素漆类	乙基纤维、苄基纤维、羟甲基纤维、乙酸纤维、乙酸丁酯纤维、其他纤维酯及醚类
9	G	过氯乙烯漆类	过氯乙烯树脂、改性过氯乙烯树脂
10	X	乙烯漆类	氯乙烯共羧树脂、聚乙酸乙烯及其共聚物、聚乙烯醇缩醛树脂、聚二乙烯乙炔树脂、含氟树脂
11	B	丙烯酸漆类	丙烯酸酯树脂、丙烯酸共聚物及其改性树脂
12	Z	聚酯漆类	饱和聚酯树脂、不饱和聚酯树脂
13	H	环氧树脂漆类	环氧树脂、改性环氧树脂
14	S	聚氨酯漆类	聚氨基甲酸酯
15	W	元素有机漆类	有机硅、有机钛、有机铝等元素有机聚合物
16	J	橡胶漆类	天然橡胶及其衍生物、合成橡胶及其衍生物
17	E	其他漆类	未包括在以上所列的其他成膜物质，如无机高分子材料、聚酰亚胺树脂等

4

1.4.2 我国涂料的命名原则

在涂料命名时，除了粉末涂料外，仍采用"漆"一词，而在统称时用"涂料"一词。其命名原则如下。

首先，涂料的全名由颜料或颜色名称、成膜物质名称和基本名称三部分组成。例如，红醇酸瓷漆、锌黄酚醛防锈漆。其次，如果涂料中合有多种成膜物质，则可选取起主要作用的一种成膜物质命名。例如，若涂料中的松香改性酚醛树脂占树脂总量的 50% 或更高时，则被列为酚醛漆类；若松香改性酚醛树脂的含量低于 50% 时，则被列为天然树脂漆类。必要时也可选取两种成膜物质命名，其占主要地位者列在前面，如环氧硝基瓷漆。

但对某些具有专业用途或特殊性能的产品，可在成膜物质后面加以说明。例如，醇酸导电瓷漆、白硝基外用瓷漆等。

根据上述命名原则，可对各种涂料进行分类命名，同时建立相应的产品型号。

涂料产品的型号包括三部分：第一部分是成膜物质的命名代号，用汉语拼音字母表示（见表1.1）；第二部分是涂料的基本名称代号，用两位数字表示（见表1.2）；第三部分是序号，用数字表示同类产品之间在组成、配比、性能和用途等方面的差别，并用半字线与第二部分代号分开。

表 1.2 涂料基本名称代号

代号	基本名称	代号	基本名称	代号	基本名称	代号	基本名称
00	清油	16	锤纹漆	38	半导体漆	62	示温漆
01	清漆	17	皱纹漆	40	防污漆,防蛆漆	63	涂布漆
02	厚漆	18	裂纹漆	41	水线漆	64	可剥漆
03	调合漆	19	晶纹漆	42	甲板漆,甲板防滑漆	66	感光涂料
04	瓷漆(面漆)	20	铅笔漆	43	船壳漆	67	隔热涂料
05	粉末涂料	22	木器漆	44	船底漆	80	地板漆
06	底漆	23	罐头漆	50	耐酸漆	81	鱼网漆
07	腻子	30	(浸渍)绝缘漆	51	耐碱漆	82	锅炉漆
08	水性涂料	31	(覆盖)绝缘漆	52	防腐漆	83	烟囱漆
09	大漆	32	(绝缘)瓷漆	53	防锈漆	84	黑板漆
11	电泳漆	33	(黏合)绝缘漆	54	耐油漆	85	调色漆
12	乳胶漆	34	漆包线漆	55	耐水漆	86	标志漆,马路划线漆
13	其他水溶性漆	35	硅钢片漆	60	耐火漆	98	胶液
14	透明漆	36	电容器漆	61	耐热漆	99	其他
15	斑纹漆	37	电阻漆,电位器漆				

注：基本名称代号划分为 00~13 代表涂料的基本品种；14~19 代表美术漆；30~29 代表轻工用漆；30~39 代表绝缘漆；40~49 代表船舶用漆；50~59 代表防腐蚀漆；60~79 代表特种漆；80~99 代表其他类型用漆。

根据上述规定，表1.3列出了一些涂料的型号与名称。

表 1.3 涂料的型号与名称举例

型号	名称	型号	名称
Q01-17	硝基清漆	Q04-36	白硝基球台瓷漆
C04-2	白醇酸瓷漆	H52-98	铁红环氧酚醛烘干防腐底漆
Y53-31	红丹油性防锈漆	H36-51	绿环氧电容器烘漆
A04-81	黑氨基无光烘干瓷漆	G64-1	过氯乙烯可剥漆

第18类辅助材料的分类是由汉语拼音字母（代号）与数字所组成。字母表示辅助材料

的类别，数字为序号，用于区别同一类型的不同品种。辅助材料的分类及代号见表1.4。例如，X-5 为丙烯酸漆稀释剂；H-1 为环氧树脂漆固化剂；G-4 为钴锰催干剂。

表 1. 4　辅助材料的分类

代号	名　称	代号	名　称
X	稀释剂	T	脱漆剂
F	防潮剂	H	固化剂
G	催干剂		

1. 5　研究范畴和学习要求

现代的涂料科学是在化学、物理学和数学等基础科学理论的指导下，以高分子科学为基础，并根据界面化学、流变学、化学工程等的原理和方法以及其他工程学科的知识和技术建立和发展起来的，并不断吸收新的科学理论而充实提高。它指导着涂料的生产和应用两个领域中各种工艺和工程方面的科学技术研究，从而推动涂料向前发展。其中说明和研究涂料生产技术方面的内容属于涂料工艺学的范围，说明和研究涂料应用技术的则属于涂装工艺学的范围。

学习本门课程，必须具有高分子化学、高分子物理学的良好基础以及具有化学工程的基本常识。

第 2 章　涂料树脂合成

2.1　涂料用树脂的特点

涂料组成中的主要成膜物质（合成树脂胶黏剂）、颜料、稀释剂和各种助剂的结构、组成与性能是影响涂料性能的关键因素。为满足涂料性能的要求，涂料用合成树脂常具有以下特点。

（1）涂料用合成树脂的分子量　从理论上看，聚合物的分子量高，材料的力学性能以及耐老化、耐腐蚀性也好。但是，从涂料的应用、施工特点来看，还要考虑到树脂的溶解性、相容性、黏度大小和对颜料的润湿性等因素，分子量过高会带来不利的影响。一般来说，供配制挥发型漆用的热塑性树脂（特别是分散性体系），如纤维素漆、乙烯类树脂漆、丙烯酸树脂漆和橡胶类漆等，其聚合物分子量可高些，但也比塑料、橡胶或纤维的分子量低。而对于热固性树脂，如环氧树脂、聚氨酯等，则在施工前应首先合成较低分子量的预聚物，施工后再通过预聚物的官能团间反应进行固化交联。交联密度的大小对漆膜的耐水性、耐溶剂性和硬度等性能有很大的影响。

（2）涂料用合成树脂的结构　合成树脂的化学结构以及聚集态结构与漆膜性能的关系是当前涂料领域里的主要研究课题。由于涂料体系往往是多组分、多相体系，影响因素颇多，故问题显得比较复杂。但是，随着高分子理论及其他学科理论在涂料方面的应用与实践，有关涂料的理论取得了很大的进展，并总结出一些规律。

例如，分子链中引入不对称苯环，可以提高玻璃化温度，从而提高漆膜硬度，但含苯环的树脂不耐光易泛黄。所以，双酚 A 环氧树脂漆易粉化，而脂环族环氧树脂的耐候性好。脂肪族聚氨酯在耐候性方面也要优于芳香族聚氨酯。

在聚合物的分子结构中引入极性基团，有助于提高涂料的附着力。同时，在分子链上含有官能团如羟基、羧基、氨基等，可提高漆膜的交联密度。

由于涂料树脂大都要求透明，并有一定的柔韧性，因此结晶结构往往是不利的，常利用共聚或其他方法来避免涂料在成膜过程中发生结晶现象。

（3）涂料用合成树脂的合成方法　从反应机理看，涂料用合成树脂主要是采用逐步聚合反应、自由基聚合反应和共聚合反应合成的，少数合成树脂是采用阴离子聚合反应合成的。目前世界各国正在从事用基团转移聚合反应合成涂料用树脂的研究。

从实施方法上看，主要采用常规的溶液聚合法和乳液聚合法。而新的聚合技术，如种子聚合、核壳聚合等也已用于涂料工业。

近年来，新的聚合方法发展很快，出现了新的结构、新的形态和新的性能的涂料树脂。例如水稀释性涂料、非水分散涂料、高固体分涂料及辐射固化涂料、等离子固化涂料等。

必须指出，为了满足多方面性能的需要，涂料树脂的合成往往同时存在着多种反应机理。例如苯乙烯改性醇酸树脂或丙烯酸聚氨酯树脂，要通过逐步聚合和自由基聚合反应才得以完成。所以从涂料树脂合成的角度来看，可以选择更为广泛的合成技术，设计出具有各种性能的聚合物，从而为涂料工业的发展提供广阔的前景。

2.2 醇酸树脂

2.2.1 概述

醇酸树脂系指由多元醇（如甘油）、多元酸（如邻苯二甲酸酐）与植物油制备的改性聚酯树脂。它的出现，使人类摆脱了以干性油与天然树脂并合熬炼制漆的传统旧法，并使涂料工业成为一项真正的化学工业。

与以前的油基材料相比，醇酸树脂所用的原料易得、工艺简单，而且在干燥速率、附着力、光泽、硬度、保光性和耐候性等方面远远优于以前的油性漆，自 1927 年开发以来发展极为迅速。目前它不仅是一个独立的涂料分支，可制成清漆、瓷漆、底漆、腻子等，而且还可以与硝化棉、过氯乙烯树脂、聚氨酯树脂、环氧树脂、氨基树脂、丙烯酸树脂、有机硅树脂并用，以降低这些树脂的成本，提高和改善其他涂料产品的某些性能。

通常，醇酸树脂可根据改性油的性能和油度进行分类。

（1）按改性油的性能分类

① 干性油醇酸树脂　这是一种用不饱和脂肪酸改性制备成的树脂。主要用于各种自干性和低温烘干的醇酸清漆和瓷漆产品，可用来涂装大型汽车、玩具、机械部件，也可作建筑物装饰用漆。该类产品主要采用 200 号溶剂汽油和二甲苯作溶剂。

② 不干性油醇酸树脂　这是一种用碘值低于 100 的脂肪酸改性制成的树脂。由于不能在空气中聚合成膜，故只能与其他材料混合使用。当它与氨基树脂配合使用时，制成的烘漆具有漆膜硬度高、附着力强、保光保色性好等优点。广泛用于涂装自行车、缝纫机、电扇、电冰箱、洗衣机、轿车、玩具、仪器仪表等方面，对金属表面有较好的装饰性和保护作用。

（2）按油度分类

$$L(油度) = \frac{W_0}{W_R} \times 100\%$$

式中　W_0——改性油的用量；

　　　W_R——醇酸树脂的理论产量。

如用 W_{A_2}、W_G 和 W_A 分别代表邻苯二甲酸酐、甘油和酸的用量，W_{H_2O} 代表生成水的理论产量，则

$$W_R = W_{A_2} + W_G + W_A - W_{H_2O}$$

短、中、长油度的区分见表 2.1。不同油度醇酸树脂的结构示意图见图 2.1，其中（a）表示油度为零的醇酸树脂结构，（b）、（c）、（d）表示表 2.1 中所列树脂的结构。

表 2.1　醇酸树脂油度的区分与性质

项　目	油　度　类　型					
	短	中			长	
		短	中	长	长	极长
油度/%	33～43①	43～48	48～53	53～59	59～74	74～84
脂肪酸含量/%	30～39	40～45	45～50	50～55	55～70	70～80
邻苯二甲酸酐含量/%	50～38	38～36	36～33	33～30	30～20	20～10
溶剂类型	芳烃	芳烃	脂肪烃、部分芳烃	脂肪烃	脂肪烃	脂肪烃
常用溶剂	甲苯、二甲苯	二甲苯	溶剂油、石脑油	溶剂油	溶剂油	溶剂油
不挥发分/%	45～50	50	50～60	60	60～70	70～100
交联方式	烘干	烘干和气干	强制干燥、气干	气干	气干	气干
使用方式	喷涂或浸涂	喷涂或浸涂	喷涂、浸涂、刷涂	浸涂、辊涂、刷徐	辊涂或刷涂	辊涂或刷涂

① 用一元非脂肪酸改性的配方中，油度可低于 25%。

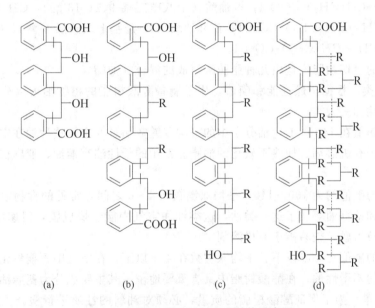

图 2.1　不同油度醇酸树脂的结构示意图
(a) 油度为零的醇酸树脂；(b) 短油度的醇酸树脂；(c) 中油度的醇酸树脂；(d) 长油度的醇酸树脂
R　R 油脂；　甘油；—R 脂肪酸
R

2.2.2　醇酸树脂合成的主要原料

（1）多元醇　醇酸树脂工业生产中最常用的多元醇是甘油，其工业品规格要求纯度不低于 95%，且无色、透明、无嗅。季戊四醇也是较常用的一种多元醇，由于工业用季戊四醇中有含量不等的聚合季戊四醇，因而熔点降低，活性羟基含量减少，使用时必须根据分析结果加以折算。

（2）有机酸　用于制备醇酸树脂的有机酸可以是一元酸，也可以是多元酸。邻苯二甲酸酐是制备醇酸树脂最主要的二元酸，简称苯酐。它是由萘或邻二甲苯经钒催化氧化制得的。

（3）油类

① 油的组成　油（主要是植物油）的主要成分是甘油三脂肪酸酯，其通式为

$$R^1COO—CH_2$$
$$R^2COO—CH$$
$$R^3COO—CH_2$$

。其中，R^1、R^2、R^3 分别表示脂肪酸的烃基部分；COOR 为脂肪酸基，它是体现油类性质的主要部分。此外尚有少量磷酯、固醇、色素等杂质，它们对油漆制备有害，必须除去。

脂肪酸是一系列同系物的总称，结构中含有双键的称不饱和脂肪酸，不含双键的称饱和脂肪酸。常见的饱和脂肪酸有：月桂酸（十二酸），$C_{11}H_{23}COOH$；豆蔻酸（十四酸），$C_{13}H_{27}COOH$；软脂酸（十六酸），$C_{15}H_{31}COOH$；硬脂酸（十八酸），$C_{17}H_{35}COOH$。

常见的不饱和脂肪酸有：油酸（十八碳烯-9-酸），$CH_3(CH_2)_7CH = CH(CH_2)_7COOH$；亚油酸（十八碳二烯-9,12-酸），$CH_3(CH_2)_4CH = CH—CH_2—CH = CH(CH_2)_7COOH$；亚麻酸（十八碳三烯-9,12,15-酸），$CH_3CH_2CH = CHCH_2CH = CHCH_2—CH = CH(CH_2)_7COOH$；桐油酸（十八碳三烯-9,11,13-酸），$CH_3(CH_2)_3CH = CHCH = CHCH = CH(CH_2)_7COOH$；蓖麻油酸（12-羟基十八碳烯-9-酸），$CH_3(CH_2)_5—C(OH)HCH_2CH = CH(CH_2)_7COOH$。

自然界中的一切油脂均是由几种脂肪酸组成的混合甘油酯。

② 油的种类　根据干燥性能和碘值，用于制备醇酸树脂的植物油可以分成干性油、半干性油和不干性油三大类。

干性油的碘值在 140 以上，油分子中的平均双键数超过 6 个，这种油在空气中易氧化干燥成几乎不溶于有机溶剂、加热不软化的油膜。常用的干性油有桐油、亚麻仁油、梓油和苏籽油。

半干性油的碘值约为 100～140，平均双键数在 4～6 之间，常见的食物油如豆油、玉米油、葵花籽油和棉籽油等属于这一类油，这类油在空气中能干燥成膜，但速度慢、漆膜软，加热时可软化及熔融，较易溶于有机溶剂中。

不干性油的碘值在 100 以下，平均双键数在 4 个以下，在空气中不能氧化干燥成膜。蓖麻油是最重要的不干性油，在醇酸树脂中具有重要地位，其主要成分为蓖麻油酸。

③ 油的质量　为了保证醇酸树脂的质量，必须对油料的性质进行检查。油料的主要特性常数如下。

a. 外观　油的外观应是清澈透明的浅黄色至棕红色液体，根据铁钴比色法，油的颜色应小于 5 号，最多不超过 8 号，禁止使用酸败变质的油料。

b. 密度　一般来说，脂肪酸的碳链越长，密度越小；不饱和度增加，密度相应增加。多数油的密度在 900～940kg/m³ 之间。

c. 折射率　油中脂肪酸不饱和度增加，折射率上升，且共轭酸的折射率高于非共轭酸，一般油脂的折射率在 1.4～1.6 之间。

d. 黏度　在室温条件下，大多数植物油的黏度相近，经氧化和热聚合后，油的分子量增大，黏度也上升，涂料工业中常用涂-4 杯黏度计、格氏管黏度计测定油料的黏度。

e. 酸值　将中和 1g 油料所需氢氧化钾的质量（mg）定义为酸值，它表示油中游离酸的含量，是鉴定油脂的主要质量指标。

f. 碘值　100g 油所能吸收碘的质量（g）称为碘值，即样品所能吸收碘的质量分数。它是测定油类不饱和键的主要指标，也是表征油料干燥速度的重要参数。

g. 皂化值与酯值　将皂化 1g 油中全部脂肪酸（包括游离的和化合的）所需氢氧化钾的质量（mg）定义为皂化值，而将皂化 1g 油中化合的脂肪酸所需的氢氧化钾质量（mg）定义为酯值。所以，皂化值＝酯值＋酸值。

h. 不皂化物　皂化时不能与氢氧化钾反应，不溶于水的物质叫不皂化物，它们主要是一些高分子醇类、烃类和蜡质。

i. 热析物　在含有磷酯的油料（如豆油、亚麻仁油等）中，加入少量盐酸或甘油，可使其在高温下（240~280℃）凝聚析出，这是鉴别这一类油脂质量的主要指标，不含磷酯的油类不在此列。

对桐油应做"成胶点"和"β桐油酸试验"，对蓖麻油应做乙醇溶解度试验。

2.2.3　醇酸树脂的合成

2.2.3.1　醇酸树脂的合成原理

以甘油和邻苯二甲酸酐（以下简称苯酐）为例，讨论醇酸树脂的合成原理。当 3mol 苯酐与 2mol 甘油在弱碱性条件下反应时，由于伯羟基的反应活性较强，所以首先形成线形聚酯。如果反应继续进行，则仲羟基也参与酯化反应，这时可发生交联，形成网状结构的高聚物。该反应可用图 2.2 来描述。

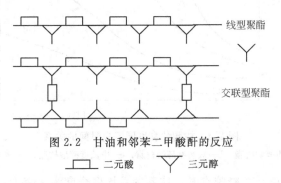

图 2.2　甘油和邻苯二甲酸酐的反应

▭ 二元酸　　Y 三元醇

上述聚酯结构，由于交联密度过大，一般不适宜于制备涂料，故常引进单官能团的脂肪酸来抑制树脂的过度交联。经脂肪酸改性的甘油与苯酐的反应见图 2.3。

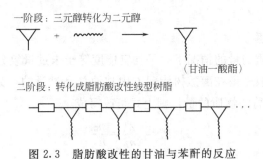

图 2.3　脂肪酸改性的甘油与苯酐的反应

反应物：▭ 二元酸；　Y 三元醇（如甘油）；〜〜 脂肪酸

如图 2.3 所示，整个反应可分成两个阶段，即三元醇与脂肪酸反应转化为二元醇，再经缩聚反应转化成线形聚合物。

聚酯键中引入脂肪酸，既能封闭部分官能团，调节分子量的大小和交联密度，又能打乱重复单元的规则布置，降低分子间的吸引力，从而使树脂的结晶化程度降低，成膜性变好，涂膜柔韧性增加。在使用干性油脂肪酸的条件下，合成树脂在空气中可进一步聚合，干燥成漆膜。

聚合物主链中引进刚性基团（如苯环），会使高聚物的结构紧密、涂膜干燥快、硬度高、耐水性和抗化学腐蚀性好，并能提高漆膜的光泽和丰满度，但冲击强度下降。

2.2.3.2　凝胶化现象及其理论预测

在制备醇酸树脂时，随着反应程度的增加，体系的酸值下降、黏度上升。对于不同油度的树脂，其体系的黏度与时间的关系如图 2.4 所示。其中，a 型树脂随反应时间的延长，其体系的黏度上升很快，当反应程度达到 75% ～ 85% 时，发生凝胶化现象，形成不溶、不熔的体型聚合物。短油度树脂 b 也可以观察到类似现象。随着油度的增加，体系的平均官能度下降，黏度随时间变化的趋势也逐渐缓和（见图 2.4 中 c 和 d），这类树脂的结构如图 2.1 所示。很明显，为了合成符合要求的树脂，必须控制反应体系的反应程度。因此，凝胶化现象及其理论预测成为许多研究人员所关注的课题。

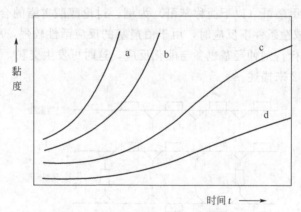

图 2.4　树脂的黏度同反应时间的关系

a—油度为零的醇酸树脂；b—短油度醇酸树脂；c—中油度醇酸树脂；d—长油度醇酸树脂

根据 Carothers 理论，在凝胶点时，体系的数均聚合度为无穷大，所以

$$P_c = \frac{2}{F_{av}}$$

式中　P_c——凝胶点；

F_{av}——平均官能度。

在官能团不是等物质的量的情况下，平均官能度等于未过量组分官能团数的两倍除以体系中分子总数之商。一般来说在醇酸树脂配方中甘油总是过量的，如以 n_A 表示羧基的物质的量，n_0 表示反应原料总的物质的量，则上式可改写成

$$P_c = \frac{2}{\dfrac{2n_A}{n_0}} = \frac{n_0}{n_A}$$

此式表明，在醇酸树脂的合成过程中，体系的凝胶点可直接用反应原料总的物质的量和羧基的物质的量的比值来表示。令 $K = n_0/n_A$，则 K 为醇酸树脂常数，简称工作常数。

当反应程度达到 100% 时，$K=1$。在实际配方设计中，为便于控制反应，可使 K 稍大于 1。利用 K 值可以分析、比较配方，推测所设计的醇酸树脂配方是否合理。对于一个新的树脂配方，亦应首先计算其 K 值。小于工作常数，则树脂将提前凝胶化，大于工作常数，则树脂性能又不能满足使用要求。根据经验，对于苯酐型反应体系，$K=1.046\pm0.014$；而

12

对于苯二甲酸体系，$K=1.046\pm0.008$。

对于不同的原料，由于分子结构不同，用于醇酸树脂制备时，其醇酸树脂常数需加调整才能成为工作常数，其调整幅度见表2.2。K 值仅适用于溶剂法生产醇酸树脂的配方设计。对于熔融法，由于物料损失过多，K 值必须做适当调整后方可使用。

表 2.2　醇酸树脂常数的调整

原　　料		K 值调整数
一元酸	豆油酸,亚麻油酸,松浆油酸	不动
	十碳酸,椰子油酸	减 0.01
	松香	减 0.03
	脱水蓖麻油酸	加 0.02
	桐油酸	按二元酸考虑
二元酸	苯二甲酸酐	加 0.01
	间苯二甲酸	加 0.05
多元醇	甘油,季戊四醇,乙二醇	不动
	三羟甲基丙烷	减 0.01

2.2.3.3　醇酸树脂配方的计算

在设计醇酸树脂配方时，为了达到所要求的酯化程度、羟值和酸值，必须注意多元酸、多元醇和脂肪酸之间的比例。为了防止早期凝胶化，对于油度过低的配方，常需采取多元醇过量的办法来降低反应体系的平均官能度。不同油度干性油醇酸树脂多元醇基过量数见表2.3。

表 2.3　不同油度醇酸树脂羟基过量数

油度/%	与苯酐酯化过量羟基数/%		油度/%	与苯酐酯化过量羟基数/%	
	甘　油	季戊四醇		甘　油	季戊四醇
＞65	0	≤5	50~55	10~15	20~30
60~65	0	5~15	40~55	15~25	30~40
55~60	<10	15~20	30~40	25~35	

醇酸树脂的配方计算包括两方面的内容：一是给出 L（油度）、K（工作常数）、r（醇超量）中的两个变量，经过计算求出第三个变量，并确定原料间的质量比；二是已知原料之间的质量比，求 L、r、K、R，即进行配方剖析。有关这类计算均可依据下列公式进行。

油脂用量 $=[L/(100-L)](M_{A_2}/2+$酯化苯酐所需多元醇的理论量＋超量多元醇－酯化生成水)

$$K=\frac{3n_o+n_{A_2}+n_o+n_B}{3n_o+n_{A_2}F_{A_2}}$$

$$L=\frac{n_oM_o}{n_oM_o+n_{A_2}M_{A_2}+n_BM_B-18n_{A_2}}$$

$$r=\frac{n_BF_B}{n_{A_2}F_{A_2}}$$

$$R=\frac{n_BF_B+3n_o}{n_{A_2}F_{A_2}+3n_o}$$

13

式中　M_o——油的分子量；

$\quad\quad M_{A_2}$——苯酐的分子量；

$\quad\quad M_B$——多元醇的分子量；

$\quad\quad n_o$——油的物质的量；

$\quad\quad n_{A_2}$——苯酐的物质的量；

$\quad\quad n_B$——多元醇的物质的量；

$\quad\quad F_{A_2}$——苯酐的官能度；

$\quad\quad F_B$——多元醇的官能度；

$\quad\quad R$——包括油中所含甘油在内的醇超量。

在实际生产中，可能要用两种以上的多元醇，这时应以数均官能度和数均分子量代入上述各式进行计算。

【例】　试设计一个60％油度季戊四醇醇酸树脂的配方（豆油：梓油＝9：1），其固体含量为55％，溶剂汽油：甲苯＝9：1，并求其配方组成。已知工业季戊四醇的平均相对分子质量为142.0，苯酐的相对分子质量为148。

解：查表2.3，油度为60％的醇酸树脂其季戊四醇过量5％～15％。若取过量10％，则工业季戊四醇的用量为：$(1+0.1)\times\dfrac{142.0}{4}=39.05(\text{kg})$。

根据前面的油脂用量计算式，则

$$\text{油脂用量}=\left(\frac{148}{2}+39.05-9\right)\times\frac{60}{100-60}=156.08(\text{kg})$$

故豆油用量＝156.08×90％＝140.47（kg）

梓油用量＝156.08×10％＝15.61（kg）

表 2.4　醇酸树脂的配方验证

原料	投料量/kg	n_A/kmol	n_B/kmol	F	n_o/kmol
豆油（$M=879$）	140.47	0.166		1	
梓油（$M=846$）	15.61	0.018		1	
季戊四醇	39.05		0.275	4	
苯酐	74.00	0.5		2	
甘油（豆油内）			0.160	3	
甘油（梓油内）			0.018	3	
合计					1.136

由此得到各组分的组成如下。

豆油	140.47kg	苯酐	74.00kg
梓油	15.61kg	副产物水	9.00kg
工业季戊四醇	39.05kg	树脂理论产量	260.14kg

欲配制固体含量为55％的醇酸树脂溶液，则需加入的溶剂量 $m_溶$ 为

$$m_溶=260.14\times(100-55)/55=212.84(\text{kg})$$

其中，溶剂汽油加入量＝212.84×90％＝191.56（kg）

甲苯加入量＝212.84×10％＝21.28（kg）

配方验证见表2.4。代入相应公式核算，得

$$L = \frac{140.47 + 15.61}{269.14 - 9} = 60\%$$

$$R = \frac{n_B F_B + 3n_o}{n_{A_2} F_{A_2} + 3n_o} = 1.065$$

$$r = \frac{n_B F_B}{n_{A_2} F_{A_2}} = 1.1$$

$$K = 0.974$$

应当指出，在以上醇酸树脂配方的计算中，多元酸是苯酐。如果用其他多元酸来取代苯酐，则应根据油度的定义修改油度表达式。例如，如果使用间苯二甲酸，则

$$L = \frac{n_o M_o}{n_o M_o + n'_{A_2} M'_{A_2} + n_B M_B - 36n'_{A_2}}$$

式中　　n'_{A_2}——间苯二甲酸的物质的量；

　　　　M'_{A_2}——间苯二甲酸的分子量。

上述醇酸树脂配方设计的理论依据是 Carothers 凝胶化理论。由于该计算过程比较简便，容易掌握，故在涂料工业中得到广泛的应用。但是，Carothers 理论是在数均聚合度趋于无穷大的错误概念上确定凝胶点的，因而其预测值与实验值间存在较大误差，在实际应用时只能视为一种经验方法。

为了使醇酸树脂的配方设计更符合客观实际，根据唐敖庆提出的凝胶化理论，汤心颐发展了一套新的配方设计体系。他认为，根据原料组成，可将醇酸树脂分成四种类型，故其配方设计公式也应分为四类。汤心颐的醇酸树脂配方设计理论能比较正确地反映了客观情况，其理论值与实验值也相当接近，但必须针对具体的醇酸树脂体系进行具体分析。因体系上有不够完善之处，加之计算较复杂，故没有得到广泛的应用。

2.2.3.4　醇酸树脂合成工艺

醇酸树脂主要是通过脂肪酸、多元酸和多元醇之间的酯化反应制备的。根据使用原料的不同，醇酸树脂的合成有醇解法、酸解法和脂肪酸法三种；若从工艺过程上区分，则有溶剂法和熔融法两种。醇解法的工艺简单，操作平稳易控制，原料对设备的腐蚀性小，生产成本也较低。而溶剂法在提高酯化速度、降低反应温度和改善产品质量方面均优于熔融法。因此，目前在醇酸树脂的工业生产中，仍以醇解法和溶剂法为主。

（1）醇解法　所谓醇解法，如图 2.3 所示，就是将油先与甘油进行醇解，形成甘油的不完全脂肪酸酯，再与苯酐酯化制备醇酸树脂的方法。其中醇解是整个生产过程中最重要的一步，目的是使油的成分改组，形成甘油的不完全脂肪酸酯（最主要的是甘油一酸酯），以便能与苯酐进行均相酯化，制成成分均匀的醇酸树脂。

醇解过程是在油相内完成的，催化剂的类型及用量、反应温度、油的品质、甘油在油中的溶解度和醇解体系的气氛均对醇解反应有较大影响。

① 醇解反应的催化剂　在碱性催化剂存在下，醇解速度加快。其中，以铅化合物和锂化合物的催化效果最好。使用氧化铅作催化剂，反应速度快且可提高漆膜的耐水性，但它易与苯酐形成不溶性盐，使树脂发浑。增加其用量，则此现象更加明显。此外，油中的某些杂质也可能使氧化铅中毒而失去催化活性。如改用氢氧化锂作催化剂，则可避免上述缺点。常用的醇解反应催化剂还有氧化钙、环烷酸钙和环烷酸铅。

在相同温度下，不同催化剂对亚麻仁油-甘油体系醇解反应的影响见表 2.5。

表 2.5　催化剂对亚麻仁油-甘油体系醇解反应的影响①

催化剂类型	达到平衡所需时间/min	甘油一酸酯含量/%	色泽（铁钴比色法）/号
无	615	50.59	6
LiOH	10	61.63	7
CaO	9	60.36	6～7
PbO	16	64.42	7～8

　① 催化剂量 0.04%，反应温度 250℃；亚麻仁油：甘油＝1：2.6（物质的量的比）。

　　研究表明，在醇解温度较低、催化剂用量较少时，CaO 的催化效果较其他催化剂好。增加催化剂用量有利于缩短达到平衡所需的时间，但是，催化剂过多会使树脂色泽加深，酯化时反应体系的黏度增长加快，有时还会造成树脂发浑（不透明），甚至降低漆膜的抗水性和耐久性，而甘油一酸酯的产率并不能提高。所以，催化剂用量必须控制在一定范围内，通常为油量的 0.02%～0.10%。各种油料在 230℃醇解时的催化剂种类及用量见表 2.6。

表 2.6　各种油料醇解用催化剂种类及用量

油料	催化剂		油料	催化剂	
	种类	用量/%油量		种类	用量/%油量
豆油	PbO	0.01	脱水蓖麻油	PbO	0.01
亚麻仁油	LiOH	0.03	椰子油	LiOH	0.03

　　反应温度对醇解反应速度以及甘油一酸酯含量的影响如图 2.5 所示。很明显，温度升高使醇解速度加快，但达到平衡后甘油一酸酯的含量基本不变。不过温度过高会使树脂的色泽加深，并发生聚合和多元醇醚化等副反应。反之，若温度过低，则会显著地影响醇解速度。

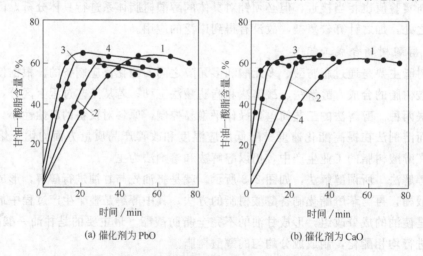

图 2.5　反应温度对醇解速度与甘油一酸酯含量的影响
1—220℃；2—230℃；3—240℃；4—250℃，催化剂量为油量的 0.04%

　　在实际生产中，醇解反应时间一般应控制在 3h 以内。因此，对不同的催化剂应适当控制醇解反应温度。例如以氧化钙和环烷酸钙为催化剂的反应体系，醇解温度应控制在 220～260℃；以氧化钙为催化剂的反应体系，醇解温度应控制在 230～240℃；而以氢氧化锂或环烷酸锂为催化剂的反应体系，醇解温度应控制在 220～240℃。

　　② 各种多元醇及其用量对醇解反应的影响　醇解反应是可逆反应，增加甘油用量有利于提高甘油一酸酯的含量。但是，在不同油料中甘油的溶解度各不相同。若甘油用量超过了

16

溶解度限值，则其多余部分可自成一相，这时，即使再增加甘油的用量，对反应也无明显影响。甘油在不同油料中的溶解度见图 2.6。

油料的不饱和度增大，则甘油的溶解度增大，醇解深度也提高。油料的酸值增加，则甘油在油中的溶解度下降，不同油料醇解时对甘油一酸酯生成量的影响见表 2.7。

在相同条件下，多元醇的醇解速度一般按三羟甲基丙烷、甘油、季戊四醇的顺序递减。增加多元醇用量，可加快醇解速度。

表 2.7　不同油料醇解时甘油一酸酯的生成量[①]

油　料	碘　值	催化剂用量/%油量	达到反应平衡的时间/min	甘油一酸酯含量/%
棉籽油	102	0.02	45	55.7
玉米油	114	0.02	37	55.0
豆油	143	0.02	33	57.6
亚麻仁油	174	0.02	31	61.4

① 油：甘油＝1：2.5（物质的量的比），反应温度230℃，催化剂 CaO。

季戊四醇是由甲醛与乙醛缩合而成，比合成甘油工艺简单，且生产成本也较低廉，而且由于季戊四醇官能度大，以其为多元醇合成的醇酸树脂较同类型的甘油醇酸树脂干燥快，且光泽、硬度、保光性、耐碱性等性能也较好，故季戊四醇是一种有发展前途的醇酸树脂原料。

为了保证醇解反应的正常进行，醇解温度必须高于季戊四醇的熔点，否则就会使醇解物形成非均相体系，导致醇解缓慢、反应时间延长，最终影响产品质量。另外，季戊四醇二聚体的含量过高，会使原料官能度增大，从而导致树脂的酸值下降过快，体系黏度迅速增加，最后使产品过滤困难。季戊四醇主要用于中、长油度醇酸树脂。

③ 保护性气体的影响　在整个醇酸树脂反应中，如果通入一定量的保护性气体，不仅可以避免一部分油发生氧化聚合等副反应，而且有利于迅速排除反应水等低分子挥发物。因此，其产品外观优于未加保护的同类产品。

常用的保护性气体为氮气和二氧化碳。在条件允许的情况下，选用二氧化碳作为保护性气体较为经济。

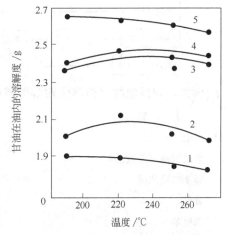

图 2.6　甘油在不同油料中的溶解度
1—棉籽油（酸值 0.25）；2—亚麻仁油（酸值 0.99）；3—玉米油（酸值 0.22）；4—豆油（酸值 0.4）；5—亚麻仁油（酸值 0.3）

④ 杂质的影响　如果精制不好，油脂中会含有脂肪酸等杂质。它们将消耗催化剂而使醇解缓慢，且使反应深度降低。因此，对原料油必须精制，反应釜也应清洗干净，不能含有残余的苯酐等杂质。如果条件允许，应使醇解反应和酯化反应在不同的反应器内完成。

⑤ 醇解终点的控制　在正常生产中，一般采用乙醇（或甲醇）容忍度法或电导测定法来确定醇解的深度。

取 1mL 醇解物于试管中，在规定的温度下以 95％乙醇（或无水甲醇）进行滴定，至开始浑油作为终点，所用乙醇（或甲醇）的体积（mL）即为容许度。使用电导测定法控制终点较简便，有利于反应的自动控制。

⑥ 酯化　经醇解后的物料降温至 180～200℃后，即可加入邻苯二甲酸酐，再升温至 200～256℃进行酯化。在酯化过程中定期取样，测定酸值与黏度。当酸值与黏度达到规定要求后终止反应，并将树脂溶解成溶液。酯化过程可采用熔融法，也可采用溶剂法。

(2) 脂肪酸法　当脂肪酸、多元醇、多元酸一起酯化时，能互相混溶形成均相体系。通常采用先加一部分脂肪酸（总量的 40%～80%）与多元醇、多元酸酯化，形成链状高聚物，然后再补加余下的脂肪酸使酯化反应完全的方法。用此法形成的醇酸树脂分子量较大，与用脂肪酸一次加入的方法所制得的树脂相比，其漆膜干燥快，且挠折性、附着力、耐碱性都有所提高。

(3) 溶剂法和熔融法　溶剂法和熔融法的生产工艺比较见表 2.8。

表 2.8　溶剂法和熔融法的生产工艺比较

方　　法	酯化速度	反应温度	劳动强度	环境保护	树脂质量
溶剂法	快	低	低	好	好
熔融法	慢	高	高	差	较差

通过比较可以看出，溶剂法的优点较突出。因此，目前多采用溶剂法生产醇酸树脂。该工艺操作过程如下。

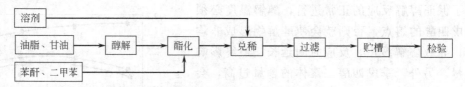

例如，62%油度豆油季戊四醇醇酸树脂的配方如下。

名　　称	投料量/kg	物质的量/kmol
豆油（双漂）	1250.0	1.44
季戊四醇（工业品）	327.0	2.30
邻苯二甲酸酐	600.0	4.05
黄丹	0.052	
二甲苯	回流用溶剂	

反应结束后溶解于 1567kg 200 号溶剂油中，所得产品规格如下。

黏度（25℃加氏管）/s	7～9
酸值/(mgKOH/g)	≤15
固体含量/%	55±2

2.2.4　改性醇酸树脂

除了脂肪酸、多元醇和苯酐以外，加入其他组分的醇酸树脂称为改性醇酸树脂。

(1) 松香改性醇酸树脂　松香的主要成分是松香酸，它可使醇酸树脂易溶于脂肪烃溶剂增加漆膜的附着力，提高漆膜的光泽，增强漆膜的耐水性和耐碱性，减少漆膜的起皱。在合成过程中加入松香，可使树脂的黏度降低，漆膜释放溶剂加快，干燥速率提高，干透加快。但松香具有共轭双键，易氧化，用量过多时漆膜易变黄、发脆，且耐候性下降。

(2) 酚醛树脂改性醇酸树脂　利用对叔丁基苯酚以碱作催化剂合成的低分子量酚醛树脂易与各种类型的醇酸树脂反应，经其改性的醇酸树脂，漆膜的抗水性、抗碱性、抗酸性和抗烃类溶剂的性能得到明显改进，但体系黏度比改性前增加很多。酚醛树脂一般在醇酸树脂合成后期加入，其用量为总量的 5%～20%。

（3）乙烯类单体改性醇酸树脂　用乙烯类单体改性的醇酸树脂可提高干燥速率，并可提高漆膜的耐候性（甲基丙烯酸甲酯改性）和耐水性（苯乙烯改性）。常用的方法有共聚法和酯化法。

共聚法是利用乙烯类单体与脂肪酸的共轭双键共聚合，可形成均匀透明的共聚物。在生产乙烯类单体改性醇酸树脂时，可采用两种方法：

①用乙烯类单体改性原料油后，再合成醇酸树脂；

②先制好醇酸树脂，再进行苯乙烯的改性。该法产品性能好，生产易控制，故涂料厂常用此法来改性醇酸树脂。

采用共聚法改性醇酸树脂，在树脂中必须有共轭双键。对于用饱和脂肪酸制成的醇酸树脂，可以采用酯化法进行改性。该法利用含有羟基或羧基的低分子量聚丙烯酸酯，与醇酸树脂上的羧基或羟基反应，达到改性醇酸树脂的目的。

在实际生产中，多使用含羧基的聚丙烯酸酯，整个反应分阶段进行。例如，椰子油甘油一酸酯先与聚丙烯酸酯反应，并以酸值控制反应程度，待反应结束后再加入甘油和苯酐。此法也可用于干性油醇酸树脂的改性。用此法合成的树脂较共聚法合成的树脂干燥快，耐烃类溶剂，且能改进漆膜光泽。

（4）有机硅改性醇酸树脂　利用少量有机硅树脂与醇酸树脂共缩聚，可制得有机硅改性醇酸树脂。由于有机硅树脂具有耐紫外线和憎水性，所以经改性后的醇酸树脂漆膜的保光性、抗粉化性、耐候性有很大的改进，从而提高了醇酸树脂漆的户外使用价值。

用以改性的有机硅树脂都是分子量较低的树脂，它可用两种方法与醇酸树脂共缩聚。其一是先将有机硅单体制成硅醇，然后再与醇酸树脂上的羟基共缩聚；其二是含有甲氧基或乙氧基的聚硅烷与醇酸树脂上的羟基进行缩聚反应。

（5）触变性醇酸树脂　经过处理的醇酸树脂可具有触变性，制成触变性涂料。所谓触变性，即在静止时表现出很高的黏度，但在剪切作用下黏度迅速下降，一旦剪切力消除，黏度又逐渐增高的现象。

触变性醇酸树脂漆由醇酸树脂与聚酰胺树脂反应制得，所使用的聚酰胺树脂的胺值和酸值大约为 4 左右（以 mgKOH/g 表示）。醇酸树脂的成分和酸值影响着涂料的触变性。一般要求酸值为 10mgKOH/g，羟值为 30mgKOH/g 左右，聚酰胺树脂用量为树脂用量的5%～10%。

醇酸树脂和聚酰胺树脂的类型，聚酰胺树脂的用量和反应程度都对产品的触变性有较大的影响。当聚酰胺分子分裂成较大链段联结在醇酸树脂分子链上时，由于分子中亚氨基间氢键的缔合作用，形成了网状的胶状物。这种分子间的力是较薄弱的，所形成的物理结点很容易被外力打破，而重排又需要一定的时间，因而产生了触变性。如果反应继续进行，则聚酰胺分子链段进一步分裂且均匀地分散在整个醇酸树脂分子中，此时体系的触变性下降以至消失。

颜料有增进触变性的作用，在有光与半光的范围内，增加颜料体积比可增强触变性；超过半光范围，增加颜料体积比，则触变性下降。若使用体质颜料可得到足够的触变性，且还有较好的流平性。

（6）水性醇酸树脂　水性醇酸树脂，可分为自干型和烘干型两类。但在实际应用上，仍以烘干型醇酸树脂为主。水性涂料可以三种形式分散在水中，即水溶性型、水分散性型和水分散性胶体型。这三种水性涂料的基本特性见表 2.9。

表 2.9　各种水性涂料的基本特性

项　　目	水 溶 性 型	水分散性胶体型	水分散性型
外观	透明	半透明	白浊
树脂颗粒直径/μm	0.001 以下	0.001～0.1	0.1 以上
溶剂中有机溶剂含量	10%～40%	0～10%	0～5%
相对分子质量	$1.5 \times 10^4 \sim 5 \times 10^4$	$5 \times 10^3 \sim 1 \times 10^5$	1×10^5 以上
黏度	与分子量成正比	不一定与分子量成比例	与分子量几乎没有关系
结构黏度	小	中	大
涂装时固体含量	比较低	相当高	高

2.3　氨基树脂

2.3.1　概述

氨基化合物能与醛发生缩聚反应。如果将该缩聚产物用醇醚化，则可形成一类性能优异的树脂——氨基树脂。涂料用氨基树脂可分成以下四类。

(1) 脲醛树脂　这是一种由尿素和甲醛经缩聚反应后，再用丁醇、甲醇或混合醇醚化的树脂。20 世纪 30 年代，人们已开始将脲醛树脂与各种天然树脂或合成树脂并用，制备性能优异的涂料。

(2) 三聚氰胺甲醛树脂　用丁醇醚化的三聚氰胺甲醛树脂是涂料用氨基树脂中最主要的品种。它是于 1940 年开发的一种性能优异的涂料。根据使用醇类的不同，有甲醇醚化和混合醇醚化三聚氰胺甲醛树脂。

(3) 苯乌粪胺甲醛树脂　苯乌粪胺甲醛树脂也称苯代三聚氰胺甲醛树脂，它与 N-苯基三聚氰胺甲醛树脂、N-丁基三聚氰胺甲醛树脂一起，通称为烃基三聚氰胺甲醛树脂。

在三聚氰胺分子中引入烃基，不仅增加了氨基树脂在有机溶剂中的溶解性，而且也改善了它与醇酸树脂的相容性。用这种树脂制成的油漆不仅漆膜光泽好，不起白雾，而且还具有较高的抗水性和耐碱性。

(4) 共缩聚树脂　共缩聚树脂有三聚氰胺脲甲醛共缩聚树脂和三聚氰胺苯基三聚氰胺甲醛共缩聚树脂两种。其中尿素或苯基三聚氰胺约占氨基化合物总量的 25%（物质的量的比）。氨基树脂是水白色热固性聚合物，它也可用做塑料模塑材料和胶黏剂。在目前涂料工业中，它常与醇酸树脂、聚酯树脂、环氧树脂和丙烯酸树脂并用，配制成溶剂型和水溶性型涂料。绝大部分氨基树脂可与醇酸树脂配合，制成氨基烘漆。

用于氨基树脂生产的主要原料有以下四种。

① 三聚氰胺　三聚氰胺也称三聚氰酰胺，工业上采用双氰胺法或尿素法制备三聚氰胺。该物质为白色结晶，密度为 $1573 kg/m^3$，熔点为 $350 ℃$，微溶于醇，不溶于水，是一种弱碱性物质。

② 尿素　尿素也称碳酸二酰胺，工业上可用氨和二氧化碳直接合成尿素。这是一种白色晶体，熔点为 $132 \sim 133 ℃$，溶于水、醇和苯，不溶于氯苯。

③ 甲醛　甲醛是由天然气或甲醇在五氧化二氮或银催化剂作用下氧化制得的。常温下甲醛是无色液体，有窒息性和刺激性臭味，凝固点 $92 ℃$，沸点 $-21 ℃$，密度为 $815 kg/m^3$，

在空气中的爆炸极限为 7%～33%。一般工业用甲醛是甲醛含量为 37%左右的甲醇水溶液。

④ 丁醇　由于碳原子的排列不同，丁醇有四种不同的异构体，即正丁醇、异丁醇、仲丁醇和叔丁醇，工业上使用最多的是正丁醇，简称丁醇。

丁醇是无色透明的液体，易燃、易挥发、能溶于乙醇及大部分溶剂。通常采用羰基合成法、发酵法和乙醛缩合法制备丁醇。

2.3.2　氨基树脂的制备方法

2.3.2.1　丁醇醚化三聚氰胺甲醛树脂的合成

根据醚化程度的高低，丁醇醚化三聚氰胺甲醛树脂可分为低醚化度三聚氰胺树脂和高醚化度三聚氰胺树脂两类。整个合成工艺过程大体可分为三个阶段。

（1）反应阶段　在该阶段最终形成醚化树脂，根据生产方法有一步法和两步法之分。

一步法是将所有原料在微酸性条件下同时完成羟甲基化反应和醚化反应，省去了碱性羟甲基化阶段。本法必须严格控制 pH 值，防止羟甲基的缩聚反应速度高于丁氧基的醚化反应速度，以保证树脂质量。

两步法是使原料先在碱性介质中进行羟甲基化反应，然后才在酸性条件下进行缩聚和醚化反应，该过程较易控制质量。

（2）脱水阶段　在合成三聚氰胺树脂的反应溶液中含有大量的水，它妨碍丁氧基团的醚化反应，故必须除去。目前工业上有四种脱水方法，其工艺优缺点比较见表 2.10。

表 2.10　四种脱水工艺的优缺点

方　法	优　点	缺　点
直接脱水法	可连续操作	
分水-常压脱水法	分水有利于除去低分子亲水性物质、游离甲醛及机械杂质；常压脱水醚化温度高，丁醇耗量小	树脂质量差；贮存稳定性差
分水-减压脱水法	分水有利于除去低分子亲水性物质、游离甲醛及机械杂质；减压脱水反应温度低，缩聚倾向小，醚化容易控制	贮存稳定性较差；缩聚度较高，树脂黏度大，固体分低
分水、常压-减压脱水法	分水有利于除去低分子亲水性物质、游离甲醛及机械杂质；丁醇耗量小；最后以减压脱水作为终点控制，减少了缩聚倾向，醚化度也易控制，贮存稳定性好	醚化速度太慢，反应时间长；丁醇耗量大，操作比较麻烦

（3）后处理阶段　树脂中的小分子产物和其他亲水性物质，可通过热水洗涤除去，后处理工序可提高产品的贮存稳定性，但由于此法能耗大，丁醇损失较多，故无特殊要求可不进行后处理。

（4）典型的三聚氰胺树脂生产工艺　涂料用三聚氰胺树脂的典型配方见表 2.11。

表 2.11　涂料用三聚氰胺树脂的典型配方

原　料	相对分子质量	低醚化度		高醚化度	
		物质的量/kmol	配料量/kg	物质的量/kmol	配料量/kg
三聚氰胺	126	1	126	1	126
37%的甲醛	30	6.24	506	6.24	506
丁醇1	74	5.4	399.6	5.4	399.6
丁醇2	74			0.9	66.6
碳酸镁			0.4		0.4
邻苯二甲酸酐			0.44		0.44
二甲苯			50		50

根据表 2.11 所规定的配料比，将甲醛、第一份丁醇、二甲苯等加入反应釜后，在搅拌

下加入碳酸镁并缓慢加入三聚氰胺，待搅拌均匀后升温至80℃。取样观察，待溶液清澈透明、pH＝6.5～7后，再继续升温至90～92℃，并在回流条件下反应2.5h。然后加入邻苯二甲酸酐，待其全部溶解后调整体系的pH＝4.5～5。继续升温并在90～92℃下回流1.5h。反应结束后停止加热，静置分层，2h后分净下层废水。最后在搅拌下升温，进行常压脱水并使丁醇回流，且记录蒸出水量。当温度升至104℃左右时，取样测定树脂和苯的相容性。对高醚化度产品加入第二份丁醇，继续回流2h后，取样测定树脂对200号溶剂油的容忍度，符合要求即进行过滤。产品质量指标见表2.12，氨基树脂生产工艺的流程见图2.7。

表2.12　涂料用三聚氰胺甲醛树脂质量指标

项　　　目	低醚化度	高醚化度
外观	水白色透明	水白色透明
不挥发分(105℃,1.5h)/%	60±2	60±2
颜色(铁钴比色法)/号	0～1	0～1
黏度(涂-4黏度计,25℃)/s	60～100	50～80
容忍度(200号溶剂油,质量分数)	1:(2～7)	1:(10～20)
酸值	≤2	≤2
混容性 (质量分数)　树脂:苯＝1:4	不浑浊	不浑浊
树脂:50%油度蓖麻油醇酸树脂＝1:1.5	不浑浊	
树脂:44%油度豆油醇酸树脂＝1:1.5		不浑浊

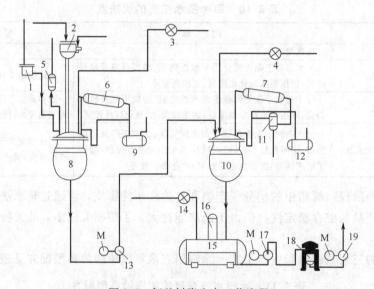

图2.7　氨基树脂生产工艺流程

1—计量槽；2—自动计量秤；3,4,14—液体计量器；5—溶剂高位槽；6,7,16—冷凝器；8,10—反应釜；
9,12—真空接受器；11—分离器；13,17,19—齿轮泵；15—混合器；18—板框过滤器

(5) 影响三聚氰胺甲醛树脂质量的因素

① 甲醛用量　羟甲基的数目随甲醛用量的增加而增加。当反应温度为80℃、体系pH值为8～9时，甲醛用量与形成多羟甲基三聚氰胺的关系见表2.13。

表2.13的数据表明，为了合成六羟甲基或接近六羟甲基的三聚氰胺，甲醛用量必须大大过量。在甲醛用量相同的条件下，延长反应时间可略为提高羟甲基数。在涂料工业中，一般选择含有4～5个羟甲基的三聚氰胺甲醛树脂，故甲醛与三聚氰胺的物质的量的比选择在

（5～8）：1。

表 2.13　甲醛用量与形成多羟甲基三聚氰胺的关系

F：M[①]（物质的量的比）	反应时间/min	甲醛转化率/%	形成羟甲基数/（个/分子）
6：1	50	68.6	4.12
8：1	50	66.0	5.27
8：1	90	67.4	5.28
12：1	50	44.5	5.35
12：1	100	48.4	5.80

① F 为甲醛，M 为三聚氰胺。

② 丁醇的类型与用量　多羟甲基三聚氰胺中含有大量的羟甲基，它的极性大，在有机溶剂中不溶解，故需用醇（如甲醇或丁醇）改性。改性后的树脂，由于非极性基团数目的增加，有机溶剂中的溶解度也明显增加。当用甲醇改性时，由于甲基的体积小，所以每个三聚氰胺树脂链节中必须有 5～6 个甲氧基，才能使其溶于苯类有机溶剂并与醇酸树脂混容。但是，丁醇改性三聚氰胺树脂即使醚化度较低，也能溶于有机溶剂并与醇酸树脂混容，其混合物的稳定性也较好。

不同的丁醇异构体与羟甲基反应的速度不同，其醚化速度按以下顺序递减：正丁醇＞异丁醇＞仲丁醇＞叔丁醇。

涂料工业中一般采用正丁醇做改性剂，三聚氰胺和丁醇的物质的量的比以 1：（5～8）为宜。这样制出的树脂内每一单元链节含 2～3 个丁氧基，余下的未反应的丁醇留在树脂中，以提高产品的贮存稳定性。

③ 催化剂及其用量　在碱性催化剂作用下，三聚氰胺和甲醛缩合成多羟甲基三聚氰胺。各种碱性物质如氧化镁、氢氧化镁、碳酸镁、氨水、碳酸氢钠、碳酸钠、三乙醇胺、磷酸三钠和氢氧化钠均是有效的催化剂。催化剂的用量以能中和甲醛液中的甲酸并使体系的 pH 值达到中性至弱碱性为宜，若催化剂用量过高，不仅使羟甲基化反应加速，而且也促进了羟甲基间的缩合反应。当采用氢氧化钠和氨水作催化剂时，pH 值可调整到 6.5～8.5 之间，若使用碳酸镁作催化剂，则其用量为三聚氰胺质量的 0.003～0.004。

羟甲基三聚氰胺和丁醇的醚化反应，必须在微酸性条件下进行，在该条件下还可以发生缩聚反应。这两种反应同时进行，相互竞争。若 pH 值下降，则缩聚反应速度加快，树脂分子量变大，黏度增加，与醇酸树脂的混容性变差。若 pH 值接近中性，则缩聚反应速度减慢，反应时间延长。因而必须控制适当的 pH 值，使缩聚反应和醚化反应均衡地进行。

各种酸，如盐酸、乙酸、草酸、油酸、邻苯二甲酸酐、氯乙酸等均可作催化剂，反应体系的 pH 值应控制在 4.5～6 之间。

2.3.2.2　丁醇改性脲醛树脂

与三聚氰胺树脂一样，脲醛树脂主要也是与醇酸树脂配合制备氨基醇酸烘漆，它能提高醇酸树脂的硬度、光泽、耐化学药品性和干性。但是与三聚氰胺-醇酸树脂漆相比，制得的氨基醇酸烘漆的户外耐候性、耐化学药品性和电绝缘性较差，最高使用温度也较低。

在脲醛树脂的合成过程中，尿素首先与甲醇反应形成二羟甲基脲。由于该物质的极性较大，故是水溶性的，但通过醚化可降低其极性而变成油溶性物质。醚化程度增高，则形成树脂的黏度降低。酸性催化剂的类型与用量、反应温度及配料比都极大地影响着该合成反应。一般来说，介质的 pH 值的允许波动范围较窄。由于多羟甲基脲的醚化反应速度较慢，所以酸性催化剂如邻苯二甲酸酐的用量要比多羟甲基三聚氰胺反应体系高，其常用量为尿素的1%～2%。又因尿素中的活性氢数量比三聚氰胺少，故在脲醛树脂的合成中甲醛和丁醇的用量也相应减少。各组分的物质的量的比为尿素：甲醛：丁醇＝1：(2～3)：(2～4)。

典型的涂料用脲醛树脂配方见表2.14。

表 2.14　涂料用脲醛树脂的典型配方

原　料	相对分子质量	物质的量/kmol	配料量/kg	原　料	相对分子质量	物质的量/kmol	配料量/kg
尿素	60	1	60	邻苯二甲酸酐			1
37%甲醛	30	2.4	194	二甲苯1			7
丁醇1	74	2.5	185	二甲苯2			5
丁醇2		0.2	15				

增加醇的碳原子数，可以提高树脂在烷烃溶剂中的溶解性。采用醚转移反应，可在脲醛树脂分子中引进高级醇。例如，首先将脲醛树脂甲基醚化，再将这种甲基醚化的羟甲基脲与辛醇或十二醇反应，反应过程中形成的甲醇可用分馏的方法除去。

丁醇醚化脲醛树脂与醇酸树脂配合，常在110～140℃下烘烤20～30min成膜。如果使用适当的催化剂，则交联温度可降至室温。在成膜物中，脲醛树脂的量占总质量的20%～40%。

商品脲醛树脂的主要技术指标见表2.15。

表 2.15　商品脲醛树脂的主要技术指标

产品名	固体含量/%	黏度(加氏管)	色泽(最大)/加纳尔	密度/(kg/m³)	酸值(溶液,最大值)	溶剂
21-801	50	W～Z	1	840	5	二甲苯和丁醇
21-803	50	T～W	1	840	9	二甲苯和丁醇
21-805	60	K～P	1	850	4	二甲苯和丁醇
21-806	60	Z_1～Z_5	1	860	3	高闪点溶剂油
21-810	80	V～Y	1	940		异丙醇

2.3.2.3　烃基三聚氰胺树脂

常见的烃基三聚氰胺有 N-丁基三聚氰胺、N-苯基三聚氰胺、苯基三聚氰胺三种。与三聚氰胺相比，它们的活性氢数较少，所以甲醛和丁醇的用量也相应降低。以苯基三聚氰胺为例，各组分的物质的量的比为苯基三聚氰胺：甲醛：丁醇＝1：(3～4)：(3～5)。丁醇醚化苯基三聚氰胺的典型配方见表2.16。

表 2.16　涂料用苯基三聚氰胺的典型配方

名　称	物质的量/kmol	投料量/kg	名　称	物质的量/kmol	投料量/kg
苯基三聚氰胺	1	187	二甲苯		66
37%的甲醛水溶液	3.2～3.5	259～284	邻苯二甲酸酐		0.6
丁醇	4	296			

用烃基三聚氰胺树脂和醇酸树脂配合制成的漆膜耐碱性较好，但硬度稍低。

2.3.2.4　氨基共缩聚树脂

由表2.17可以看出，上述三类氨基树脂具有不同的优缺点，如果采用共缩聚的方法，则可制成综合性能更好的共缩聚树脂。

表 2.17　氨基树脂性能比较

性　　　能	脲醛树脂	三聚氰胺树脂	苯乌粪树脂
加热固化温度范围/℃	窄,100~180	宽,90~250	宽,90~250
热固化性及漆膜硬度	慢,漆膜硬度高	快,漆膜硬度高	慢,漆膜硬度高
柔韧性	好	硬脆	硬,具有柔韧性
耐水、耐碱性	差	好	最好
耐溶剂性	差	好	好
光泽	差	好	最好
户外耐候性	差	好	差
涂料稳定性	差	与醚化度有关	好
价格	低	高	高

　　例如用三聚氰胺制备的氨基树脂,虽然有较好的性能,但因三聚氰胺价格比尿素高,故成本较高。如果用尿素代替部分三聚氰胺制备氨基树脂,则既能降低成本,又能发挥脲醛树脂附着力强的优点,一般尿素占氨基树脂总量的 25%(摩尔分数)。

　　在三聚氰胺树脂中引入苯基三聚氰胺,可以改进三聚氰胺树脂与醇酸树脂的混容性,提高漆膜的光泽、抗水性、耐碱性和耐候性,同时还可以减轻苯基三聚氰胺树脂的泛黄性。典型的共缩聚树脂配方见表 2.18。

表 2.18　共缩聚树脂的典型配方

原　料	三聚氰胺/尿素共缩聚树脂		三聚氰胺/苯基三聚氰胺共缩聚树脂	
	物质的量/kmol	投料量/kg	物质的量/kmol	投料量/kg
三聚氰胺	0.75	94.5	0.75	94.5
尿素	0.25	15		
苯基三聚氰胺			0.25	46.8
37%的甲醛水溶液	5.5	446	5.5	446
丁醇1	5.5	407	5	370
苯		40		55.5
邻苯二甲酸酐		1.6		0.4
丁醇2	1.5	111		0.6

2.3.2.5　六甲氧基三聚氰胺树脂

　　三聚氰胺与甲醛反应后,用甲醇醚化成含有 6 个或接近 6 个甲氧基的化合物,称为六甲氧基三聚氰胺,简称 HMMM 或 HM_3。由于对高固分氨基树脂漆需求量的增加,HM_3 的产量得到迅速增长。这类树脂主要用于水溶性氨基醇酸烘漆,也可与普通的丁醇改性三聚氰胺树脂一样,配制氨基醇酸树脂烘漆。由于固化温度高(150℃)、速度慢,故这类油漆配方中应加入 1% 的酸,如磷酸二氢丁酯、对甲苯磺酸作催化剂。因为 HM_3 的官能度高,固化后制品交联密度大,所以用量可低于普通的三聚氰胺树脂。与丁醇改性三聚氰胺树脂相比,漆膜的柔韧性、抗水性更高,而且与醇酸树脂的混容性好。

　　(1)影响 HM_3 树脂制备的因素

　　① 甲醛用量对羟甲基化反应的影响　随着甲醛用量的增加,三聚氰胺分子中所合羟甲基数也在增加。为了保证合成六羟甲基三聚氰胺,甲醛与三聚氰胺的物质的量的比应大于 10。

　　② pH 值和反应温度对羟甲基化反应的影响　当介质的 pH 值小于 7 时,羟甲基间易缩聚;当介质的 pH 值大于 9.5 时,羟甲基化反应速度加快,晶体析出过快,反应难以完全。

一般来说，pH值应控制在7.5~9.5的范围以内。

当反应温度低于50℃时，三聚氰胺在甲醛中的溶解度变小，反应速度过慢；但过高的反应温度有利于羟甲基间的缩聚反应。所以在羟甲基化阶段，反应温度一般控制在55~65℃。

③ 水分的影响　水分对羟甲基化反应和甲氧基化反应均有影响，当体系的水分低于50%时，羟甲基三聚氰胺的溶解性下降，它很快会以晶体形式析出，从而使反应不均匀。若水分过高（大于70%），则羟甲基三聚氰胺易溶于甲醛水溶液中，所形成的晶体细小，使过滤困难，损失也较大，所以在羟甲基化过程中，反应体系中的水分应控制在60%左右。

甲氧基化速度与水分含量的关系密切，当采用干法一次醚化工艺时，HM_3的含水量以控制在5%~15%为宜。水分过低有利于缩聚反应，从而使体系的分子量增加，黏度上升，不利于甲氧基化反应。

④ pH值、湿度和反应时间对甲氧基化反应的影响　反应体系的pH值对醚化反应有明显的影响，pH值过低，则反应过于激烈，而且由于催化剂用量的增加，中和催化剂时产生的盐也随之增多，使产品过滤困难。当pH值大于3.5时，则醚化反应的速度太慢。故醚化反应的pH值一般选择在1.5~3的范围之内。

当温度低于25℃时反应速度很小，而当温度高于60℃时又易产生缩聚反应，从而使聚合度增加，体系黏度增大，产品的亲水性下降，过滤除盐也发生困难。通常，甲氧基化的反应温度选择在30~50℃之间，反应时间为1h。

总的来说，在甲氧基化反应过程中也同时存在着缩聚和醚化两种竞争反应。高温、低pH值对这两种反应均有利，而醇过量有利于醚化反应，水含量增加有利于缩聚反应。为了合成六甲氧基三聚氰胺，必须选择有利于醚化而不利于缩聚的反应条件。

(2) HM_3树脂的生产方法　HM_3树脂可用两种方法（干法和湿法）生产。由于湿法生产工序多，甲醇耗用量大，而且还要设置回收装置，且产品质量也不稳定，所以一般采用干法生产。

所谓干法就是将制备好的六羟甲基三聚氰胺除去水分和过量甲醛后，低温干燥到一定含水量（5%~15%）再进行醚化的方法。具体过程如下。

① 六羟甲基三聚氰胺的制备　如表2.19所示，将甲醛和水加入反应釜中，以10%的氢氧化钠水溶液调节pH值为9，缓慢加入三聚氰胺，待其完全溶解后再用10%的氢氧化钠水溶液调节pH值至9，在60~65℃下反应至结晶析出。静置保温4h后冷却到30℃以下，分离出废水和游离甲醛。在55℃以下干燥至含水量达5%~15%，要求每个产品分子中含有5个以上的羟甲基。

表 2.19　合成六羟甲基三聚氰胺的典型配方

原　料	物质的量/kmol	投料量/kg
三聚氰胺	1	126
37%的甲醛水溶液	10	810
蒸馏水		192

表 2.20　涂料用 HM_3 的典型配方

原　料	物质的量/kmol	投料量/kg
六羟甲基三聚氰胺	1	306
甲醇	20	640
盐酸		5
10%的NaOH水溶液		21.5

② 六甲氧基三聚氰胺的制备　根据表2.20的配方，将甲醇加入反应釜中并用盐酸调节pH值至1~1.5。加入六羟甲基三聚氰胺，搅拌下升温至40℃，使其完全溶解成透明溶液。调节pH=2~3并在40~45℃下保温醚化反应1h。醚化反应结束后，加入10%的氢氧化钠

水溶液中和至 pH＝9。于 $8 \times 10^3 Pa$ 的压力、60℃条件下脱除甲醇，直至无甲醇馏出。加入丁醇稀释至固体含量为 70％，再进行真空抽滤除盐。

所制得的产品应符合以下质量指标：甲氧基含量≥5（甲氧基含量用每个 HM_3 分子中所含甲氧基数来表示）；游离甲醛含量≤3％；溶解性为能溶于醇，部分溶于水。

2.4 环氧树脂

2.4.1 概述

环氧树脂是指分子中含有两个以上环氧基团的高分子化合物。固化前，线形热塑性树脂的相对分子质量在 340～7000 的范围内，在固化剂或催化剂作用下，即形成三度交联的热固性聚合物。按化学结构，环氧树脂可分为三种类型。

(1) 缩水甘油型环氧树脂　这种结构的环氧化合物是以环氧氯丙烷与含活性氢的有机化合物如多元酚、多元醇、多元羧酸和多元胺为原料制备的。

① 缩水甘油醚环氧树脂　例如由环氧氯丙烷与双酚 A 或丁二醇制备的双缩水甘油醚环氧树脂。

$$CH_2-CHCH_2\{O-R-O-CH_2-CH(OH)-CH_2\}_n O-R-O-CH_2CH-CH$$

当 R 为 —⟨苯环⟩—C(CH₃)₂—⟨苯环⟩— 时，为双酚 A 环氧树脂；当 R 为正亚丁基、$n=0$ 时，为丁二醇双缩水甘油醚环氧树脂。

② 缩水甘油酯环氧树脂　例如由多元羧酸制备的均苯三酸三缩水甘油酯环氧树脂。

$$CH_2-CHCH_2OOC \quad \text{(苯环) COOCH}_2-CH-CH_2 \quad COOCH_2-CH-CH_2$$

③ 氨基环氧树脂　例如由多元胺制备的二氨基二苯甲烷四缩水甘油基环氧树脂。

$$\begin{matrix} CH_2-CHCH_2 \\ CH_2-CHCH_2 \end{matrix} N-\text{(苯环)}-CH_2-\text{(苯环)}-N \begin{matrix} CH_2CH-CH_2 \\ CH_2CH-CH_2 \end{matrix}$$

(2) 环氧化烯烃　这是一种由含不饱和双键的低分子量或高分子量的直链或环状化合物制备的环氧树脂。根据结构又可分成以下三类。

① 环氧化直链脂肪族烯烃　直链脂肪族烯烃的环氧化合物主要有环氧化聚丁二烯、丁二烯双环氧等。经环氧化反应后的聚丁二烯，在主链上，不仅存在环氧基，而且可因副反应形成少量羟基和酯基。其结构式如下。

$$\{CH_2CH(OH)CHCH_2-CH-CH-CH_2CH_2CH=CHCH_2CH_2CHCH_2CH\}_n$$

② 脂环族环氧化合物　脂环族环氧化合物多为含有环氧基的五元或六元环化合物，例如二氧化双环戊烯基醚。

③ 混合型环氧化烯烃　它是在分子结构中同时含有脂肪族和脂环族环氧基的化合物，

例如乙烯基环己烯双环氧。

（3）元素改性环氧树脂　当引进其他元素后，环氧树脂的性能会发生很大变化。如引进卤素以后，环氧树脂具有自熄性；引进硅、钛以后，可提高环氧树脂的热稳定性和电性能。

① 有机钛环氧树脂　这是一种用正钛酸酯改性的环氧树脂，其结构式如下。

$$\left[\begin{array}{c} CH_2-CH-CH_2-O-R-O-CH_2-CH-O \\ \underset{O}{\diagdown} \qquad\qquad\qquad\qquad \underset{O}{\diagdown} \\ CH_2-CHCH_2-O-R-O-CH_2 \\ \underset{O}{\diagdown} \end{array}\right]_4 Ti$$

② 有机硅环氧树脂　它是一类利用环氧树脂分子中的羟基和环氧基与聚硅氧烷中的硅醇基反应所形成的产物。

表 2.21　烯烃类环氧化物的牌号及规格

国家统一牌号	规　格						
	外　观	环 氧 值	密度(20℃)/(kg/m³)	熔点/℃	黏度(20℃)/Pa·s	沸点/℃	折 射 率
H-71	淡黄色液体	0.62~0.67	1121		<2	185(400Pa)	
R-122	白色结晶	1.22	1331	184			
W-95	白色固体	≥0.95	1153	55			
W-95	琥珀色液体	≥0.95	1153				
YJ-118	液体	1.16~1.19	1032.6		0.0084	242	1.4682
Y-132	液体	1.29~1.35	1098.6		0.0077	227	1.4787
D-17	琥珀色黏液体	0.162~0.186	901.2		碘值 180		羟基含量 2%~3%

表 2.22　双酚 A 环氧树脂的牌号及规格

国家统一牌号	规　格					
	软化点/℃	环氧值	有机氯值≤	无机氯值≤	挥发分/%≤	黏度(25℃)/s
E-51		0.48~0.54	0.02	0.001	2	
E-44	12~20	0.41~0.47	0.02	0.001	1	
E-42	21~27	0.35~0.45	0.02	0.001	1	
E-35	20~35	0.30~0.40	0.02	0.005	1	
E-31	40~55	0.23~0.38	0.02	0.005	1	
E-20	64~76	0.18~0.22	0.02	0.001	1	
E-14	78~85	0.10~0.18	0.02	0.005	1	
E-12	85~95	0.09~0.14	0.02	0.001	1	
E-06	110~135	0.04~0.07				
E-03	135~155	0.02~0.045				
F-44	≤40	≥0.44	0.1	0.005	2	
F-46	≤70	≥0.44	0.08	0.005	2	
B-63		0.55~0.71		0.005		≤0.3
A-95	90~95(熔点)	0.90~0.95				
BT-40	20~35	0.35~0.45	0.02	0.005	1	
EG-02	(固含量≥50%)液体	0.01~0.03				≤40

在国产环氧树脂中，双酚 A 环氧树脂是产量最大、应用最广泛、价格也较低廉的通用型环氧树脂，简称环氧树脂。目前我国已生产的环氧树脂牌号及规格见表 2.21 和表 2.22。表中环氧值和有机（无机）氯值的单位均为 mol/100g 样品。

2.4.2 环氧树脂的物理性质与特性指标

2.4.2.1 环氧树脂的物理性质

环氧树脂是一种黏稠的液体或固体，贮存稳定性好。常温下，当树脂相对分子质量在 500 以下时是液体，当树脂相对分子质量大于 500 时则逐渐过渡到固体。

（1）溶解性　环氧树脂可以溶解在某些溶剂中，随着分子量的增加，树脂的溶解性下降。酮、酯、醚醇类和氯化烃类对环氧树脂具有良好的溶解能力，而芳烃和醇类对环氧树脂的溶解能力较差。但当芳香烃和醇类混合后，则是中分子量环氧树脂的良好溶剂。

为了降低成本，改善漆膜的性能和油漆的施工性能，提高溶剂的溶解能力，涂料中常采用混合溶剂作为环氧树脂的溶剂。表 2.23 列举了固体环氧树脂在各种溶剂中的溶解特性。

表 2.23　固体环氧树脂的溶解特性

溶　剂		相对分子质量为 900 的树脂			相对分子质量为 2900 的树脂		
		溶液的近似黏度 （质量浓度，25℃）/Pa·s		溶解度/g	溶液的近似黏度 （质量浓度，25℃）/Pa·s		溶解度/g
		50%	40%		50%	40%	
酮类	丙酮	<0.05	<0.05	18	0.20	0.05	29
	甲乙酮	<0.05	<0.05	全溶	0.25	0.05	全溶
	甲基异丁酮	0.05	0.05	23	1.00	—	45
	甲基环己酮	0.25	0.05	全溶	6.00	1.50	全溶
	二丙醇酮	0.25	0.10	全溶	9.85~14.8	2.50	全溶
酯类	乙酸乙酯	0.05	0.05	18	1.75	0.10	28
	乙酸丁酯	0.05	0.05	20	1.30	0.20	37
	乙酸甲基溶纤剂	<0.07	0.05	全溶	1.50	0.275	全溶
	乙酸溶纤剂	0.14	0.05	全溶	1.75	0.50	全溶
醚醇类	甲基溶纤剂	0.10	<0.05	全溶	2.00	0.40	全溶
	溶纤剂	0.14	0.05	全溶	1.75~2.30	0.70	全溶
	丁基溶纤剂	1.75	0.05	全溶	4.60	1.00	全溶

（2）混容性　一般说来，环氧树脂与芳香族聚合物是混容的，但不与脂肪族聚合物相混容。在涂料工业中，常利用这一特点将环氧树脂和许多涂料用合成树脂并用，经高温烘烤后，交联而成性能优异的涂膜。

固体环氧树脂与其他树脂的混容性见表 2.24。

2.4.2.2 环氧树脂的特性指标

环氧树脂的特性指标是控制树脂性能、保证树脂质量的重要指标。

（1）环氧值　100g 环氧树脂中所含环氧基团的物质的量称为环氧值。

环氧基是环氧树脂中的活性基团，其含量直接影响固化后树脂的性能。树脂的生产企业或使用客户常通过测定环氧值来鉴定树脂的质量，计算固化剂用量。

（2）环氧当量　含有 1mol 环氧基的树脂质量(g)称为环氧当量。它可用环氧值来换算。

$$Q_1 = \frac{100}{E}$$

式中　Q_1——环氧当量；

　　　E——环氧值。

表 2.24　固体环氧树脂与其他树脂的混容性

其他树脂名称		环氧树脂相对分子质量和使用质量分数										
		1000			1500			3000			4000		
		90%	50%	10%	90%	50%	10%	90%	50%	10%	90%	50%	10%
醇酸树脂类	短油度豆油醇酸树脂	a	a	a	a	a	a	a	a	a	a	a	a
	中油度豆油醇酸树脂	b	a	a	a	a	a	a	a	a	a	a	a
	长油度豆油醇酸树脂	c	a	a	a	a	a	a	a	a	a	a	a
	苯乙烯改性醇酸树脂	c	c	a	a	a	a	a	a	a	a	a	a
	不干性醇酸树脂酚醛树脂	c	c	c	c	c	c	c	c	c	c	c	c
酚醛树脂类	纯酚醛树脂	c	c	c	c	c	c	c	c	c	c	c	c
	松香改性	a	a	a	a	a	a	a	a	a	b	a	a
纤维素衍生物	乙酸纤维素	a	a	a	a	a	a	a	a	a	a	a	a
	硝酸纤维素	a	a	a	a	a	a	a	a	a	a	a	a
	乙基纤维素	b	a	a	a	a	a	a	a	a	a	a	a
氨基树脂类	三聚氰胺甲醛树脂	b	a	a	a	a	a	a	a	a	a	a	a
	脲醛树脂	c	c	c	c	c	c	c	c	c	c	c	c
氯化衍生物	氯化联苯	a	a	a	a	a	a	c	c	c	c	c	c
	氯化橡胶	b	b	b	a	a	a	a	a	a	a	a	a
乙烯衍生物	聚乙酸乙烯	c	c	c	c	c	c	c	c	a	c	a	a
	氯乙酸-乙酸乙烯共聚物	a	a	a	a	a	a	a	a	a	a	a	a
	聚乙烯醇缩甲醛	c	c	c	c	c	c	c	c	c	c	c	c
其他化合物	松香甘油酯	a	a	b	a	a	a	a	a	a	a	a	a
	顺丁烯二酸酐松香甘油酯	a	a	a	a	a	a	a	a	a	a	a	a
	不饱和聚酯	b	a	a	a	a	a	a	a	a	a	a	a

注：a为不混容（漆膜浑浊）；b为微混容（漆膜云雾状）；c为混容（漆膜透明）。

（3）羟值　100g树脂中所含羟基基团的物质的量称为羟值。羟值表征了环氧树脂中的羟基含量。树脂的分子量越高，其羟值也越大。此外，羟值还可以用来计算与羟基反应的试剂用量。

（4）羟基当量　含有1mol羟基的树脂的质量（g）称为羟基当量。羟基当量和羟值都是表示环氧树脂羟基含量的指标。它们之间的关系可用下式描述。

$$Q_2 = \frac{100}{H}$$

式中　Q_2——羟基当量；

　　　H——羟值。

（5）酯化当量　酯化1mol单羧酸所需环氧树脂的质量（g）称为酯化当量。由于环氧树脂中的羟基和环氧基都能与羧酸进行酯化反应，所以酯化当量应等于树脂中羟基和环氧基的总含量。一般酯化当量应通过化学分析方法测定，由羟值和环氧值仅可求出近似值。其计算公式如下。

$$E_g = \frac{100}{2E+H}$$

式中　E_g——环氧树脂的酯化当量。

（6）软化点　环氧树脂的软化点表征了树脂分子量的高低，它用在规定条件下测定树脂的软化温度来描述。软化点与分子量之间的关系见表2.25。

表 2.25　双酚 A 环氧树脂的典型性质

平均相对分子质量	环氧值	黏度/Pa·s	软化点/℃	平均相对分子质量	环氧值	黏度/Pa·s	软化点/℃
350	0.55	8		1400	0.11	固体	100
380	0.53	14		2900	0.057	固体	130
600	0.32	半流体	40	3750	0.031	固体	150
900	0.21	固体	70				

2.4.3　环氧树脂固化剂

固化剂也称交联剂，利用固化剂中的官能团与环氧树脂中的羟基或环氧基反应，可使环氧树脂扩链、交联，从而达到固化的目的。在工业上应用最广泛的固化剂有胺类、酸酐类和含有活性基团的合成树脂。

2.4.3.1　有机胺类固化剂

有机胺类固化剂是环氧树脂中最常用的一类固化剂，视氮原子上取代基数目的不同，胺可分为一级胺、二级胺和三级胺，按结构则可分为脂肪族胺和芳香族胺。

脂肪族多胺是最早应用于环氧树脂的固化剂，它能在室温下迅速固化双酚 A 环氧树脂，对缩水甘油环氧基以外的其他环氧基活性不大。由于芳香胺的苯环与胺基直接相连，氮原子上的未共用电子对的电子密度降低，故与脂肪胺相比，芳香胺的碱性弱、活性低，需加温才能使环氧树脂固化。典型的有机胺固化剂见表 2.26。

表 2.26　典型的有机胺固化剂

名　称	活性氢数目	使用期（25℃）/min	固　化　条　件	性　能
乙二胺	4			低黏度，可在室温下快速固化环氧树脂。固化后的树脂耐化学药品性好，但体系发热大，使用期短，固化剂对皮肤有刺激
二乙烯三胺	5	25	20℃,4d；100℃,30min	
三乙烯四胺	6	26		
四乙烯五胺	7	27	20℃,7d；100℃,30min	
己二胺	4		80~100℃,2h	室温下固化不完全，固化后的树脂柔性好，耐水性好
间苯二胺	4	480	85℃,2h；175℃,1h	室温下为固体，加热条件下可与环氧树脂混容。固化完全后的耐湿热、耐老化性能好，毒性较脂肪族胺低
4,4-二氨基二苯甲烷	4	480	80℃,2h；150℃,2h	
4,4-二氨基二苯砜	4	180	125℃,2h；200℃,2h	

2.4.3.2　有机酸酐固化剂

二元酸和酸酐均可作为环氧树脂的固化剂，固化后的树脂具有较高的力学强度和耐热性，但由于酯键的影响，其耐碱性较差。大多数酸酐活性低，必须加热才能达到固化目的。由于工艺性能不佳，故很少使用二元酸类固化剂。

酸酐固化剂可分脂肪族酸酐、脂环族酸酐和芳香族酸酐三种。常见的有机酸酐固化剂及其性能见表 2.27。涂料中主要使用液体酸酐加成物，如顺丁烯二酸酐和桐油的加成物。

2.4.3.3　低分子量聚酰胺

低分子量聚酰胺是亚油酸二聚体或桐油酸二聚体与脂肪族多元胺反应生成的一种琥珀色黏稠状树脂。由于树脂的分子结构中含有较长的脂肪酸碳链和活泼氨基，而使树脂具有很好的弹性和附着力，室温下能与环氧树脂产生交联反应，所以是环氧树脂的优良的固化剂和增韧剂。在室温条件下，主要是低分子量聚酰胺上的一级胺和二级胺的活性氢与环氧基加成。当温度升至 60℃ 以上时，可发生酰胺基和羟基与环氧基的交换反应。表 2.28 列出了常用的聚酰胺树脂。

表 2.27 有机酸酐固化剂及其性能

名　　称	固 化 条 件	性　　能
聚壬二酸酐	三级胺促进固化反应，150℃，4h	产物有较好的热稳定性，延伸率可达 100%，可与其他酸酐混用
70 酸酐	150℃，4h 或 180℃，2h	顺丁烯二酸酐与各种共轭烯烃的加成物，用量一般为计算值的 80%～90%，液体，毒性小、挥发性小，固化后的产物具有较好的柔性
桐油酸酐 308	100～120℃，4h	
647 酸酐	150～160℃，4h	
邻苯二甲酸酐	160℃，4h	固化后树脂的热变形温度可达 150℃，耐化学试剂好，大气中的老化性能好，但耐碱性差

表 2.28 涂料中几种常用的聚酰胺树脂

性 能 指 标	树 脂 型 号			
	200	300	650	651
外观	棕红色	棕色	棕色流体	棕色流体
相对分子质量	1000～1500	700～800		
密度(40℃)/(kg/m³)	960～980	960～980	970～990	970～990
胺值	215±15	305±15	200±20	400±20
灰分			0.1～0.5	0.1～0.5
黏度(40℃)/Pa·s	20～80	6～20		

2.4.3.4　潜固化剂

为了延长使用期限，人们研制了各种潜固化剂。这种固化剂在常温下是稳定的，但在一定条件下，可以游离出活性基团使环氧树脂固化。

(1) 双氰胺　双氰胺是白色晶体，熔点 207～209℃，毒性小，难溶于环氧树脂。常将其充分粉碎后分散在液体树脂内，在室温下可贮存 6 个月以上。也可将其与固体树脂共同粉碎，制成粉末涂料。

双氰胺至少在 150℃ 才能固化环氧树脂，170℃ 以上固化较完全。脲和咪唑类的衍生物可使固化温度下降。

(2) 丁酮亚胺　在酸性条件下，胺与酮反应形成酮亚胺。该物质与水反应又能重新分解成酮和胺。

$$R—NH_2 + R_2^1C\!=\!\!O \Longleftrightarrow R—N\!=\!CR_2^1 + H_2O$$

利用丁酮和己二胺反应制成的丁酮亚胺可与环氧树脂配漆，密闭贮存在罐内，当涂刷后漆膜接触空气中的水分时，则丁酮亚胺可水解形成丁酮和己二胺，使环氧树脂固化。

2.4.3.5　环氧树脂固化产物的性质

环氧树脂和交联剂的性质、交联密度皆对制品的性质有极大的影响。交联密度是树脂和交联剂的配比、交联期间所能达到的反应程度的函数。

当环氧树脂的官能度为 2、交联剂的官能度为 4 时，原料配比与交联网络形成的关系如图 2.8 所示。当环氧树脂过量时，可形成低分子量的环氧-胺加合物；当环氧基和活性氢呈等官能团配比时，则可形成三度交联的热固性聚合物。若交联剂的量继续增加，则形成线型热塑性聚合物；当交联剂过量时，则只能生成胺-环氧加合物。

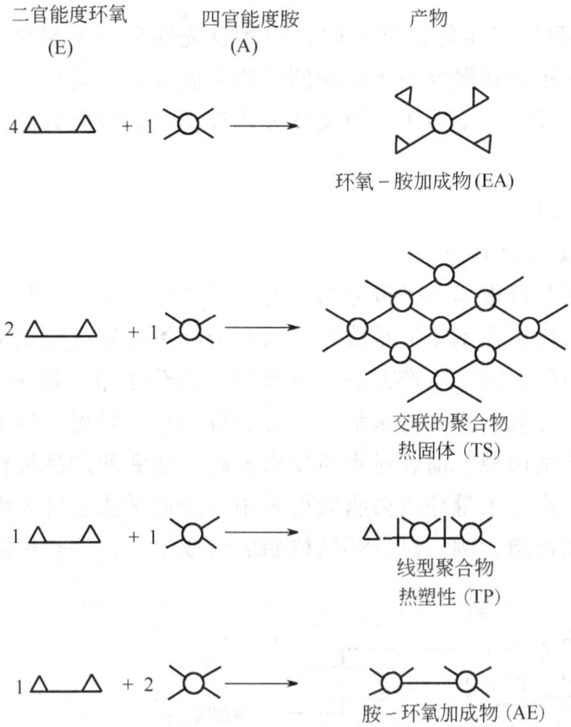

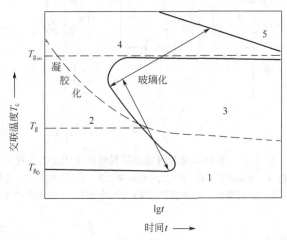

图 2.8　交联网络形成图

　　当环氧树脂发生交联时，树脂的分子量逐渐增加，体系黏度增大，直至发生凝胶化。当反应进一步继续时，这种橡胶状的凝胶可转变成玻璃状的固体，而玻璃化可阻止反应的继续深化。

　　通常可用时间-温度（热力学温度）-热转变图（TTT 交联图）来描述交联现象（见图2.9）。该图说明，在等温交联期间，达到凝胶化和玻璃化所需的时间是交联温度的函数。它

图 2.9　典型的 TTT 交联图

$T_{g\infty}$—完全交联体系的最高玻璃化温度；T_g—同时发生凝胶化和玻璃化的等温温度；

T_{g0}—新鲜混合的反应物的玻璃化温度

1—未凝胶化的玻璃态；2—液态；3—凝胶化的玻璃态；4—凝胶化的橡胶态；5—炭化区域

33

可划分成四种不同的材性状态：①未凝胶化的玻璃态；②液态；③凝胶化的玻璃态；④凝胶化的橡胶态。

在 T_g 和 T_{g_∞} 温度区间发生等温交联时，树脂首先交联而后玻璃化。一旦发生玻璃化，交联反应即终止，它表示交联温度等于树脂的玻璃化温度时，材料不能完全交联。但是，当交联温度高于 T_{g_∞} 时，树脂也不能按等温交联方式玻璃化。该交联反应可完全并达到树脂的最高玻璃化温度 $T_{g_\infty}^*$。

2.4.4 环氧树脂的合成

2.4.4.1 双酚 A 环氧树脂的合成

工业生产的环氧树脂可根据分子量分为三类，即高分子量、中等分子量和低分子量的环氧树脂。低分子量环氧树脂在室温下是液体，而高分子量环氧树脂在室温下是固体。由于分子量大小、分子量分布的不同，生产方法也有差别。低分子量树脂多采用两步加碱法生产，它可以最大限度地避免环氧氯丙烷的水解。中分子量树脂多采用一步加碱法直接合成，其后处理有水洗和溶剂萃取法两种。前者对水质要求较高，后者的产品机械杂质少，树脂透明度高，但劳动条件稍差。高分子量环氧树脂既可采用一步加碱法也可采用两步加碱法生产。

现以低分子量环氧树脂为例，讨论环氧树脂的合成工艺。该类树脂的合成工艺流程简图见图 2.10。

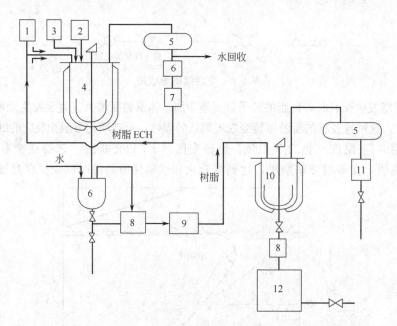

图 2.10 液体二酚基丙烷型环氧树脂生产工艺流程

1—环氧氯丙烷贮槽；2—氢氧化钠贮槽；3—二酚基丙烷贮槽；4—反应釜；5—冷凝器；6—分离器；
7—环氧氯丙烷回收器；8—过滤器；9—湿树脂贮槽；10—精制釜；11—溶剂回收器；12—树脂贮槽

其原料配比如下。

双酚 A	502kg	2.2kmol
环氧氯丙烷	560kg	6.0kmol
液碱（30%）	711kg	5.3kmol

反应过程如下。

在带有搅拌装置的反应釜内加入双酚 A 和环氧氯丙烷，升温至 70℃，保温 30min，使

34

其溶解。然后冷却至 50℃，在 50～55℃下滴加第一份碱，约在 4h 内加完，并在 55～60℃下保温 4h。然后在减压下回收未反应的环氧氯丙烷，再将溶液冷却至 65℃以下，加入苯同时在 1h 内加入第二份碱液，并于 65～70℃反应 3h。冷却后将溶液放入分离器，用热水洗涤，分出水层，至苯溶液透明为止。静置 3h 后将该溶液送至精制釜，先常压后减压蒸出苯，即得树脂成品。

影响环氧树脂合成的主要因素如下。

① 原料分子的配比　各种型号的环氧树脂是由环氧氯丙烷与二酚基丙烷按不同的物质的量的比进行缩聚反应制成的。配料比不同，则生成的树脂的分子量不同。其化学反应如下。

$$(n+2)HC\!\!-\!\!CH\!\!-\!\!CH_2Cl + (n+1)HO\!\!-\!\!\text{⬡}\!\!-\!\!\underset{CH_3}{\overset{CH_3}{C}}\!\!-\!\!\text{⬡}\!\!-\!\!OH \xrightarrow{(n+2)NaOH}$$

$$H_2C\!\!-\!\!CHCH_2\!\!\left[\!O\!\!-\!\!\text{⬡}\!\!-\!\!\underset{CH_3}{\overset{CH_3}{C}}\!\!-\!\!\text{⬡}\!\!-\!\!OCH_2\underset{OH}{CH}CH_2\!\right]_n\!\!O\!\!-\!\!\text{⬡}\!\!-\!\!\underset{CH_3}{\overset{CH_3}{C}}\!\!-\!\!\text{⬡}\!\!-\!\!OCH_2CH\!\!-\!\!CH_2$$

根据环氧树脂的分子结构，环氧氯丙烷和双酚 A 的理论配比应为 $(n+2):(n+1)$，但在实际合成时，需使用过量的环氧氯丙烷。欲合成 $n \approx 0$ 的树脂，则两者的物质的量的比应为 10:1。随着聚合度的增加，两种单体的比例逐渐趋近理论值。

② 反应温度和反应时间　反应温度升高，则反应速度加快。低温有利于低分子量树脂的合成，但低温下反应时间较长，设备利用率下降。

通常低分子量环氧树脂在 50～55℃下合成，而高分子量环氧树脂在 85～90℃下合成。

③ 碱的用量、浓度和投料方式　氢氧化钠水溶液的浓度以 10%～30% 为宜。在浓碱介质中，环氧氯丙烷的活性增大，脱氯化氢的作用较迅速、完全，所形成的树脂的分子量也较低，但副反应增加，收率下降，一般在合成低分子量树脂时用浓度为 30% 的碱液，而合成高分子量树脂时用浓度为 10%～20% 的碱液。

在碱性条件下，环氧氯丙烷易发生水解。为了提高环氧氯丙烷的回收率，常分两次投入碱液。当第一次投入碱液后，主要发生加成反应和部分闭环反应。由于这时的氯醇基团含量较高，过量的环氧氯丙烷水解概率降低，故当树脂的分子链基本形成后，可立即回收环氧氯丙烷。而第二次加碱主要发生 α 氯醇基团的闭环反应。

2.4.4.2　缩水甘油酯环氧树脂的合成

除了直接使用双酚 A 环氧树脂外，涂料工业中常用植物油酸与环氧树脂经酯化反应制备缩水甘油酯环氧树脂，简称环氧酯。

环氧树脂可溶于汽油和二甲苯中，配制气干型和烘干型涂料。环氧酯与其他树脂的混容性较好，且漆膜性能良好。它具有酚醛型涂料的抗水性和耐碱性，并改善了单独使用环氧树脂时的涂膜保色性和耐候性，且附着力极好，是目前环氧涂料中产量最大的品种。

(1) 环氧酯生产的主要原料　用于制备环氧酯的主要原料有环氧树脂、脂肪酸和溶剂。

环氧酯分子量大，则酯化物的耐化学药品性能高、硬度大，耐大气老化性好。但由于树脂中羟基较多，在酯化过程中易凝胶化，故通常用干性油脂肪酸时，采用中分子量环氧树脂，如 E-12；用不干性油脂肪酸时，采用高分子量环氧树脂，如 E-06 等。适于制备环氧酯的环氧树脂见表 2.29。

表 2.29 用于酯化的环氧树脂规格

树 脂 型 号	环 氧 值	酯 化 当 量	平均相对分子质量
E-20	0.18~0.22	130	900
E-12	0.09~0.14	175	1400
E-06	0.04~0.07	190	2900

脂肪酸的类型对环氧酯的性能有很大影响。制备常温自干型环氧酯时，主要选用干性油脂肪酸，当用不干性油脂肪酸合成环氧酯时，其产物可与氨基树脂配制成烘漆，但烘烤温度高。

脂肪酸的用量对环氧酯的性能也有直接影响。通常，脂肪酸的羧基与环氧树脂的环氧基的物质的量的比以小于 0.8、大于 0.3 为宜。

环氧酯的油度越长，则酯化时酸值降低越慢，形成的环氧酯溶解性能越好，但干性减慢，抗溶剂性降低。若环氧酯的油度短，则有较多量的羟基未酯化，故不能用于气干型涂料，而只能用于烘干型涂料。常用的脂肪酸及其酯化物的特性见表 2.30。

表 2.30 常用的脂肪酸及其酯化物的特性

脂肪酸的来源		相对分子质量	环 氧 酯 的 特 性
不干性油	蓖麻油	298	颜色及保色性好,可与氨基树脂配合
	椰子油	215	颜色及保色性好,可与氨基树脂配合
	月桂酸	202	椰子油脂肪酸的改良型,制造高级白漆
	棉籽油	280	与蓖麻油脂肪酸同
	松香	350	快干,价格低,脆,不耐侯,少量与桐油酸、亚麻油酸并用
	塔油	300~350	快干,价格低,脆,不耐侯,少量与桐油酸、亚麻油酸并用
干性油	脱水蓖麻油	285	快干,颜色及耐化学品性良好
	亚麻油	280	快干,耐候性、耐化学品性良好,保色性及颜色差
	豆油	280	颜色及保色性良好,弹性好,耐侯性好
	桐油	285	快干,耐候性、耐磨性及耐化学品性良好

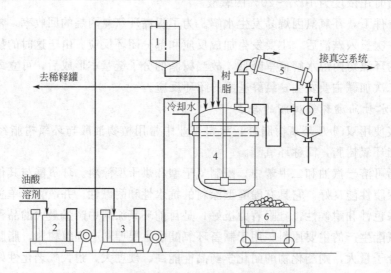

图 2.11 直接用火加热生产环氧酯工艺流程示意图

1—溶剂高位槽；2—溶剂计量槽；3—油酸计量槽；4—反应釜；5—冷凝器；6—移动式炉灶；7—分水器

环氧酯所用溶剂，一般为廉价的芳香烃或脂肪烃。短油度环氧酯以芳烃混合溶剂为主，加适量丁醇。中油度环氧酯使用二甲苯及丁醇混合溶剂，长油度环氧酯使用脂肪烃溶剂。

（2）环氧酯合成工艺　熔融法和溶剂法均适合于环氧酯的合成。如果用二甲苯为溶剂，由于溶剂的回流有利于体系脱水，从而使反应均匀，反应速度加快，形成的环氧酯透明且不易凝胶化。故目前大多采用溶剂法生产环氧酯。

典型的溶剂法生产环氧酯工艺流程见图 2.11 和图 2.12。

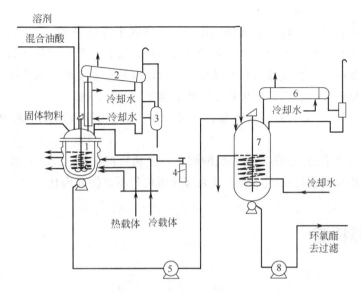

图 2.12　热载体加热生产环氧酯工艺流程示意图

1—反应釜；2,6—冷凝器；3—分水器；4—CO 钢瓶；5,8—泵；7—稀释罐

其原料配比如下。

E-12 环氧树脂	300kg	二甲苯（回流用）	30kg
脱水蓖麻油酸	200kg	二甲苯（稀释用）	70kg

在带有搅拌器的反应釜中，加入一定量的回流用二甲苯、脱水蓖麻酸和树脂，密封手孔盖升温加热，当反应釜温度达 150℃时，树脂熔化，启动搅拌。继续升温至 200～205℃，保温酯化，约 2h 后取样，测定黏度和酸值。

当酸值降至 5 以下时，停止加热。将酯化物送至稀释罐中降温至 130℃以下，再加入二甲苯，冷却至 60℃以下过滤。其质量指标应达到以下要求。

酸值	5 以下	黏度（25℃加氏管）	6s 以下

影响环氧酯合成的主要因素如下。

① 酯化温度与时间　采用溶剂法生产环氧酯，其酯化温度应控制在 220～250℃。温度升高，酸值下降较快，但黏度也增长较快。

脂肪酸的不饱和程度越大，则黏度增长越快。所以，易聚合变稠的干性油酸宜采用较低温度生产，而变稠较慢的不干性油酸可采用较高温度生产。

② 催化剂　无机碱、有机碱均可作为酯化反应的催化剂。工业上常用的碱性催化剂有氢氧化钾、碳酸钠、三乙醇胺、氧化锌、氧化钙、环烷酸锌和环烷酸钙等。涂料工业中常用氧化锌、环烷酸锌和环烷酸钙作催化剂。

③ 降色剂　磷酸三苯酯具有最好的降色效果，而且能使聚合速度加快，但用量过多会

使树脂的贮存稳定性变差，其用量一般为投料量的 0.2%。

2.4.4.3 脂环族环氧和环氧化烯烃

这是一类以具有不饱和双键结构的脂环族或脂肪族化合物为原料，通过双键氧化或次氯酸加成环氧化制备的环氧化合物。由于环氧基直接连在脂环上，所以具有紧密的刚性分子结构，其固化后交联更紧密，热稳定性较高，且耐紫外线性能也较传统的双酚 A 环氧树脂好。

双键环氧化有以下三种方法。

（1）过乙酸氧化法 有机过氧酸环氧化是烯烃环氧化的最主要方法，其中用过乙酸进行环氧化反应的产率高，产物也较纯净，且后处理方便，故它是最常用的环氧化剂。

（2）次氯酸加成法 次氯酸可与双键发生加成反应形成 α 氯醇，该基团在碱作用下脱除氯化氢形成环氧化合物，利用该法可从丁二烯制备丁二烯双环氧。

（3）氯代乙酰法 以二苯醚为骨架的 4,4'-双（环氧化异丙基）二苯醚是采用此法合成的。

这类环氧树脂可采用 1% 的对甲苯磺酸固化，固化后的树脂在 250℃ 时也有很好的抗氧化作用。但这种环氧树脂易重排成醛，且大部分固化剂不能使其固化。

2.5 聚氨酯树脂

2.5.1 概述

聚氨酯树脂是由多异氰酸酯（主要是二异氰酸酯）与多元醇聚合而成。因该聚合物的主链中含有氨基甲酸酯基，故称为聚氨基甲酸酯，简称聚氨酯。其结构如下。

$$\{RNH-\underset{\underset{O}{\|}}{C}-OR^1-O\underset{\underset{O}{\|}}{C}-NH\}_n$$

由于聚氨酯分子中具有强极性氨基甲酸酯基团，所以与聚酰胺有某些类似之处，如大分子间存在氢键，聚合物具有高强度、耐磨、耐溶剂等特点。同时，还可以通过改变多羟基化合物的结构、分子量等，在较大范围内调节聚氨酯的性能，使其在塑料、橡胶、涂料、胶黏剂和合成纤维中得到广泛的应用。

聚氨酯涂料的固化温度范围宽，有在 0℃ 下能正常固化的室温固化漆，也有在高温下固化的烘干漆。其形成的漆膜附着力强，耐磨性和耐高温、低温性能均较好，同时具有良好的装饰性。

此外，聚氨酯与其他树脂的共混性好，可与多种树脂并用，制备适应不同要求的涂料新品种。由于聚氨酯漆膜具有较全面的耐化学药品性，如能耐多种酸、碱和石油制品等，所以可用做化工厂的维护涂料。

2.5.2 聚氨酯涂料的生产

聚氨酯涂料的工业生产已有数十年历史，近年来无论在品种上还是在数量上都有较大增长。它按包装方式可分为单组分和双组分两大类；按固化方式可分为高温烘烤型、室温固化型和湿空气固化型等三大类；按分散介质的不同，又可分为溶剂型、无溶剂型、水分散型和粉末型等四大类。常见的聚氨酯涂料见表 2.31。

表 2.31 聚氨酯涂料的主要品种

性　　　质	品　　　　　种				
	单罐装（又称单组分）			双罐装（又称双组分）	
	氨酯油	封闭型	潮气固化	催化固化	羟基固化
固化条件	氧固化	热烘烤；氨酯交换	—NCO＋H_2O→ 聚脲	—NCO＋H_2O＋ 催促剂—→聚脲及 三聚异氰酸酯	—NCO＋OH→ —NHCOO—
游离异氰酸酯	无	较多	较多	较多	较少
干燥时间/h	0.5～3.0	0.5～2 （高温烘烤）	按湿度大小 约数小时	约 0.5～4.0	2.0～8.0
耐化学品性	尚好	优异	良好到优异	良好到优异	优异
施工期限	长	长	约 1d	数小时	约 1d
颜料分散方法	常规	常规	稍困难，采取特殊操作；不可含催化性 的颜料		含羟基组分先与颜 料研磨成浆
主要用途	地板漆、一般 维护漆	自焊电磁线漆 其他绝缘漆	地板漆、耐石油涂料、化工耐腐蚀涂 料等		用于木材、钢铁、混 凝土、皮革等的涂料

2.5.2.1 溶剂的选择

在聚氨酯涂料生产中，通常要使用溶剂。由于异氰酸酯基的活性很高，所以选用溶剂不应含有能与异氰酸酯基反应的物质而且还应重视溶剂对异氰酸酯基反应活性的影响。由于活性氢均可与—NCO基反应，故醇类和醚醇类溶剂是不可取的。烃类溶剂虽然稳定，但溶解能力差，所以常与其他溶剂配合使用。使用得最多的是酯类溶剂，例如乙酸乙酯和乙酸丁酯。尤其是乙酸溶纤剂的溶解能力最强，挥发速率适宜，故最为适用。酮类溶剂（除丙酮外）亦可使用，但气味较大，不及酯类普遍。

普通的工业级溶剂，均含有少量水分以及游离酸和醇。为了保证聚氨酯漆的质量，必须使用"氨酯级溶剂"，即杂质含量极少，可供聚氨酯漆使用的溶剂。它以苯异氰酸酯的消耗量来衡量，并用"异氰酸酯当量"表示。所谓"异氰酸酯当量"，是指消耗 1mol 异氰酸酯基所需溶剂的质量（g）。一般"异氰酸酯当量"低于 2500 以下者不适于做聚氨酯涂料用溶剂。

溶剂的极性对异氰酸酯基与羟基的反应速率也有影响。溶剂的极性越大，则它与醇类羟基的缔合能力越强，从而使反应速率降低。不同溶剂对异氰酸酯与羟基反应速率的影响见表 2.32。

表 2.32　不同溶剂对异氰酸酯与羟基反应速度的影响[①]

溶　剂	速度常数（×10^4）/[L/(mol・s)]	溶　剂	速度常数（×10^4）/[L/(mol・s)]
甲苯	1.2	甲乙酮	0.05
硝基苯	0.45	二氧六环	0.03
乙酸丁酯	0.18	丙烯腈	0.017

① 苯异氰酸酯加甲醇，温度 20℃。

2.5.2.2 聚氨酯涂料的主要类型

（1）聚氨酯改性油涂料　聚氨酯改性油涂料简称氨酯油，由甲苯二异氰酸酯（TDI）与干性油的单甘油酯或双甘油酯反应制得。后者用脱水蓖麻油（或亚麻仁油）经酯交换反应制得，经脱水处理后的蓖麻油残基在 9，12 两个碳原子上出现双键，从而转变成干性油的单（或双）甘油酯。

在生产氨酯油时，—NCO 与—OH 的物质的量的比应控制在 0.9～1.0 之间。比值过高，则产品中残留异氰酸酯基，从而使其贮存稳定性变差；比值过低，则产品中残留的羟基多，故所形成的漆膜的耐水性变差。

由于氨酯键间可形成氢键，所以氨酯油要比醇酸树脂干燥快、硬度高、耐磨性好，抗水和抗弱碱性也较强。

(2) 湿空气固化型聚氨酯涂料（单组分） 湿空气固化型聚氨酯涂料是一种含端—NCO 基的预聚物，它多是将二异氰酸酯与低分子量聚醚多元醇反应制得，—NCO 与—OH 的物质的量的比控制在 1.2～1.8 之间。由于采用这一比例，所以在以—NCO 基封端的同时，预聚物的分子量也得到适当提高。漆膜的固化速度与空气湿度有关，而某些四级胺盐可以促进异氰酸酯基与水的反应。

(3) 封闭型聚氨酯涂料（单组分） 常用某些活性氢化合物将异氰酸酯基暂时封闭起来，以防止水或其他活性物质对它的作用，使用时可在一定温度下释放出异氰酸酯基。

这种封闭型聚氨酯的解离温度，取决于亚氨酯相邻基团的化学结构、空间效应和电子效应。芳香族二异氰酸酯和苯酚制得的亚氨酯，在室温条件下可与脂肪族胺反应，但不与含羟基的化合物反应。相反，由芳香族异氰酸酯和醇类反应而成的亚氨酯，在相同条件下对脂肪族胺也是稳定的。用于 TDI 的封闭剂及其亚氨酯产物的解离温度见表 2.33。

表 2.33　用于 TDI 的封闭剂及其解离温度

封闭剂	解离温度/℃			
	红外光谱测定		检基 CO_2	
	在石蜡中	在甲氧基聚乙二醇中	不经催化	经催化[①]
乙醇			160	152
2-甲基-2 丙醇	至 170℃无—NCO	至 170℃无—NCO	150	125
间甲酚	105	70	85	80
邻硝基酚		74	48
对氯苯酚			55	40
邻甲氧基苯酚	92	60	87	87
间苯二酚			75	75
间苯三酚			110	106
十二烷硫醇	81	74	116	110
苯硫醇	84	51	95	95
乙酰乙酸乙酯	至 154℃无—NCO	110	97	96
丙二酸二乙酯	至 100℃无—NCO	79	85	85
ε-己内酰胺	125	108	132	140
硼酸			70	70

① 催化剂为 N-甲基吗啉。

如果采用脂肪胺与亚氨酯反应，由于脂肪胺反应性强，故在常温下不需烘烤即可固化。但因其贮存期短，故只能用两罐分装。若先将脂肪胺与酮反应形成酮亚胺，则可以防止它与封闭的异氰酸酯基反应，但要待涂布后吸收空气中的水分，使酮亚胺分解形成胺后才能固化成膜。

(4) 羟基固化型聚氨酯涂料（双组分） 这类涂料一般为双组分，分别贮存在两个容器中。甲组分含有异氰酸酯基，乙组分含有羟基。

人们希望甲组分与其他树脂有良好的混容性，在溶剂中的溶解性能好，异氰酸酯基的含量高，毒性小，配料后的使用期长。涂料工业中常用的二异氰酸酯多是挥发性的有毒液体，因此，必须将其转化成低挥发性的低毒产品才能作为甲组分使用。加工成的不挥发性多异氰酸酯有三种类型。

① 加成物型多异氰酸酯　它是通过二异氰酸酯与多元醇加成，形成低挥发性的多异氰酸酯。最常用的是 3mol TDI 与 1mol 三羟甲基丙烷的加成物，其产量大，多用做木器漆、耐腐蚀漆和地板漆。

② 缩二脲型多异氰酸酯　由 3mol 己二异氰酸酯和 1mol 水反应，可生成具有三官能度的缩二脲多异氰酸酯。其结构式如下。

$$OCN-(CH_2)_6N \begin{array}{c} CONH(CH_2)_6NCO \\ CONH(CH_2)_6NCO \end{array}$$

这种化合物不泛黄、耐候性好，可与聚酯或聚丙烯酸酯配套，制备常温固化户外用漆。由于脂肪族多异氰酸酯与羟基反应的速率低，故需加入有机金属化合物一类的催化剂。

③ 三聚异氰酸酯型多异氰酸酯　这是由 5mol TDI 在三丁基膦催化下聚合而成的。通常将它配制成 50％的乙酸丁酯溶液。其泛黄性比氨酯型加成物好，干燥迅速，主要用做木材清漆，供流水线连续涂装用。

含羟基的组分（乙组分）有聚酯、聚醚、蓖麻油和其醇解物以及含羟基的热塑性高聚物等。小分子多元醇是水溶性物质，与甲组分的相容性差，故不单独作为乙组分使用。

（5）预聚物催化固化型聚氨酯涂料　这类涂料的结构与湿空气固化型相似，但采用双包装。其中甲组分为过量的二异氰酸酯与端羟基化合物反应生成端—NCO 基的预聚物，乙组分为催干剂溶液。常用的催干剂为二甲基乙醇胺、甲基二乙醇胺、环烷酸铅和环烷酸钴等。

这类涂料一般用于混凝土、木材表面，且以清漆为主，用其制备色漆较困难。

2.5.3　其他聚氨酯涂料

除上述六种聚氨酯涂料外，还有以下聚氨酯涂料品种。

（1）水性聚氨酯涂料　根据电荷的性质，水性聚氨酯可分为离子型聚氨酯和非离子型聚氨酯两大类。它们均是含有 5％～20％溶剂的嵌段聚氨酯乳液。目前离子型聚氨酯乳液使用较广泛。

① 阳离子聚氨酯水乳液　水性阳离子聚氨酯涂料是以阳离子聚氨酯乳液为成膜材料的。例如，由端羟基聚醚或聚酯与 TDI 反应形成的端—NCO 基预聚物用烷基二乙醇胺扩链，形成分子量较低的能进一步发生扩链反应的低分子量聚氨酯，当这种树脂在高速搅拌下加入到 3％的乙酸水溶液中时，即发生乳化。—NCO 基与水或二元胺的反应，可使乳液交联形成高分子量聚氨酯水乳液。

在干燥过程中，体系的乙酸挥发，分子链中不再含有亲水的乙酸胺基团，从而形成憎水的聚氨酯涂膜。

如果将这种端—NCO 预聚物与尿素反应形成二脲，然后用甲醛水溶液甲基化，再在 50～130℃的条件下将其分散在水中，则也可以形成水性离子化聚氨酯二脲。

② 阴离子聚氨酯水乳液　这是一种使用最广泛的水性聚氨酯涂料。它也是由二官能度聚醚或聚酯与二异氰酸酯反应形成的低分子量预聚物。这种预聚物用适当的碱中和并用二胺扩链，形成的聚氨酯通常是小粒径（小于 0.1μm）的胶体分散液。

（2）辐射交联聚氨酯涂料　含有烯丙基和乙烯基的聚氨酯预聚物可以采用紫外线或电子

束交联。例如将丙烯酸β羟乙酯与TDI反应，形成含烯基的聚氨酯预聚体，这种聚合物可以用电子束交联，形成不熔不溶的涂膜。

(3) 高固分聚氨酯涂料　为了防止环境污染，开发了一系列高固分聚氨酯涂料。这类涂料中既有无溶剂可以喷涂的弹性涂料，也有粉末涂料。例如由Alva-Tech公司开发的双组分固体预聚物体系，可用于传统的聚氨酯或乙烯型塑料分散体浇铸线，而且还能代替乙烯型纤维涂料。

(4) IPN聚氨酯涂料　互穿聚合物网络 (IPN) 是由两种或多种交联聚合物组成的"合金"。一般来说，聚氨酯预聚物组成柔性的橡胶网络，而聚丙烯酸酯、聚甲基丙烯酸酯、环氧树脂、不饱和聚酯和聚苯乙烯等组成刚性的玻璃态网络。采用这种涂料形成的涂膜，其拉伸强度高、耐冲击性好、并能在较宽的温度范围内表现出优异的性能。

2.6 有机硅树脂

2.6.1 概述

以硅氧键为主链的高聚物称为有机硅聚合物，根据性能它又可分成硅油、硅树脂和硅橡胶三类。用于涂料的有机硅聚合物以硅树脂和有机硅改性的醇酸树脂、环氧树脂、聚酯树脂以及聚氨酯等树脂为主，统称为有机硅涂料。

有机硅涂料具有优良的耐热性和电绝缘性，耐高低温性能好，耐电晕、耐湿、抗水，对臭氧、紫外线和大气的稳定性良好，对一般化学药品有较好的抵抗性，故广泛用于耐热、电绝缘和耐候性涂料领域。

2.6.2 重要的有机硅单体及其性质

2.6.2.1 不含有机官能团的有机硅单体

(1) 有机氯硅烷　有机氯硅烷是合成有机硅聚合物的主要原料。工业上常采用直接合成法生产有机氯硅烷。所有的甲基（或苯基）氯硅烷均易溶于芳香烃、卤代烃、醚类和酯类等溶剂中，其物理性质见表2.34。

表 2.34　有机氯硅烷的物理性质

化 合 物	熔点/℃	沸点/℃	折 射 率	密度/(kg/m³)
$(CH_3)_3SiCl$	-57.7 ± 0.2	57.3 ± 0.1	1.3884(20℃)	858.1(20℃)
$(CH_3)_2SiCl_2$	-76.1 ± 0.2	70.2 ± 0.1		1067 (27℃)
CH_3SiCl_3	-77.5	66.1 ± 0.1		1270(27℃)
$(C_2H_5)_3SiCl$		$145.8\sim146$	1.4299(25℃)	897.7(20℃)
$(C_2H_5)_2SiCl_2$		129.0	1.4291(25℃)	1047.2(25℃)
$(C_2H_5)SiCl_3$		100	1.4257(19.8℃)	1234.3(24℃)
$(C_6H_5)_3SiCl$	96 ± 1	378		
$(C_6H_5)_2SiCl_2$		305.2	1.5814(20℃)	1220(20℃)
$C_6H_5SiCl_3$		201.5		1325.6(18.8℃)

注：表中括号内数据为该项物理性质的测试条件。

(2) 硅醇　硅醇是一种重要的中间产物，其结构式可用 $R_nSi(OH)_{4-n}$ 来表示。硅醇键是极性键，且分子间能以不同的氢键缔合，故硅醇的沸点较高。同时，硅醇基还能与水分子形成氢键，使其在水中具有一定的溶解度。但随烷基链长增加，故其在水中的溶解度下降，而在有机溶剂中的溶解度增加。

（3）烷氧基硅烷 烷氧基硅烷是除氯硅烷以外的另一类重要单体，其通式为 $R_nSi(OR')_{4-n}$。其中 R 为甲基或苯基，R' 为甲基或乙基。

烷氧键可因水解发生断裂，进一步脱水形成稳定的 Si—O—Si 键。由于水解产物为醇，不具有腐蚀性，故得到广泛的应用。

（4）氨基硅烷 最重要的含硅氮键的化合物是六甲基二硅氮烷，这是一种很有效的硅烷基化试剂，它可使不挥发性醇变成易挥发的硅氧烷。该反应在低温条件下也能进行完全，且转化率很高。

$$(CH_3)_3Si—NH—Si(CH_3)_3 + 2HO—R \Longrightarrow 2(CH_3)_3—Si—OR_2 + NH_3$$

不挥发性醇　　　　挥发性硅氧烷

（5）酰氧基硅烷 酰氧基硅烷中以乙酰氧基硅烷具有最大的工业价值。它易水解，故常用做单组分室温硫化硅橡胶中的交联剂。

2.6.2.2 含有机官能团的有机硅单体

（1）含不饱和基团的硅烷 含有不饱和乙烯基的有机硅单体具有共聚性能。将乙烯基单体引入有机硅聚合物中，可制得低温硫化硅橡胶和有机硅涂料。

$$CH_2{=}CH—\overset{|}{\underset{|}{Si}}— + H—\overset{|}{\underset{|}{Si}}— \longrightarrow —\overset{|}{\underset{|}{Si}}—CH_2CH_2—\overset{|}{\underset{|}{Si}}—$$

单体中的乙烯基或丙烯基可进一步发生有机碳化学中所熟悉的反应，如加卤素和卤化氢、环氧化和 Diels-Alder 反应等。

（2）羟基代有机硅烷 该类化合物的通式为 $\equiv Si—ROH$ 和 $\equiv Si—R—O—\overset{\|}{\underset{O}{C}}—R'$。

由于电正性硅原子的存在，α 碳原子上的羟基比相应的醇活泼。羟基离硅原子越远，则同醇的性质越相似。羟基代芳基硅烷具有酚的性质，如与甲醛缩合等，从而达到将硅氧烷引入有机树脂中的目的。

（3）环氧基代有机硅烷 如将环氧基引进有机硅烷中，则可制得环氧基代有机硅烷。借助于环氧基的反应，可将硅氧烷基引入含活性氢的聚合物中，以改善树脂的性能。

2.6.3 有机硅树脂及其合成原理

2.6.3.1 硅树脂的结构

硅树脂的骨架是由与石英相同的硅氧烷键（Si—O—Si）构成的一种无机聚合物，故其具有耐热性、耐燃性、电绝缘性、耐候性等特点。构成硅树脂的结构单元主要有四种。表 2.35 列出了这些结构单元的表达式、代号和官能度。在这些单元中，组成三元结构的 T 单元和 Q 单元是必须具备的成分。通过与 D 单元和 M 单元的组合，可制备出各种性能的硅树脂，根据三元结构（T）的含量、有机基（R）的类型、反应性官能团的数量（OH、OR、不饱和基、氨基等），所得的产物具有从液状至高黏度油状，直至固体的各种形态。

2.6.3.2 硅树脂的固化机理

目前工业化生产的硅树脂主要按下面的三种机理实现固化。

（1）缩合反应 缩合反应是早已被利用的最普通的固化机理。目前多数硅树脂品种都使用脱水反应或脱乙醇反应，特殊品种还使用消除氢的反应，由反应形成的硅氧烷键仍能发挥硅树脂本身的耐热性，但由于有低分子气体放出，易使固化树脂层形成气泡和孔隙，故多用于表面涂层。

表 2.35　硅树脂的四种结构单元

结　　构	表　达　式	官能度	R/Si	标　记
R | R—Si—O | R	$R_3SiO_{0.5}$	1	3	M
R | O—Si—O | R	R_2SiO	2	2	D
R | O—Si—O | O	$RSiO_{1.5}$	3	1	T
O | O—Si—O | O	SiO_2	4	0	Q

注：R 为 CH_3、C_6H_6，也可为 C_2H_5、C_3H_7、$CH\!=\!CH_2$ 等。

（2）自由基反应　采用含双键的有机硅聚合物，利用过氧化物为固化引发剂，是使有机硅聚合物固化的另一途径。这时过氧化物的分解温度决定了树脂的固化温度。所以，当树脂在低于过氧化物分解温度的条件下贮存时，性能良好，但必须部分接触空气才能阻止贮存期间产品的固化。

（3）催化加成反应　在铂的催化下氢硅烷可与双键发生加成反应，从而达到固化的目的。当体系中存在能使催化剂中毒的化合物如胺类、磷、砷和硫等时，会严重地妨碍固化。

表 2.36 说明了不同固化方式的优缺点和应用范围。

表 2.36　硅树脂不同固化方式的优缺点和应用范围

固化方式	优　　点	缺　　点	应　用　范　围
缩合反应	耐热性好，成本低，强度大，黏结性好	易发泡，必须控制官能团的量	涂料，线圈浸渍，层压板，憎水剂，胶黏剂
自由基反应	可在低温下固化，贮存期长，产品可实现无溶剂化	空气妨碍表面固化	线圈浸渍，胶黏剂，层压板
催化加成反应	固化时形变小，不发泡，易控制反应	催化剂易中毒，影响固化	套管，线圈浸渍，层压板

2.6.3.3　有机硅树脂的制备

目前在涂料工业上使用的硅树脂，一般是以甲基氯硅烷或苯基氯硅烷单体经过水解、浓缩、缩聚等步骤合成的。硅树脂主要用于耐热涂料和电绝缘涂料。

用氯硅烷水解的方法制备有机硅树脂的工艺流程见图 2.13。

（1）水解缩合过程　水解缩合是合成有机硅树脂的最重要工序。通常，水解缩合过程是采用两种或两种以上的单体按规定比例与甲苯、二甲苯等溶剂混合均匀，再在搅拌下均匀滴加过量水的方法来实现的。水解完成后静置分层，放出下层酸水，再水洗至中性。影响水解反应的主要因素有单体结构、水的用量、介质的 pH 值和水解温度等。

① 单体结构对水解缩合过程的影响　任何一种水解方法均受到硅烷混合物中各组分水解速率的影响。增加有机基团的体积和数量，由于空间效应阻碍了氯硅烷中 Si—Cl 键与水的反应，故水解速率降低。增加有机基团的电负性，也会相应地增强 Si—Cl 键，降低水解

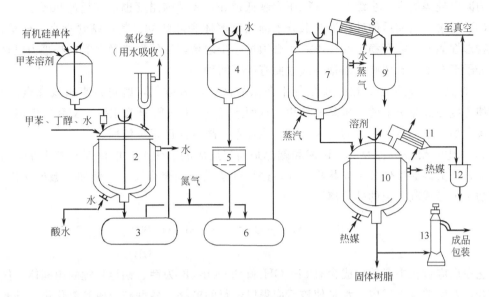

图 2.13　水解法制有机硅树脂的工艺流程

1—混合釜；2—水解釜；3,6—中间贮槽；4—水洗釜；5—过滤器；7—浓缩釜；8,11—冷凝器；
9,12—溶剂贮槽；10—缩聚釜；13—高速离心机

反应的速率。因此，苯基氯硅烷要比具有相同结构的甲基氯硅烷难水解。

② 介质的 pH 值对水解缩合过程的影响　水解时形成的氯化氢，是生成低分子环状物的强有力的促进剂。反应介质中氯化氢的浓度越高，则环状物的生成比例也越大。而且氯化氢的浓度过高，会使电负性较大的苯基或其他活性官能团从硅原子上脱落。因此，通常控制水层中盐酸浓度，使其低于 20%。在采用间歇法生产时，水解和缩合的条件随盐酸浓度的变化而不断改变，故水解产物的组成也随之改变。采用连续法水解时，由于单体按计算量与水混合，体系的 pH 值可维持恒定，因而产物的组成也较稳定。

中性和碱性介质有利于共缩聚体的生成，尤其是在碱性介质中反应形成的金属盐能封闭一些分子的官能团，减少自缩聚的倾向，便于共缩聚体的形成。

③ 溶剂的性质与用量对水解缩合过程的影响　对氯硅烷呈惰性的不溶于或微溶于水的有机溶剂，如甲苯、二甲苯、乙醚和三氯乙烯等，是氯硅烷水解时常用的溶剂。它们既是氯硅烷也是聚硅氧烷的良溶剂。在这种反应体系中，单体和水仅在两相界面反应，一旦形成缩聚产物，即被溶于溶剂中，从而减弱了水相中氯化氢的影响。另外，由于硅氧烷相被稀释，所以分子内缩合的倾向占优势。

如果采用丙酮、二氧六环等既能溶解单体和水解后的硅醇又能与水混溶的溶剂，则水解产物主要为低分子量聚环硅氧烷。若采用可参与反应的溶剂如丁醇等，则由于氯硅烷在水/醇混合物中同时发生水解和醇解，调整了不同硅烷在水解速度上的差异，因此有利于生成结构分布均匀的共缩聚产物。

④ 其他因素对水解缩合过程的影响　由于水解反应的活化能很低，所以升温对水解反应速度无明显的促进作用，但是升高温度、加快搅拌速度有利于组分分子间相互碰撞，故有利于形成共缩聚物。

(2) 硅醇的浓缩　将水解后的硅醇溶液首先水洗至中性，然后在减压条件下脱水，同时蒸出部分溶剂，当树脂溶液的固体含量达 50%～60% 时，停止脱水和蒸出溶剂。

为减少硅醇的进一步缩合，系统压力越低越好，体系的温度也不宜超过 90℃。

（3）缩聚　浓缩后的硅醇液是低分子的共缩聚体和环状物，其羟基含量高，分子量低，因此物理性能差，贮存稳定性也不好，必须进一步缩聚，以便形成稳定的、物理力学性能好的高分子聚合物。硅树脂的缩聚方法主要有以下两种。

① 高温空气氧化法　在高温条件下向浓缩液中吹入空气，既可以带出低沸点环状物，又能使连接在硅原子上的有机基团氧化，从而形成 Si—O—Si 键为主体、交联密度高、黏度大的聚合物。采用该法制备的树脂色深、质量差，故目前已很少使用。

② 催化缩聚法　各种 Lewis 酸和碱都是缩聚反应的催化剂，催化剂既能使硅醇的羟基脱水缩合，又能促使低分子环状物开环，进行分子重排的聚合反应。例如在碱催化作用下，水解物中可形成五配位的硅负离子。

$$
\begin{array}{c}
| \quad\quad | \\
-Si-O-Si- \ + OH^- \longrightarrow \\
| \quad\quad |
\end{array}
\begin{array}{c}
| \quad\quad | \\
-Si-O-Si^- \\
| \quad\quad | \\
\quad\quad\quad OH
\end{array}
$$

它在反应过程中又转化成含有 Si—OH 和 Si—OK（K 为钾、钠等）键的中间体，然后重排缩合，发生链增长反应。水是使该反应得以进行的前提，各种碱金属氢氧化物、硅醇盐和醇盐、季铵盐等都是有效的催化剂，如氢氧化钠、氢氧化钾等。

这类催化剂被加入浓硅醇中后，在搅拌及室温条件下进行硅醇的缩聚反应。当达到一定的反应程度时，加入略过量的酸以中和其碱性，余下的酸可用 $CaCO_3$ 中和除去。该工艺较复杂，而且成品微带乳光。如果中和过程控制不当，遗留下来的微量酸碱均会对成品的贮存稳定性、老化性和绝缘性带来不良的影响。

如果采用高温下能分解或挥发的碱如四甲基氢氧化胺、四丁基氢氧化磷和四丁基磷硅酸盐等，则可在硅醇完成缩合反应后，用强热的方法破坏催化剂的活性，从而达到去除催化剂的目的。该工艺简单，且产品质量也较好。常用于制备硅油和硅橡胶。

在涂料工业中，常使用金属羧酸盐作催化剂，其中反应活性强的有铅、锡、锆、铝、钙等羧酸盐，反应活性弱的有钒、铬、锰、铁、钴、镍、铜、锌、镉、汞、钛、钍、铈、镁的羧酸盐。这类催化剂的催化活性与反应温度有关，温度升高，反应速度加快。工业上一般是采用先保持在一定的反应温度，使缩聚反应能迅速进行，至接近规定的反应程度后，才适当降低反应温度，以控制产物的分子量的方法进行生产。该法工艺过程简便，参加反应的催化剂也不需除去，且产品质量好，故常用于有机硅树脂的缩聚反应。

（4）有机硅树脂的配方设计　涂料用硅树脂的产品性能主要受以下诸因素的影响。

① R/Si 值　即烃基的取代程度，其物理含义是有机硅树脂组成中每个硅原子所连烃基的平均数。当 R/Si<1 时，表明硅树脂是由三官能度或四官能度的单体缩合而成的具有体型结构的聚合物，在室温条件下为硬脆固体，不溶、不熔，多用于制备层压塑料或其他热固性塑料。当 R/Si>2 时，该类聚合物多是油状液体或弹性体（硅油或硅橡胶），它是由二官能度单体和少量单官能度单体缩聚而成的。涂料工业中使用的硅树脂 R/Si 值一般在 1.0～1.6 之间。

② 取代基的类型　在硅树脂中，最常用的有机取代基是甲基和苯基。提高树脂中甲基的含量，可使其柔性、低温柔性、耐水性、保光性、耐电弧性以及耐化学药品性变好，同时，可提高树脂的快速交联能力，以及耐紫外线与红外线的能力。提高树脂中苯基的含量，则可使树脂的耐热性、热塑性、热老化时的柔性、气干性以及与普通有机树脂的相容性变

好，同时可提高树脂的柔韧性和耐氧化性。

随着烷基中碳原子数的增加，硅树脂在烷烃溶剂中的溶解能力增强，但热稳定性急剧降低。表 2.37 列出了不同烷基和芳基对硅树脂热老化稳定性的影响。

表 2.37 不同烷基和芳基对硅树脂热老化稳定性的影响

取代基		半衰期[①]/h	取代基	半衰期[①]/h	取代基	半衰期[①]/h
苯基	>	100000	丙基	2	癸基	12
甲基	>	100000	丁基	2	十八烷基	26
乙基		6	戊基	4	乙烯基	101

① 在 250℃ 的条件下，有一半基团被氧取代所需的时间。

主链链节的结构对硅树脂性能也有很大的影响。例如，链节结构为 PhSiO$_{1.5}$ 的硅树脂硬度高，固化速度中等；链节结构为 MeSiO$_{1.5}$ 的硅树脂较脆，硬度高，固化速度快。而 MePhSiO（Me、Ph 分别代表甲基、苯基）的链节结构使硅树脂具有一定的韧性和柔性，且弹性模量适中。

因此，Brown 提出用取代度（DS）、SiO$_x$、烷基和芳基的质量分数 4 个参数来设计硅树脂。取代度定义为每个硅原子上的取代基数。它可用下式计算。

$$DS = \sum n_i m_i$$

式中 n_i——有机硅单体 $R_{m_i}SiCl_{4-m_i}$ 的摩尔分数；

  m_i——该单体的有机取代基数。

表 2.38 列出了硅树脂的配方参数。利用表中数据可进行有机硅树脂的配方设计。表中 SiO$_x$ 的质量分数 w_{Si} 可用下式计算。

$$w_{Si} = \frac{60 - 8DS}{M} \times 100\%$$

式中 M——硅树脂链节的平均分子量。

表 2.38 硅树脂的配方参数

树 脂 类 型	DS	质 量 分 数/%		
		SiO$_x$	苯基	烷基
层压和模塑用树脂	1.1	55	34	11
油漆中间体(气干剂)	1.0	45	47	8
一般用涂料树脂	1.4	42	48	10
高温用涂料树脂	1.5	38	53	9
布基涂料用树脂	1.6	37	51	12
油漆中间体(线圈涂料)	1.6	35	56	9
浇铸用树脂	1.9	30	56	14

（5）硅树脂合成工艺配方实例 200℃ 固化的通用型有机硅耐热绝缘清漆的工艺过程如下。

① 配方

原料	物质的量/mol	质量/kg	原料	物质的量/mol	质量/kg
CH$_3$SiCl$_3$	177	26.5	C$_6$H$_5$SiCl$_3$	294	62.2
(CH$_3$)$_2$SiCl$_2$	352	45.4	(C$_6$H$_5$)$_2$SiCl$_2$	177	14.8

② 工艺过程

a. 水解 将二甲苯及上述各单体在混合釜中混合均匀后，搅拌下于 4～5h 内滴加到水解釜的二甲苯和水的混合液中，反应温度为 30℃。水解反应结束后，静置分层，除去酸水，再用水洗 5～6 次，直至水层呈中性。经高速离心机过滤，除去杂质后测定固体含量。

b. 硅醇浓缩　在真空条件下将上述硅醇溶液中的溶剂逐渐蒸出，控制反应温度于 90℃以下，压力于 5300Pa 以下，浓缩后硅醇溶液的固体含量在 55％～65％的范围内。

c. 缩聚　将测定固体含量后的浓缩硅醇加入缩聚釜内，搅拌下加入计算量的辛酸锌并于真空条件下蒸出二甲苯溶剂。待溶剂蒸毕，即升温至 165～170℃进行缩聚，当试样胶化时间达 1～2min（200℃）时，立即向缩聚釜中加入二甲苯，并向缩聚釜夹套通入冷却水。当反应体系温度低于 50℃时，用高速离心机过滤物料并测定其固体含量。成品固体含量应控制在（50±1）％的范围。

2.6.4　有机硅改性树脂

尽管纯硅树脂在高温下不易分解、变色或炭化，但与普通的有机树脂相比，纯硅树脂与金属、塑料、橡胶等基材的黏结性差。用有机硅改性的有机树脂，不仅可以提高有机树脂的耐热性、耐候性、耐臭氧和耐日光中紫外线的能力，而且还能改善硅树脂的黏结性。因此，用有机硅改性树脂制备的涂料具有优良的保光性和抗颜料粉化性。

改性的方法有物理法和化学法两种，前者简单但效果欠佳，故常使用后者。

利用一般有机树脂的活性基（如羟基、不饱和基等）和适当聚合度的有机硅低聚物中的羟基、烷氧基、不饱和烃基进行缩聚或加聚反应，可制成有机硅改性树脂。

值得指出的是，当含有羟基的有机树脂用含羟基官能团的有机硅低聚物改性时，必须考虑以下两种竞争反应。

$$—\overset{|}{\underset{|}{Si}}—OH + HO—有机树脂 \longrightarrow —\overset{|}{\underset{|}{Si}}—O—有机树脂 + H_2O \tag{a}$$

$$—\overset{|}{\underset{|}{Si}}—OH + HO—\overset{|}{\underset{|}{Si}}— \longrightarrow —\overset{|}{\underset{|}{Si}}—O—\overset{|}{\underset{|}{Si}}— + H_2O \tag{b}$$

增加有机树脂中的羟基含量，有利于式（a）的反应，而增加惰性溶剂的量，有利于式（b）的反应。此外，有机树脂中羟基的性质也影响式（a）的反应速度。例如，仲羟基与硅醇的反应速度仅为伯羟基与硅醇的反应速度的 1/10。所以，增加有机树脂中伯羟基的比例有利于式（a）的反应。而增加有机树脂的酸值（>10）和升高反应温度（<200℃）可以同时促进式（a）和式（b）的反应，但只能增加反应速度，缩短反应时间，并不改变上述两反应的竞聚率。如果采用合适的催化剂，则既能调节反应体系的竞聚率，又可缩短反应时间（见表 2.39）。

表 2.39　催化剂对羟基与硅醇缩合反应的影响[①]

催化剂	$r=R_1/R_2$[②]	催化剂	$r=R_1/R_2$[②]	催化剂	$r=R_1/R_2$[②]
硝酸钾	0.00	辛酸铁	0.40	甲苯磺酸	1.28
烷基胺	0.07	辛酸锌	0.45	辛酸亚锡	1.48
三苯基膦	0.18	三异丙氧基铝	0.51	辛酸	1.97
季铵盐（氯化物）	0.22	氢氧化钾	0.65	安息香酸	2.24
四丁基硼	0.28	二月桂酸二丁基锡	0.85	钛酸四异丙酯	3.40
无	0.28				

① 反应条件：溶剂为二甲苯，醇为 2-乙基己醇。

② r 为竞聚率，R_1 为（a）式的反应速率，R_2 为（b）式的反应速率。

改性用有机硅低聚物中有机硅的含量可用下式计算。

$$C=100-A\left(1-\frac{8}{B}\right)$$

式中　C——低聚物中有机硅含量，%；

　　　A——有机硅低聚物中活性官能团含量；

　　　B——活性官能团的相对分子质量，如羟基为17，甲氧基为31。

当已知改性树脂中有机硅组分的含量时，含有活性基团的有机硅低聚物的质量可用下式计算。

$$W=\frac{D\times E}{C-D[1-A(B+1)]\times 100B}$$

式中　W——需加入的含有活性官能团的有机硅低聚物的质量；

　　　D——产物中设计的有机硅含量，%；

　　　E——加入的有机树脂质量。

2.7　聚丙烯酸酯

目前在整个涂料工业中，以烯类单体（尤其是丙烯酸酯单体）合成的树脂漆的比例不断增大。究其原因，首先是这类产品的原料是石油化工生产的，其价格低廉、来源容易。其次是这类树脂制备的涂料具有以下优点：色浅，一般可以达到水白程度，且透明度极高；耐光、耐候、户外曝晒耐久性好，在紫外线照射下这类涂膜不易分解或变黄，长期使用仍可保持原有的光泽和色泽；使用的温度范围宽。例如热塑性丙烯酸酯树脂在较高的温度下软化，冷却后可复原；热固性树脂在170℃下不分解，不变色。

丙烯酸酯涂料已广泛用于汽车装饰和维修、家用电器、钢制家具、铝制品、卷材、机械、仪表电器、建筑、木材、造纸、胶黏剂和皮革等生产领域。

2.7.1　丙烯酸酯聚合物的组成与性能的关系

2.7.1.1　黏度与成膜性

涂料用聚丙烯酸酯溶液及其涂膜的性质主要由分子量、聚合物溶液的性质以及大分子链的组成决定。

（1）分子量　任何一种溶剂型涂料，其成膜能力与分子间的化学键（热固性涂料）、次价键以及分子间的缠结有关。对于热塑性涂料，分子链越长（分子量越大），则分子链间的缠结越紧密，形成涂膜的致密度越高，因而涂膜的韧性和耐老化性也得到增强。但是这种影响也不是无限制的。当聚合物的相对分子质量超过90000以后，分子量对涂膜性质的影响就变得不明显了。由于涂料本身对不挥发分含量和施工黏度等条件的限制，故不能片面强调提高分子量。一般来说，热固性涂料在烘烤交联后还能增加涂膜的分子量并提高各方面的性能，所以分子量可稍低一些；而热塑性涂料涂布后，大分子间不再发生交联反应，故应适当提高树脂分子量，以保证制品的性能。

（2）溶液的黏度　涂料的黏度直接影响施工性能。溶剂型涂料的黏度受聚合物分子量的影响，但是对于水乳型涂料来说，体系黏度主要由连续相水的黏度决定，聚合物颗粒的分子量对体系黏度的影响不大。

2.7.1.2 大分子链组成的影响

涂料中使用的丙烯酸酯树脂，主要由聚甲基丙烯酸酯和聚丙烯酸酯组成。α碳原子上是否存在甲基、酯侧基的长度以及是否存在官能团等，对涂膜的性质有重大的影响。

（1）α碳原子上取代基的影响　α碳原子上存在甲基时，聚合物链的旋转受阻。因此，与聚丙烯酸酯相比较，聚甲基丙烯酸酯的拉伸强度较大，玻璃化温度高，伸长率下降。这两类树脂的性质见表2.40。

（2）侧链上基团的影响　酯侧链基团增大，则侧基链段的运动能力也相应增加。由此引起比热容增加，拉伸强度降低，延伸率增加（见表2.40）。另外，因侧基结构不同，其极性、溶解性对聚合性能的影响也很大。酯基的碳链长则极性小，故其亲水性变小，耐油性变差。反之亦然。

表2.40　聚甲基丙烯酸酯和聚丙烯酸酯的性质

聚合物	拉伸强度/(N/cm)	延伸率/%	脆化点/℃	黏性	硬度	吸水性
聚甲基丙烯酸甲酯	6027	4	91	不粘	较硬	微
聚甲基丙烯酸乙酯	3452	7	49	不粘	较硬	微
聚甲基丙烯酸丁酯	689.4	230	16	不粘	中	很小
聚丙烯酸甲酯	692.4	750	4	基本不粘	较软	较高
聚丙烯酸乙酯	22.6	1800	—24	黏	软塑	微
聚丙烯酸丁酯	—	2000	—44	很黏	极软塑	很小

（3）聚合物主链的组成　丙烯酸酯涂料的宏观漆膜性质与聚合物组成间的关系可用以下两种物理性质——玻璃化温度T_g和溶度参数δ来描述。

树脂的硬度和柔韧性与玻璃化温度有密切关系。从制品的物理性能看，提高玻璃化温度往往会使漆膜的硬度、拉伸强度和耐擦伤性能提高，但柔韧性及抗冲击强度下降。采用共聚合的方法可以调节聚合物的玻璃化温度，并可用下式来描述。

$$\frac{1}{T_g} = \frac{w_1}{T_{g_1}} + \frac{w_2}{T_{g_2}} + \cdots + \frac{w_i}{T_{g_i}} = \sum \frac{w_i}{T_{g_i}}$$

式中　T_g、T_{g_i}——共聚物和i单体均聚物的玻璃化温度（热力学温度）；

w_i——i单体链节在共聚物中的质量分数。

常用的丙烯酸酯均聚物的物理性质见表2.41。

表2.41　常用的丙烯酸酯均聚物的物理性质

聚合物	T_g/K	密度/(kg/m³)	$\delta/(J^{1/2}/cm^{3/2})$
聚丙烯酸甲酯	279	1220	4.7
聚丙烯酸乙酯	249	1120	4.5
聚丙烯酸丙酯	228	1120	4.4
聚丙烯酸正丁酯	218	1080	4.3
聚丙烯酸乙基己酯	223		
聚甲基丙烯酸甲酯	378	1170	4.5
聚甲基丙烯酸乙酯	338	1120	4.4
聚甲基丙烯酸丁酯	293	1055	4.3
聚苯乙烯[①]	373	1130	4.6
聚丙烯腈[①]	378	1184	6.2～7.5

① 其他类型聚合物。

热塑性和热固性聚合物的硬度与温度的关系见图2.14。$T_g < 25℃$的聚合物在室温条件下是较软的柔性物质，$T_g > 25℃$的聚合物则逐渐变成硬而脆的材料。所以，在低于T_g的条件下提高交联密度对漆膜硬度没有显著的影响，而在高于 T_g 的条件下引入交联键则可明显增加漆膜的硬度。

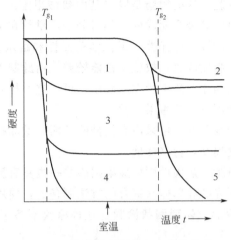

图 2.14　聚合物的硬度与温度的关系

T_{g_1}—软质聚合物的玻璃化温度；T_{g_2}—硬质聚合物的玻璃化温度；1—高度交联的软质聚合物；

2—高度交联的硬质聚合物；3—轻度交联的软质聚合物；4—未交联的软质聚合物；

5—未交联的硬质聚合物

利用溶度参数可预测丙烯酸酯类聚合物的溶解度和相容性。根据溶度参数的概念，在理想溶液中，混合组分的熵是相同的，其混合焓可根据分子间的相互作用的简化假定进行计算。如果两组分混合时焓值为零，则这两组分（聚合物与聚合物或聚合物与溶剂）是相容的。如果溶度参数相等，则这一条件也能得到满足。聚合物与常用溶剂的溶度参数见表2.41 和表2.42。

表 2.42　溶剂的溶度参数 δ

溶剂	$\delta/(J^{1/2}/cm^{3/2})$	溶剂	$\delta/(J^{1/2}/cm^{3/2})$	溶剂	$\delta/(J^{1/2}/cm^{3/2})$
溶剂油	3.4	甲苯	4.4	乙醇	6.2
乙醚	3.6	二甲苯	4.4	水	11.4
四氯化碳	4.2	甲乙酮	4.5		

根据表 2.41 和表 2.42 所列数据可以看出，含长链烷基侧基的聚合物具有优异的耐水性和耐醇性，而极性聚合物（如聚丙烯腈）则表现出良好的耐脂肪烃溶剂的能力。

单体的类型对丙烯酸酯共聚物树脂的性能也有重要的影响。因此可根据涂膜的使用要求，从表 2.43 中选择合适的单体，对丙烯酸酯共聚物进行分子设计，通过试验，研制出符合使用要求的涂料用树脂。

表 2.43　能改善涂膜性质的单体

涂膜的性能要求	推荐的单体	涂膜的性能要求	推荐的单体
延长使用寿命	甲基丙烯酸酯和丙烯酸酯	增强耐水性	甲基丙烯酸甲酯、苯乙烯、长链的甲基丙烯酸酯和丙烯酸酯
提高硬度	甲基丙烯酸甲酯、苯乙烯、甲基丙烯酸和丙烯酸	提高耐擦性	甲基丙烯酸甲酯、丙烯腈
增加柔性	丙烯酸乙酯、丙烯酸丁酯和丙烯酸 2-乙基己酯	提高耐溶剂和耐油脂性	丙烯腈、甲基丙烯酰胺、甲基丙烯酸
提高耐污性	短链的甲基丙烯酸酯类	增加与金属黏结性	甲基丙烯酸和丙烯酸

2.7.2 溶剂型丙烯酸酯树脂

2.7.2.1 溶剂型丙烯酸酯树脂的主要类型

(1) 热塑性丙烯酸酯树脂 这类树脂是以甲基丙烯酸甲酯或一定数量的苯乙烯为主体,配以丙烯酸乙酯、丁酯等单体共聚合而成的。相对分子质量约在 7500~120000 的范围内。

这类涂料具有优良的耐候性、保光性、耐化学药品性和耐水性,抛光性好,附着力强。但由于树脂的分子量较高,黏度较大,故施工性能较差。由此制得的漆膜不丰满,且与其他树脂的相容性较差。为了提高漆膜的干燥性和硬度,可将这类树脂与硝化棉、醋丁纤维素等并用,并在此基础上添加增塑剂以改善柔韧性。

为了进一步提高产品的耐久性,可采用有机硅改性丙烯酸酯树脂。如果采用醇酸树脂改性,则漆膜的丰满度、挠度提高,价格降低。

(2) 热固性丙烯酸酯树脂 热固性丙烯酸酯树脂是一类具有反应性的聚合物。它是通过具有反应官能团的单体与丙烯酸酯单体共聚合的方法制备的,使用时配以三聚氰胺树脂、环氧树脂和聚氨酯等,固化后形成体型网状涂膜。这种涂膜不溶于任何有机溶剂,且漆膜丰满、强韧。

根据官能团单体的类型,热固性丙烯酸酯树脂可分成以下四类。

① 酸型 酸型热固性丙烯酸酯树脂是含有 3%~10% 的丙烯酸或甲基丙烯酸单体链节的共聚树脂。当它与环氧树脂、氨基树脂以及多价金属盐并用时,可发生交联反应。如果采用 N-羟甲基丙烯酰胺等单体与丙烯酸酯单体共聚,可制成自交联型树脂。这类树脂不用催化剂也能迅速交联。

② 羟基型 羟基型丙烯酸酯类树脂与三聚氰胺甲醛树脂并用,是热固性丙烯酸酯涂料的主流。为了提供交联点,聚合中一般需要 3%~10% 的羟基链节。为了提高附着力,缩短固化时间,常以少量羧酸作为内催化剂共聚到聚合物链中,对甲基苯磺酸是常用的催化剂。

③ 环氧型 如果利用含环氧基的烯烃如丙烯酸缩水甘油酯或甲基丙烯酸缩水甘油酯与丙烯酸酯类单体共聚,则可将环氧基引入聚合物链中。与环氧树脂一样,它也可通过酸、酸酐或胺的作用实现固化。如果将具有羧酸基、氨基等官能团的单体共聚进聚合物中,则可制得自交联型涂料用树脂。

④ 酰胺型 酰胺型热固性树脂是最早开发的热固性丙烯酸酯树脂。它一般以丁醇和芳烃为溶剂,通过自由基聚合的方法合成。合成的共聚物在丁醇溶液中并在酸催化剂的作用下与甲醛反应形成羟甲基化聚丙烯酰胺。在受热的条件下,这类聚合物可自行交联。如果聚合物中含有少量丙烯酸或顺丁烯二酸链节,则可形成内部自催化交联型聚合物。若以 0.5% 的对甲基苯磺酸作催化剂,则其固化温度可进一步降低。

上述各种热固性丙烯酸酯树脂的官能团及其交联剂见表 2.44。

表 2.44 热固性丙烯酸酯树脂的官能团和交联剂

官 能 团	交 联 剂	官 能 团	交 联 剂
羧基	三聚氰胺甲醛树脂、脲甲醛树脂、环氧树脂、二异氰酸酯、多羟基化合物	环氧基	酸、酸酐、胺等环氧树脂用交联剂
羟基	三聚氰胺甲醛树脂、脲甲醛树脂、二异氰酸酯、环氧树脂、二元醛	酰胺基	三聚氰胺甲醛树脂、脲甲醛树脂、环氧树脂、多羟基化合物
N-羟甲基丙烯酰胺基	环氧树脂、三聚氰胺甲醛树脂、脲甲醛树脂、多羟基化合物	1-氮杂环丙烯	多元酸、多元酸酐、多元胺类化合物、环氧树脂

2.7.2.2 影响溶液聚合反应的主要因素

(1) 引发剂和聚合反应速度 溶剂型丙烯酸酯树脂常用过氧化物和偶氮类化合物作引发剂。由于过氧化物具有氧化性，故这类引发剂易使聚合体系发生交联反应。

根据高分子反应稳态理论，聚合速率与引发剂浓度的平方根成正比，分子量与引发剂浓度的平方根成反比。因此，控制反应体系中引发剂的用量对聚合速率、聚合物分子量以及电性能、热稳定性和老化性均有明显影响。

在工业上，为了提高单体的转化率，常采用分批投加引发剂的方法。在聚合反应过程中，由于引发剂的分解和因终止反应而引起的大量自由基的消耗，聚合反应速度将显著减慢。这时补加的第二份引发剂可进一步加快聚合反应并提高单体转化率。

温度升高，引发剂的分解速度加快，从而使聚合的总速率增加，分子量下降，而且极易引起聚合物的支化。

(2) 单体 随着乙烯基上取代基的碳原子数的增加，丙烯酸酯类单体的聚合反应也逐渐变难。例如，丙烯酸酯要比甲基丙烯酸酯单体更易聚合，其聚合热也更大。常见丙烯酸酯单体的聚合热见表 2.45。

表 2.45 丙烯酸酯单体的聚合热

单 体	$-\Delta H$ /(kJ /mol)	单 体	$-\Delta H$ /(kJ /mol)	单 体	$-\Delta H$ /(kJ /mol)
丙烯酸甲酯	78.7	丙烯酸 2-乙基己酯	60.7	甲基丙烯酸甲酯	57.7
丙烯酸乙酯	77.8	丙烯酸	76.1	甲基丙烯酸	64.0
丙烯酸丁酯	77.4				

在丙烯酸酯类单体中，丙烯酸甲酯容易形成多孔不溶性"端基"聚合物。这种聚合物外观呈白色不透明状，形似爆米花，故称为爆米花状聚合物或端聚物。

端聚物的耐化学药品性好，既不溶也不熔，是一种强韧的交联聚合物，难以从装置中清洗出来。形成端聚物的原因，主要是由于脱除丙烯酸酯中的 α 氢而发生了分子链间的交联反应。单体中含有的微量过氧化物或少量交联剂也是端聚物产生的原因。水、铁、锡、镍、镁等杂质和过氧化物、偶氮化合物等引发剂以及高温条件均可促进端聚物的形成。

因此，在反应过程中必须注意上述因素对聚合反应造成的危害，设计设备时应尽量避免锐角、死角。

(3) 溶剂 溶剂的存在有利于反应热的排除，从而使聚合温度易于控制。但是在聚合反应的链增长过程中，易发生向溶剂链转移的反应，使聚合产物的分子量降低。溶剂不同，链转移常数也不同。不同溶剂对丙烯酸酯单体聚合反应转化率及其聚合物黏度的影响见表 2.46。

表 2.46 不同溶剂对丙烯酸酯单体聚合反应转化率及其黏度的影响

溶 剂	丙 烯 酸 甲 酯		甲 基 丙 烯 酸 甲 酯	
	转化率/%	黏度[①]/s	转化率/%	黏度[①]/s
苯	90	220.0	91	2.7
乙酸乙烯	88	122.0	88	2.6
二氯乙烷	88	90.0	99	2.2
乙酸丁酯	86	1.4	96	1.2
甲基异丁酮	84	1.0	98	1.1
甲苯	82	1.0	93	1.0

① 在乙酸乙酯中用涂-4 杯测定的黏度。

同一种聚合物在不同溶剂中的溶解能力不同，其溶解在不同溶剂中的分子构象也不同。对于浓度相同的聚合物溶液，可因溶剂的不同而使体系的黏度相差数十倍。如二氯乙烷是聚丙烯酸甲酯的良溶剂，在溶液中聚合物分子是伸展的，因而使体系的黏度增加；而在不良溶剂丙酮中，聚合物分子呈卷曲状，故体系的黏度下降。

（4）链转移剂　在溶液聚合反应中，溶剂本身就起着链转移剂的作用，但链转移常数较低。为了调节产物的分子量，还必须添加一定数量的链转移剂。常用的链转移剂有十二烷基硫醇、β萘硫醇、硫甘醇酯、四氯化碳和异丙苯。

（5）氧气　在低温条件下，空气中的氧是自由基聚合反应的阻聚剂。在溶剂回流的条件下进行聚合反应时，溶剂蒸气起着隔绝空气的作用。但是在操作过程中，常采用通氮气或二氧化碳气以隔离空气的方法来避免氧的阻聚作用。

2.7.2.3　溶液聚合过程

涂料工业中所使用的丙烯酸酯树脂多是采用釜式法间歇生产的。当反应釜体积小于 $5m^3$ 时，可采用搪玻璃反应釜并用夹套换热；当反应釜体积大于 $5m^3$ 时，必须采用不锈钢釜并用夹套和盘管换热，以便带走聚合反应热。所有的反应釜均应设置防爆安全膜，溶剂型丙烯酸酯树脂生产的工艺流程如图 2.15 所示。

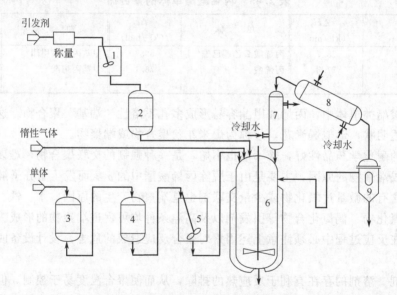

图 2.15　溶剂型丙烯酸树脂生产流程简图

1—引发剂配制器；2—过滤器；3—单体过滤器；4—计量器；5—单体配制器；6—聚合反应釜；7,8—冷凝器；9—分水器

一般操作步骤如下。

首先按工艺配方规定经过滤器将单体加入到配置釜中，混合均匀后备用。然后将引发剂投入引发剂配置釜中，并用少量溶剂溶解后过滤备用。再用惰性气体清釜，待排除空气后，加入溶剂、部分单体和引发剂。

在继续通入情性气体的同时，将反应釜内物料在搅拌下升温至比规定温度低 20～30℃。然后停止加热，任反应釜内单体的聚合热将物料的温度自动升至反应温度，滴加单体和引发剂，并控制滴加速度，使物料的反应温度保持恒定。所有物料在 2～3h 内加完。

当加完单体和第一份引发剂后，保温 1.5～2h；追加第二份引发剂后，再保温 1.5～2h；

然后补加第三份引发剂，继续保温至转化率和黏度达到规定指标。

反应完成后，加热蒸出少量溶剂，脱除单体并调整产品的固体含量。

2.7.3　水乳型丙烯酸酯树脂的合成

由聚合物水乳液配以体质颜料、颜料和其他助剂调配而成的乳胶漆，是一种安全无毒、施工方便、耐碱性好的涂料。它广泛用做建筑物的内外墙和金属的防锈涂层。其中以聚丙烯酸酯乳胶漆、丙烯酸酯-乙酸乙烯共聚物乳胶漆和丙烯酸酯-苯乙烯共聚物有光乳胶漆的使用最为广泛。

2.7.3.1　乳液聚合的组成

在乳液聚合过程中，除使用大量的去离子水外，还使用以下主要原料。

（1）单体　制备聚合物乳液用的主要单体有乙酸乙烯、苯乙烯和丙烯酸酯等乙烯基单体。

（2）乳化剂（表面活性剂）　丙烯酸酯乳液中常用的乳化剂是阴离子型和非离子型的。阴离子型乳化剂的乳化效率高，一般为单体用量的2%，但是制得的乳液稳定性较差，所以常用非离子型乳化剂改性。

常用的乳化剂有 OP-10、OP-18 等非离子型乳化剂和 MS-1 阴离子型乳化剂。

（3）引发剂　乳液聚合中常用水溶性无机过氧化物如过硫酸钾、过硫酸铵作引发剂。

（4）pH 调节剂　纯丙烯酸酯或丙烯酸酯-苯乙烯共聚乳液中有羧基存在，故 pH 值约为3。为提高乳胶的稳定性，可用氨水将体系的 pH 值调到 9～10。乙酸乙烯-苯乙烯共聚乳液用 NaHCO$_3$ 作 pH 调节剂。

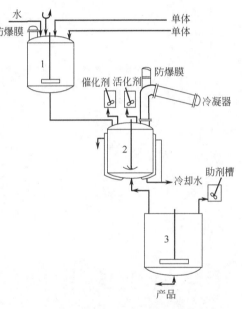

图 2.16　乳液聚合工艺流程简图
1—乳化槽；2—聚合釜；3—贮槽

2.7.3.2　乳液聚合法

丙烯酸酯类单体的乳液聚合大体可以分为两类：其一是单体后添加法，即将单体以外的添加物在反应前全部投入釜中，然后根据聚合反应程度，再将单体逐步添加到反应釜中，对所添加的单体，可以先乳化后添加，也可以直接将单体添加到反应釜中；其二是间歇法，即反应开始时将单体一次加完，然后再进行乳液聚合，该法可用来制备高分子量丙烯酸酯共聚物水乳液。典型的乳液聚合工艺流程见图 2.16。

纯丙烯酸乳液配方实例如下。

原料	投料量/kg	原料	投料量/kg
丙烯酸乙酯	48	过硫酸铵	0.2
甲基丙烯酸甲酯	32	乳化剂	9.6
甲基丙烯酸	0.8	去离子水	100

操作过程如下。

将 80 份去离子水和配方中的其余试剂（全部用量）在预乳化槽中制成单体乳液。再取

20 份单体乳液和 20 份剩余的去离子水置于聚合釜中加热至 82℃，并利用聚合热自动升温至 90℃。待回流减弱后，开始连续而均匀地滴加单体乳液，滴加时间约 2h，维持反应温度在 88～94℃之间。待单体乳液加完后升温至 97℃，使残余单体完全转化成聚合物。冷却至室温，调节 pH 值并过滤。

第3章 生漆的加工与改性

生漆又称天然漆、土漆、国漆、大漆，是漆树经人工砍割从韧皮层分泌出来的天然乳胶漆，是最古老的天然涂料，使用历史超过六千年，其应用涉及各个领域。在古代，生漆曾是我国进行文化传播的重要工具，漆器成为中华民族辉煌灿烂文化宝库中的一个珍贵的组成部分。漆器反映各个时代的文化艺术水平，记录着各个时期的人情风物，是研究古代社会的证据之一。过去，上至封建帝王的宫殿、棺椁、神像、礼品，下至老百姓的生产工具、生活用品、作战武器都要使用生漆。生漆及其制品是我国对外文化交流、对外贸易的重要组成部分。漆器和丝绸自古就是我国闻名的特产，加上生漆漆膜具有良好的性能，耐酸、耐溶剂、防潮、防腐以及在土壤环境中的耐久性等都是其他涂料所不可比拟的。现代还没有一种涂料的综合性能超过生漆，因而生漆被称为"涂料之王"和"国宝"。

3.1 生漆的特性

3.1.1 生漆的组成

生漆的成分非常复杂，质量和漆树品种、产地、收割季节、存放时间有关。由于气候和土壤条件差别悬殊，因此品种相同的树种，往往也会因产地不同而使质量有别，见表3.1。生漆很少直接使用，大多要经过加工精制使漆的性能更符合要求。应用之前要了解生漆的特性。

表 3.1 各国漆液分析

产 地	醇溶物/%	胶质/%	含氮物/%	水分/%	油分/%	含氮胶质/%	成膜成分
日 本	65.40	5.22	4.71	22.92	1.73	9.93	漆 酚
日 本	70.10	7.20	1.52	19.70	1.48	8.72	漆 酚
中 国	60.03	7.58	4.52	21.51	3.37	12.99	漆 酚
中 国	62.50	7.04	2.25	26.19	1.97	9.29	漆 酚
北 美	33.09	21.12	1.76	43.57	0.46	22.88	虫漆酚
泰 国	58.44	1.70	1.50	35.02	3.25	3.20	缅漆酚
泰 国	48.52	1.30	0.56	40.30	3.32	1.86	缅漆酚
越 南	43.87	1.75	1.40	29.79	20.19	3.15	缅漆酚
柬埔寨	44.67	1.40	3.20	19.90	0.90	4.60	缅漆酚

根据化学分析虽然能够确定生漆的各种成分含量，在一定程度上反映生漆的质量，但生漆的质量是各种因素的综合结果，而用化学分析方法得到的成分含量很难反映生漆的这种综合结果。我国按照生漆的性质将其分为四大类，即毛坝漆、建始漆、西南漆、西北漆。毛坝

漆性能全面，质量较高；建始漆色浅；西南漆色深而燥性好；西北漆较稀、燥性较差。性能对比见表 3.2。加工精制时往往需要把不同性能的生漆配搭。

表 3.2　我国四类生漆性能

树　品	坯力/kg		燥　性	色　泽	转　色	气　味	成色/分厘	板（黏度）
	生漆量	可掺坯油量						
毛坝漆	1	1.5~2	优	金黄	快	微酸芳香	5.6~6.2	厚
大木漆	1	1~1.5	优	淡黄	快	酸香	5~5.4	厚
小木漆	1	0.5~1	慢	紫黄	慢	清香	5.6~6.2	稍厚
油籽漆	1	约 0.5	差	酱色	差	淡薄	6~6.8	稀薄

我国漆树资源丰富、品系繁多，可以分为 3 个品种群、42 个品种，其中小木漆 16 个品种，中木漆 10 个品种，大木漆 16 个品种，每一个品种群都有优良的树种，可以因地制宜加以推广。

生漆成分还受到一些植物学因素的影响，如割漆时间、漆树品种等。

割漆时间对生漆质量影响极大，头刀漆水分极多，不能使用，必须弃去，即所谓"放水"。末刀漆由于漆树的生长已经衰弱，漆酚含量低，质量也不好。以漆树生长最旺盛的时期割出的漆液质量最高。除了漆酚含量和漆酶活性与生长时间有关以外，漆酚的各种成分在整个割漆时间也是不同的，见表 3.3 和表 3.4。

表 3.3　不同割期漆液成分比较

割漆时间	总漆酚/%	饱和漆酚/%	单烯漆酚/%	二烯漆酚/%	非共轭三烯漆酚/%	共轭三烯漆酚/%	总三烯漆酚/%
7 月 2 日	31.88	0.93	10.9	3.70	32.6	38.5	71.1
7 月 10 日	40.11	1.30	10.9	5.60	19.2	52.3	71.5
7 月 15 日	43.85	1.20	13.6	4.10	16.5	59.2	75.7
7 月 22 日	50.16	3.10	13.1	1.95	13.2	65.4	78.6
7 月 29 日	57.77	1.52	16.7	6.00	12.4	64.4	76.8
8 月 5 日	65.90	1.65	11.6	6.40	10.05	68.5	78.7
8 月 12 日	67.02	3.30	13.1	4.10	11.9	70.6	82.5
8 月 25 日	67.44	1.66	12.7	5.10	10.7	70.8	81.5
9 月 14 日	63.43	1.98	12.1	4.70	9.3	71.8	81.8

注：饱和漆酚、单烯、二烯及三烯漆酚的含量指在总漆酚中的含量。

表 3.4　割漆刀数对生漆成分的影响

割漆刀数	总漆酚/%	水分/%	乙醇不溶物/%	漆酶活性	漆酶含量/%	三烯漆酚/%	表干时间/min
2~5	65.4	20.2	9.0	2.01	0.03	65.2	65
6~8	74.1	18.2	6.9	2.37	0.07	69.8	102
9~12	42.5	42.5	15.1	4.89	0.07	68.3	25

注：漆酶活性指漆酶氧化对苯二胺 490nm 的光密度变化 [ΔD (min/mg)，以下各表同]。

漆树品种与质量间的关系更是众所周知的。我国历来认为大木漆的质量比小木漆高，但据近年的分析鉴定，小木漆中也有值得发展的好品种，其漆膜的全面性能也很好。同一类漆树的不同品种，性能也不相同。以中木漆系的四个品种为例（见表 3.5），漆酚的含量和组成以及漆酶的活性都不相同，干燥时间相差一倍。

品种、树龄、虫害对生漆质量都有影响，具体见表 3.6～表 3.8。

表 3.5　中木漆四个品种性能比较（同一产地）

漆树名称	总漆酚/%	三烯漆酚/%	水分/%	乙醇不溶物/%	漆酶活性	漆酶含量/%	表干时间/min
大红袍	77.2	67.6	17.0	6.9	3.65	0.06	115
红皮高八尺	78.2	70.7	15.4	5.5	2.84	0.07	130
黄茸高八尺	77.4	68.8	14.5	6.6	3.03	0.14	151
椿树头高八尺	73.7	69.6	15.7	7.5	5.36	0.10	76

表 3.6　同一品种漆树栽植在不同地区的漆样比较

漆树产地	总漆酚/%	三烯漆酚/%	水分/%	乙醇不溶物/%	漆酶活性	漆酶含量/%	表干时间/min
平利县	77.2	67.6	17.9	6.9	3.65	0.06	115
竹溪县	77.6	65.1	11.2	7.0	5.20	0.05	93
镇巴县	67.0	61.2	26.7	6.3	7.03	0.08	105

表 3.7　不同树龄的漆样比较（树种相同）

割漆时间	漆树龄	总漆酚/%	三烯漆酚/%	水分/%	乙醇不溶物/%	漆酶活性	漆酶含量/%	表干时间/min
头　刀	混合树	67.6	66.2	18.7	10.9	0.95	0.06	235
中　刀	四年树	71.4	64.9	17.2	13.4	1.96	0.06	162
	八年树	71.1	63.2	11.5	11.5	2.69	0.07	130
末　刀	四年树	81.9	65.9	11.5	11.0	1.13	0.66	245
	八年树	81.6	69.0	8.3	8.3	4.09	0.06	346

表 3.8　虫害对生漆质量的影响

虫害程度	总漆酚/%	三烯漆酚/%	水分/%	乙醇不溶物/%	漆酶活性	漆酶含量/%	表干时间/min
漆叶全部吃掉	69.7	72.4	21.6	7.9	5.5	0.07	80
吃掉一半	69.3	74.4	19.6	8.6	5.0	0.07	123
吃掉少许	72.2	73.9	21.6	7.2	5.2	0.08	60

据以上各表可以看出，判断生漆的质量必须根据漆样的实际情况，不能单纯看树种和产地。

3.1.2　生漆漆膜的性能

生漆是最古老的天然涂料，漆膜的性能是其他涂料无法与之比拟的。漆膜坚硬而富有光泽，具有良好的耐腐蚀性能、绝缘性能和耐久性。主要性能如下。

（1）突出的耐久性　国外有年代可考的漆制品约四千年，我国的使用年代更加古老，历史上重要的出土文物中几乎都有漆器。1978 年在浙江余姚县河姆渡村纪元前六千年的遗址中发现一件木碗，内外有朱红涂料；1960 年在江苏省吴江县梅堰的新石器时代遗址中发现了彩绘陶器，其彩绘原料和生漆"性能完全相同"；1977 年在辽宁省敖汉旗大甸子古墓中发现了距今 3400～3600 年的两件近似舰形的薄胎漆器；1978 年在湖北省随县城郊擂古墩附近曾侯乙的大型木椁墓距今 2400 年的文物中的漆器色泽如新；最有名的是 1972 年从长沙马王堆軑侯墓中掘出的三百多件漆器，距今 2100 年仍然完好。总之千年以上的出土漆器比比皆是，我国各省的博物馆中都有展出。生漆的耐久性能是众所周知的，不仅埋藏在土壤里具有优良的耐久性，而且在恶劣的环境中也能经受严酷的考验。20 世纪 50 年代我国曾在东海打捞起一艘沉船，在海底浸泡二十多年，甲板漆膜仍然完好、色泽光亮；唐代鉴真和尚的坐像为脱胎塑像，距今 1200 年，仍接受群众参观，1980 年还曾"回国省亲"。

应该特别指出的是其他涂料会随着时间的推移而逐渐失去光泽，而生漆漆膜在使用过程中则越磨越亮，不会晦光。

（2）良好的耐腐蚀性能　生漆漆膜耐酸、耐水、耐盐及多种有机溶剂，不耐碱及氧化性酸。漆膜耐受 30%的盐酸、70%的硫酸（100℃，72h）不会发生变化，对硝酸的耐腐蚀能力虽差一些，但室温下仍能经受 20%的硝酸。加入某些填料之后，耐腐蚀能力还会提高。经过化学改性，例如漆酚制成环氧树脂或是漆酚和苯乙烯共聚，可以得到特别耐碱的涂层。生漆的防腐性能如表 3.9 所示。正是生漆的这种耐腐蚀性能使它得以广泛地应用于多种工业部门中。

表 3.9　生漆漆膜耐化学介质能力

化学介质	浓度/%	温度/℃	耐腐能力	化学介质	浓度/%	温度/℃	耐腐能力
盐酸	任意	室温至沸	耐	氯化铵	饱和	室温	耐
硫酸	50~80	100	耐	硝酸铵	饱和	80	耐
硝酸	<40	100	耐	氯化钙	饱和	80	耐
磷酸	<70	30	耐	硫化钠	饱和	室温	不耐
乙酸	15~80	室温	耐	明矾	饱和	室温	耐
柠檬酸	20	80	耐	松节油		室温	耐
硅氟酸	9	80	耐	汽油		室温	耐
甲酸	80	室温	耐	苯		室温	耐
氢氧化钠	<1	室温	耐			45	不耐
苯胺		室温	耐	乙醇		室温	耐
氨水	10~28	室温	耐			45	不耐
氨		室温	耐	湿氯气		室温	耐
硫酸钠	任意	室温至沸	耐	硫化氢＋水	浓	80	耐
氯化钠	饱和	室温至 60	耐	CO_2 水溶液	混合气	室温	耐
硫酸铜	15	室温	耐	氯化氢	3~5	室温	耐
硫酸铵	50	80	耐	漂白粉	饱和	室温	耐
硫酸镁	饱和	室温	耐	水		沸	耐
氟化氢	44	室温	不耐	氯	25	室温	耐
硫酸镍	饱和	室温	耐	氧化氮			耐
硫酸钙	饱和	室温	耐				

（3）良好的工艺性能　生漆的主要用途之一是制造漆器，选择生漆作工艺美术品的涂料，除了上述因素之外，良好的工艺性能也是主要原因之一。具体为突出的打磨性能、抛光性能和耐磨性能。漆器制作过程要经过多次打磨，最后抛光。生漆膜可经受 $70kg/cm^2$ 的摩擦力而不损坏，可以打磨，易于抛光，抛光之后光艳夺目，越磨越亮，久存不变。生漆涂层色度纯正，不带杂色，光泽丰满，未加其他物质的涂层，久放之后色泽变浅，透明度变高，变化速度和固化时的条件有关。在漆器的制作过程中有所谓"提青"操作，即经过推光后薄薄地揩一遍生漆，再用干净的棉花擦去，留下一层难以测定厚度的漆层，置于潮湿处阴干，已干而未干透时再进行抛光，每重复操作一次，漆膜的亮度就增加一些，黑色漆从带有"白光"而变为"青光"，未经"提青"过程就达不到这种水平。

（4）优良的力学性能　单纯的生漆漆膜硬度大而韧性略差，加入填料特别是瓷粉和石墨粉可以改善其力学强度。生漆与非金属材料的黏结力高于金属材料，直接和金属结合时附着力差，加入填料则可大大改善。加入瓷粉的生漆与钢铁的结合强度可增加 5 倍。

（5）耐热性能高　长期使用温度为 150℃，短期使用可达 250℃，加入填料以后，耐热性能特别是耐热冲击性能显著增高。生漆的耐热性能超过脂肪族聚酯、不饱和聚酯、芳香聚酯、环氧树脂、酚醛树脂，但比不上有机硅树脂。差热分析表明大部分生漆漆膜失重 5%的温度在270℃以上，有关性能列于表3.10。经过化学改性，例如漆酚和糠醛缩聚后，长期使用温度为250℃，短期使用温度为350~400℃，在700℃受热1min无变化。

表 3.10　生漆有关性能

| 名　　称 | 化学组成 | | | 固化性能 | | 耐热性 | | 力学性能 | | | 光泽度/% |
	漆酚总量/%	共轭烯/%	水分/%	漆酶活性/(min/0.1g)	表干时间[①]/min	5%失重点/℃	50%失重点/%	柔韧性/mm	附着力/级	硬度/s	
建始大木	73.10	39.19	19.49	23.50	150	278	493	2	2	327	85
利川麻皮阳岗大木	66.27	49.86	26.12	51.25	120	298	475	2	1	345	72
利川白皮阳岗大木	75.23	50.44	18.01	51.00	120	293	497	3	2	351	58
恩施毛叶大木	61.34	23.22	30.82	169.0	120	255	445	2	2	323	50
利川猪油皮大木	77.34	48.55	15.68	62.50	150	272	486	10	6	322	78
平利大红袍	79.78	51.56	12.88	55.00	180	265	495	2	1	324	75
平利红皮高八尺	73.73	30.65	16.31	600.0	180	273	486	2	2	313	74
平利白皮高八尺	76.68	33.94	16.63	37.00	240	288	491	2	3	333	62
平利金州红	74.78	40.07	18.51	155.0	180	292	495	2	1	385	78
岚皋金州黄	77.05	46.48	15.69	42.00	180	268	486	2	5	399	70
岚皋黄茸高八尺	77.07	43.88	16.71	50.00	180	280	468	3	5	336	77
镇平高山大木	67.46	40.31	23.47	44.00	180	287	490	2	5	363	85
安康大缶子	84.06	57.62	12.06	36.50	240	270	493	10	7	315	65
岚皋高山大木	56.11	40.44	32.25	47.00	120	273	488	10	6	320	60
平利高山大木	53.54	35.17	36.45	38.00	150	240	471	10	3	356	86
宁陕高山大木	64.87	27.58	29.26	34.50	180	234	474	5	6	309	62

① 湿度为80%，20℃。

（6）良好的绝缘性能　生漆是良好的绝缘材料，特别是有高的击穿电压，干燥漆膜的击穿强度为50~80kV/mm，长期在水中浸泡仍保持在50kV/mm以上；体积电阻和表面电阻也高，在高温高湿条件下，甚至在水中仍可保持较佳状态，具有防水、防潮、不生霉的特点，可作为电器设备的"三防"材料。加热干燥的漆膜绝缘性比常温固化者佳（见表3.11）。

表 3.11　生漆漆膜绝缘性能

固　化		常温固化	100℃固化
击穿电压/(V/0.1mm)	常　态	8673	11719
	浸水24h		2509
体积电阻系数/Ω·cm	干燥状态	7611×10¹²	14534×10¹²
	相对湿度70% 18h	97×10¹²	69×10¹²
表面漏电电阻/Ω	相对湿度50%	126×10¹²	181×10¹²
	相对湿度70%	80×10¹²	138×10¹²
	相对湿度90%	60×10¹²	41×10¹²

生漆虽然有很多优良性能，但也存在不少缺点。首先是漆膜耐紫外线作用的能力差。生漆制品通常只能置于室内，在户外时会因受阳光照射而很快发生龟裂，紫外线会使漆酚侧链双键发生激烈的氧化和分解，导致漆膜的破坏。

将生漆漆膜用照度为2000lx的黑光灯照射1116h，质量减少10.28%，而暗室存放的对照样品仅减少0.15%。受紫外光照射的漆膜1720cm⁻¹处的吸收峰显著增加，这个吸收峰是

α-二酮、β-二酮的吸收，共轭双键的吸收（990cm^{-1}）则消失，说明漆膜的劣化机理和桐油的自动氧化相似。

生漆有毒。据统计，初次接触生漆的人有 80％会发生不同程度的皮炎，这使很多人望而生畏。漆液黏度太大，施工不便，涂层不能太厚，否则底层不干或表皮起皱。要达到需要的涂层厚度必须多次涂刷，而且要等上一次的涂层完全干透后才能进行下一次涂刷。为了使涂层间附着良好，往往要经过反复的打磨，致使施工周期过长。漆膜干燥条件要求很严，除了一定的温度、湿度外，环境中还不能有妨碍漆酶活性的气体。生漆保管也较困难，表面会结皮损耗，存放一年的正常损耗量为 2％左右，保管过程中容易变质，不能受阳光照射，不能被雨水浸入，存放温度不能高于 30℃也不能低于 0℃。

未经改性的生漆与金属结合力差，限制了生漆的使用范围。生漆是漆树的分泌物，产量不能像工业品那样大量增长。随着现代化工业技术的飞跃发展，高质量、低成本的涂料越来越多，某些性能甚至超过了生漆，因此生漆的地位也受到了挑战。

3.2 生漆的加工精制

生漆的用途非常广泛，不同使用部门的具体要求往往不同。例如工艺美术漆有的需要乌黑光亮，经久不变，有的要求透明色浅；用于防腐时，有的要求耐酸，也有的要求耐碱；传热设备则要求涂层导热性好等。因而生漆往往经过精制才能使用。加工精制的目的除为满足使用对象的要求外，还要能改善生漆的涂刷性能。未经精制加工的生漆含水量大、流平性差，涂刷时易生成刷痕，精制后水分含量小，黏度变低、流平性好，易于施工。在加工过程往往加入其他成分，例如在生漆中加入触变性物质可使漆涂刷后不发生流挂。总之，生漆经过加工之后具有更好的施工性能和特殊性能。

我国各地对生漆的加工制品，大多是根据传统的命名，同一制品别名很多，缺乏统一的标准。

上海地区分类：

生漆——毛生漆过滤后的产品；

熟漆——经日晒或加热至水分较少的生漆；

广漆——去渣生漆和聚合桐油的调合产物。

东北地区分类：

生漆——去渣毛生漆；

退光漆——漆膜干后能够打磨抛光的漆制品的总称；

黑漆——去渣生漆加入黑料再经烤晒，有的制品也加入少量聚合油；

红光漆——经日晒或火烤者；

硃合漆——去渣生漆加聚合油一起日晒；

靠木漆——去渣生漆加入较多的聚合油再经日晒；

色漆——上涂漆，含油多颜色少者；

下涂漆——含油少颜色多者。

其他地区还有楷漆、提庄漆、西点漆、赛霞漆、聚合大漆等。为了叙述方便，本章所指的生漆是一个泛称名词，把从漆树割口收集的漆液去除机械杂质的产品统称为生漆。生漆不加溶剂分离出任何成分的加工制品称为熟漆，主要分为推光漆、广漆、色漆三大类，统称工艺漆。

3.2.1 工艺漆

3.2.1.1 推光漆

推光漆的加工实质上是保持一定的湿度，通过不断地搅拌使生漆和空气接触、水分挥发，漆酚发生氧化聚合生成分子量较大的低聚体的过程。从外观看，加工过程中生漆的颜色逐渐加深，从最初的乳白漆变为红白相间，再变紫红，最后变为棕色。漆液的黏度则是从大变小再从小变大。生漆是"油包水"型的乳液，如果人为地掺水，黏度不是变小而是变大，甚至大到无法再加水的地步。随着水分的挥发黏度相应变小，若不加控制任其进行氧化，聚合度变得足够大时，黏度会再次增加，一般加工过程不必达到这种程度。加工后漆的分子量比原来大，水分较少，涂层对被涂物的附着力相应增大。

我国古代就有了推光漆。因为漆膜的颜色会变浅，为了不致"反底"，可用醋浸泡铁锈，把生成的铁盐加入漆中一起搅拌以制成黑推光漆。现在制造黑推光漆的原理与古代无异，除了专门的生漆加工厂以外，很多地方，特别是制漆量不大的单位，仍沿用古老的传统方法。

推光漆又分黑推光漆、红推光漆，有的地方还把透明度特别好的单分一类，称为透明漆。推光漆的色泽相差很大，浅色漆的加工对于漆的选择非常严格，漆中加入干性油后虽可提高透明度，但会降低漆膜的性能，且油量太多则漆膜不能推光，对推光漆来说应不加或少加干性油。传统的加工方法有时加入猪苦胆，可使漆液增稠，且施工过程不易发生流挂，并能使漆膜丰满，还有的加入植物浸出液，即所谓"品色水"，以改善色泽和燥性。

（1）黑推光漆　生漆加入黑料后漆的燥性变差，必须选择燥性好，本身干后颜色深的漆样。为了使最后的漆膜综合性能好，可用几个产地的生漆互相搭配，举例见表3.12。

表3.12　黑推光漆选料举例

产　地	品种	漆酚含量/%	使用量/%
贵州漆	大木漆	65	50左右
湖北恩施漆	大木漆	70	20
贵州漆	小木漆	70	10
西北漆	大木漆	65	20

小量加工方法是在木盘中加入经100目铜丝布过滤的生漆，并用木耙不断搅动使生漆表面不断更新。为了加快速度可以放在太阳下曝晒或用红外线灯加热搅拌。当生漆颜色基本均一成棕色时，加入相当于漆质量2%～4%的$Fe(OH)_2$，再继续搅拌至黑色。最后用多层丝棉袋在绞漆机上绞滤两次。此法虽然操作原始，费时费力，但适于产漆区的个体自制自用。加工方法虽然简单但必须根据情况灵活掌握，气温高、空气干燥时要加入适量水，搅拌时间视漆的性能、搅拌速度、气候条件而异，操作者要有丰富的经验，否则很难得到质量优良的产品。

现在国内机械加工方法采用三种形式。

第一种是盘式反应器，为长数米的大方形木盘，内置耙式搅拌器来回搅动，上方安有红外线灯控制温度在40℃，漆层厚度10～15cm，加工方法和手工相同，工作效率较手工要高，问题是设备庞大、占地过宽。

第二种加工设备是反应釜，将生漆装在设有搅拌器（转速为100～150r/min）和通气管的夹套反应釜中（搪瓷或紫铜制），在搅拌时通入经过过滤的压缩空气，空气从釜底分散强行通过漆层；夹套内通入38～40℃的温水，当漆中含水量为6%～8%、颜色为暗棕色时出料，作为半成品放入拼料釜内，加入黑料，敞口高速搅拌，在常温下进一步脱水，最后仔细过滤。此法工艺比较合理，加工速度大大提高，如反应过快则漆的颜色欠佳。也可将氢氧化亚铁和生漆同时投入反应釜中直至完成，但最好是将一部分生漆和氢氧化亚铁在拼料釜中搅拌，常温下氧化脱水，当含水量和黑度达到要求时加入半成品中再继续搅拌一段时间。

第三种形式是圆形敞口釜，原理和方形木盘相同，空气只和漆层表面接触。

氢氧化亚铁的制法是将可溶性二价铁盐溶于水，在搅拌下滴加氨水，氨水的加入量按化学当量计算，有经验者根据加氨水时的变化即能掌握。二价铁盐一和氨水接触即生成蓝绿色絮状沉淀，滴入氨水不再有沉淀时即表示氨水量已够，静止放置使絮状物沉淀，倾去上层水分，水洗2~3次，保存于水液下。二价铁盐和空气接触即被氧化生成棕色的三价铁，三价铁也能和漆酚反应，但效果不及二价铁。

所发生的化学反应如下。

$$Fe^{2+} + 2OH^- \longrightarrow Fe(OH)_2 \downarrow$$

黑推光漆加入聚合干性油时，油量不超过15%，加入黑料以后漆液黏度大增。

此种漆干燥后色度纯正，黑而无杂色，亮度高，一次涂刷可以得到较厚的漆膜，黑度经久不变，不因生漆漆膜的转色而受影响，是工艺美术品和家具的主要色调之一，使用范围广。

（2）红推光漆 加工方法与黑推光漆相同，但有两点区别，一是不加黑料，二是选用颜色浅的漆样。

透明漆的制法也没有什么不同，着重选漆，有的企业只选用生漆的某一部分。生漆存放过程会自然分成三层，上层漆酚多，含有机质多，燥性快，下层含有"母水"及机械杂质，中间层适中，透明漆只能用中上层。

工艺美术品对红推光漆的要求非常高，为了制取浅色漆，可以采用干燥空气精制法。制造过程分两步完成，先将生漆投入球磨机中，在15℃下研磨2h，然后移入木制恒温槽内，槽的底部装有铜制导管，管上有细孔，通入露点−10℃的干燥空气，控制温度在38℃，经18h完成脱水操作。改用纯氮和二氧化碳也可达到同样目的。采用这种方法制成的产品不带玫瑰色。

红推光漆干燥后漆膜坚韧，具有良好的抗水、抗潮、耐热和耐磨性能，广泛用于漆器、木器、乐器和日用家具，工业上也有应用，如纺纱纱管、化工设备的防腐等。透明漆可和颜料配成多种色彩，用于漆器的彩绘和磨漆画。

3.2.1.2 广漆类

广漆又名赛霞漆、笼罩漆、金漆、透纹漆、赛霞金漆、地方漆等，是生漆和干性油，主要是熟桐油、熟亚麻油，或是二者均有的混合制品。其透明度好，成膜后漆膜坚韧、色泽鲜艳光亮，其耐腐性能虽不及纯生漆，但仍属优良的涂料，耐久、耐热、抗水、防潮性能都很好。长沙马王堆汉墓出土的漆器使用的就是广漆，可见其耐久性之好。

表3.13 广漆选料举例

产 地	品 种	漆酚含量/%	使用量/%
湖北毛坝	大木漆	70左右	30
陕西平利	大木漆	70左右	20
四川巫山	大木漆	70以上	20
贵州	小木漆	70以上	15
西北	小木漆	70以上	15

广漆含干性油，对漆的要求是选坯力、燥性、底板都佳者。从表3.13可以看出各种生漆的掺油量是不同的，毛坝漆掺油量多，可以单独配制广漆，有的漆（例如小木漆）就必须搭配使用，为了取长补短，如推光漆一样，不是单用一种漆。

与生漆配合的熟油俗称坯油，有白坯油和紫坯油之分。紫坯油是将生漆的滤渣用桐油长期浸泡提取漆酚后热炼制得的，实质上是漆酚和干性油的热聚合产物，呈紫红色。由紫坯油调合的广漆色泽佳，燥性好。白坯油是熟桐油或桐油与亚麻油以7：3的比例热炼得到的。干性油特别是桐油的炼制是一件技术性很强的工作，小锅炼制时全凭经验，必须严格控制火候，认真观察油面泡沫状态及其变化，稍一疏忽便会造成胶化而受损。因为达不到合适的黏度，配成的广漆光亮度差，而油的聚合是放热反应，稍为过火就容易发生凝胶，甚至造成火灾。传统的经验是在最后阶段用大勺将油扬起，让油中的青烟飞扬逸出，名曰"透气"，透气越彻底质量越好。和一般熟油不同的是在炼制过程中不能加入催干剂，因为金属盐与漆酚反应会变成黑色。

经过严格过滤的生漆和熟油混合搅匀即为广漆。漆和油的比例通常在50%左右，生漆不少于40%，不多于60%。应根据生漆的质量、气候条件、使用对象调整比例，气温高、湿度大时，生漆用量可少一些；冬天则应多一些。如果像推光漆一样，将坯油和生漆混合一起搅拌进一步脱水和氧化，则得到的制品称为础合漆。

广漆透明度好，漆膜韧性比纯漆显著提高，还可以配制彩色漆，是我国普遍使用的种类。常用于木器家具、门窗、室内装潢、工艺美术品等。加入熟油后得到浅色漆，还可降低成本。

3.2.1.3　色漆

生漆本身色深，没有定型的色漆作为商品供应市场，多数是使用者现配现用。最广泛使用的是在漆中加红丹或朱砂使成红色，加石黄或氧化铅成黄色，加绀青或铬绿使成蓝色。在不推光的场合，漆中加干性油可以增添光泽。化工设备的防腐，如管道外面的防腐，既要求用不同的颜色对管道的用途加以区分，又要求涂层能经受环境介质的腐蚀，色漆即可满足上述要求。有的颜料还可使漆膜的某些性能得到改进。颜料和生漆的比例必须合适，太多太少都不好。以氧化铁为例，其加入数量、生漆中的水分含量、环境湿度都会对干燥速度、漆膜光泽、透明度产生影响。加入氧化铁对漆膜初期的氧化聚合起促进作用（见图3.1），但妨碍了漆膜的完全固化，氧化铁形成沉淀引起涂层的分离，使光泽和透明度变差。添加时漆液的含水量少，涂层固化变慢，但透明度和光泽好。氧化铁添加前，漆液的含水量应在4.6%以下，干燥时则要求较高的湿度，含水量为2%～3%时，相对湿度应提高到80%。

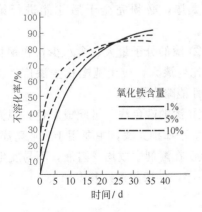

图3.1　不同氧化铁含量的漆膜
不溶化率与时间的关系

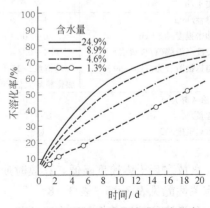

图3.2　不同含水量的漆膜不溶化率
随时间的变化（含1%的氧化铁）

氧化铁促进活性中间体的生成，表面固化快，妨碍涂层内部的氧化，侧链的氧化被阻，密度大的氧化铁沉降。所以，加入量多时，表面皱纹多、不透明、无光泽。

漆液含水量对干燥速度和固化后漆膜的颜色及透明度有极大影响，含水量低，干燥速度也慢，但涂层光泽度好，其变化情况见图3.2和表3.14。

表3.14　氧化铁含量1%时，漆液含水量对涂层固化状态的影响

含水量 /%	水分蒸发量/%	指干时间 /d	60d后的涂膜状态			
			颜色	透明度	光泽（光泽度）	颜料状态
24.9	0	1～2	黑肉色	不透明	无光泽（8.4）	分离
8.9	16	2～3	暗肉色		有皱纹（20.5）	稍有分离
4.6	20.3	3	茶肉色	↓	稍有皱纹（62.0）	不分离
1.3	23.6	4～5	红肉色	透明	有光泽（82.3）	没有分离

当含水量在4%以下时，加入1%的氧化铁不发生分离，透明度和光泽都好，因此应在含水量较少的情况下加入颜料。

加入其他无机颜料也会发生相似的变化，工艺美术品为了取得透明的色彩，应该控制颜料的加入量、漆液含水量、颜料加入时的含水量。防腐涂层颜料起填充剂的作用，也存在最佳配料比的问题。颜料中如果存在水溶性离子，便会和漆酚反应生成黑色沉淀。

3.2.2　漆酚清漆

漆酚清漆的制作方法本质上和推光漆没有差别。将生漆投入装有搅拌器的夹套反应釜中，在搅拌下从底部通入压缩空气，夹套通入40～45℃的热水，保持漆液温度为38℃，利用空气带走水分并使漆酚发生氧化，当含水量低于10%时，加入少量松节油和二甲苯，使漆酶活化漆酚发生缩聚。然后减少进气量继续通气，漆的黏度逐渐增大，逸出的空气通过冷凝器以回收被带出的溶剂。检查下列指标：漆液黏度大，拉丝达6～7cm，漆液透明，色泽棕黑，胶化时间为100～120s（160℃），表干时间25min以内，实干时间20h以内。合格后加入二甲苯稀释至不挥发成分含量在45%～50%，搅拌均匀后过滤装桶。按这种加工方法得到的制品完全保持生漆的优良特性，并具有以下特点。

表3.15　漆酚清漆性能

性　能		数　值
干性	表干/min	25
	实干/h	24
漆膜性能	弹性/mm	1～3
	冲击强度/kg·cm	30～50
	硬度/（漆膜值/玻璃值）	0.4～0.7
	与钢板附着力/（kg/cm²）	纯清漆＞20
		加瓷粉最大值70
黏度（涂-4杯）/s		30～50
固体含量/%		45～50
连续耐热温度/℃		150

① 干燥速度快，施工性能好。可按普通的油漆施工，可喷、可刷、可浸。干燥过程像生漆一样，要求一定的湿度和温度，涂层不能太厚，必须完全干后才能进行第二次施工。

② 漆的分子量大、含水少，和钢材的结合力比生漆大，应用范围比生漆广，漆膜的力学性能略有提高。

③ 漆的颜色浅，可配成彩色，但光泽和丰满度不如推光漆，主要用于工业防腐。

④ 在溶剂中成均一溶液，不易发生腐败变质，久放之后干燥速度降低，存放时期不宜超过一年，生漆的毒性基本消失。

有关性能见表3.15～表3.18。

此种清漆的使用条件和注意事项与生漆相同，耐紫外光的能力差，不能用作户外漆，制造过程中若通氧时间足够长，表干时间可以缩短到5min以内。此种清漆已有定型产品，用

表 3.16　漆酚清漆耐腐蚀能力

表 3.16　漆酚清漆耐腐蚀能力

介质	浓度/%	温度/℃	时间/d	耐蚀性能	介质	浓度/%	温度/℃	时间/d	耐蚀性能
硫酸	75	常温	700	耐	氯气	25	常温	700	耐
硝酸	25	常温	90	耐	二氧化碳	2%～5%的水溶液		700	耐
盐酸	30	常温	700	耐	氧化氮				耐
乙酸	20	常温	700	耐	氨				耐
磷酸	任意	常温	700	耐	硫化氢	水溶液	常温	700	耐
氯化钠	饱和	常温	700	耐	汽油		常温	700	耐
碳酸钠	饱和	常温	700	耐	松节油		常温	700	耐
氯化氢		常温	700	耐	润滑油		常温	700	耐

表 3.17　漆酚清漆加填料后与钢板的附着力　　　单位：kg/cm^2

清漆：填料	瓷粉	石墨粉	清漆：填料	瓷粉	石墨粉
100：20	＞50	＞27	100：150	63	＞47
109：50	＞54	＞41	100：200	54	＞37
100：100	＞71	48			

表 3.18　漆酚清漆与生漆比较

项目	漆酚清漆	生漆	项目	漆酚清漆	生漆
分子量	大	小	施工性能	方便	不方便
干燥性	快	慢	形态	均一液体	黏稠乳液
毒性	小	大	贮藏性	不易腐败	易腐败变质
含水量	不含水	20%～24%	在钢板上应用	良好	不大好

于石油贮罐及输送管道、化肥设备、氯碱设备、地下工程、煤气净化、纺织机件、矿井机械、输水管道等的防腐，还可用于需要耐酸、耐水、防潮、耐土壤腐蚀的设备表面涂层，在化学工业上的应用尤为广泛。

3.2.3　其他加工方法

3.2.3.1　生漆和环氧树脂配合

在生漆中加入各种天然产物或合成树脂，可以加快生漆的干燥并赋予某种新的性能。

我国西北地区为了在低湿度条件下提高生漆的自然干燥速度，解决结构复杂的大型设备生漆涂层的干燥问题，往往向生漆中加入少量环氧树脂及硬化剂，可提高干燥速度4～8倍，配料见表 3.19。

表 3.19　快干生漆配料比　　　单位：份

涂层名称	配　料　比				
	生漆	环氧树脂	乙二胺	乙醇	瓷粉或石英粉
腻　子	90	10	10	20	150～250
底　漆	90	10	10	30～40	80～100
过渡漆	90	10	10	30～40	30～50
面　漆	90	10	10	30～40	0

按配料比称取环氧树脂和乙醇，搅拌均匀后加入已过滤和称量的生漆，混合均匀后密封保存，使用时加入乙二胺和填料（面漆不加填料），充分搅拌即可涂刷。加入乙二胺后应在30min内用完，否则会造成浪费。第二层漆应在第一层漆干后再施工。最后一次涂刷完毕，必须在常温下经7d才能使用。

这种涂料对二氧化碳混合气（CO_2 87%，O_2 0.2%，CO 2%，H_2 6.7%，CH_4 1.2%，$N+Ar$ 2.9%，微量 H_2S）在常温下经 27 昼夜的试验，漆膜完好，外观无变化，涂层对钢铁的附着力强。

生漆加入少量环氧树脂后，不必加固化剂也能干燥，干性油脂肪酸和环氧树脂的反应物也可作为增量剂使用。

3.2.3.2　浅色漆

工艺美术上需要透明生漆，除了严格选漆、控制干燥条件（主要是温度、含水量）以外，添加一些其他物质，也可以使漆膜的颜色变浅，透明度增高。可添加的合成物质有聚乙烯醇水溶液、甲基丙烯酸甲酯和乙酸乙烯共聚物、丁基脲醛树脂；天然物质有多缩甘露糖、洋菜液、琥珀、虫胶、腰果液及其制品等。

往生漆中加鸡蛋清，可使漆液有触变性，涂刷时不发生流挂。

3.3　生漆的化学改性

化学改性是指让生漆中的漆酚与其他化学物质反应以生成适合各种需要的产品的过程。漆酚像苯酚一样具有酚类的通性，非常活泼，侧链有不饱和键可以进行双键的一系列反应。由于化学结构上既有苯酚又有长链，漆酚及其衍生物和含芳香环的树脂互溶性大，与脂肪族高分子化合物也有一定的互溶性，因而漆酚及其制品可以和多种树脂配合互相改性。

漆酚经过改性之后可以得到具有各种特殊性能的产物，可以得到浅色、无毒、自干的涂料，颜色从深黑到浅黄，可以获得生漆所不具备的性能。例如漆酚和苯乙烯共聚或是和环氧氯丙烷反应后的产物，耐碱性很好；漆酚糠醛树脂的耐热性大大提高。虽然有时某一方面的性能提高的同时，另一方面的性能会下降，但化学改性目的往往是有针对性的，总是为了满足某一方面的要求，只要对改性产物的性能有所了解，便可以扬长避短、合理使用。

3.3.1　漆酚的分离

在生漆的主要成分中只有漆酚溶于有机溶剂，利用这个特点可以容易地将漆酚从生漆中分离出来。最常用的溶剂是乙醇、丙酮、二甲苯，前两者用于化学分析，二甲苯则用于工业生产，原因是漆酚进行化学改性后的产品几乎都不溶于乙醇和丙酮，而且其沸点太低，使用不便。

3.3.1.1　常温分离

滤去机械杂质的生漆，加入有机溶剂，搅拌均匀后静置慢慢分层，倾出上层漆酚溶液，下层加溶剂，反复提取漆酚。分层时间视溶剂的性质和加入的数量而定，乙醇和丙酮为溶剂时分层快，对于同一种溶剂加入量多则分层快，但会增加回收溶剂的麻烦。

此法的优点是漆酚不受热，不和空气接触，得到的漆酚接近单体状态，发生聚合的可能性小，对进行研究工作有利。工业生产则由于分层时间太长无法使用，只有分离漆渣时常温静置法才是可取的。

3.3.1.2　热法分离

生漆和苯类溶剂混合，利用恒沸脱水将水除掉，漆中的含氮物质受热固化，漆酚不能共溶。在有搅拌器、冷凝器、油水分离器的装置中加入生漆和二甲苯，加热搅拌，沸腾回馏，蒸气经冷凝后在油水分离器中分成两相，上层二甲苯重新进入反应釜，下层水分除掉，回馏操作至无水分馏出为止。釜底物冷却静置。倾出上层漆酚溶液，沉淀物用二甲苯洗涤，回收漆酚。

具体操作为将已选择好的生漆原料经过离心机 100 目铜丝布离心过滤后，投入装有搅拌器、冷凝回流器、分水器装置，并可通过夹套电加热的专用反应釜内，再加入等量的二甲苯溶剂，总投料量不超过反应釜容量的 60%。

开动搅拌，加热升温，让生漆中的水分与二甲苯混合受热，可产生低于各自沸点的一个共沸点，于常压下温度为 90～94℃时混合蒸气被蒸出，经过冷凝器后混合蒸气被冷凝为二甲苯和水，于分水器内分层，放出下层水分而将二甲苯回流入釜。由于加入的二甲苯的量大幅度地超过漆液中的含水量，故水分很容易被二甲苯全部带出。将二甲苯尽量全部保留在漆料中，当漆料温度开始从恒温排水阶段上升至接近二甲苯沸点（136.5℃）时，降低火力，于 15min 左右停止加温，此时漆料中的水分已完全排净，放料于专用沉淀贮槽中静置冷却待用。

由于水分被排出和大量二甲苯的加入，生漆乳胶状态彻底被破坏，生漆内不能够溶于二甲苯的所有组分在静置冷却过程中，全部从漆酚二甲苯溶液中沉淀出来。此沉淀结块物可定期从贮槽中清除出去。已冷却的漆酚二甲苯溶液再经过高速离心机或板框压滤机进一步去渣净化，测试其固体含量后待用。

漆酚二甲苯溶液如果不经进一步滤渣净化，就必须将其从反应釜中排出后于贮槽里连续静置一星期以上时间，让其内的杂质充分自然沉淀。

此种分离方法由于受热的作用，故使漆酚发生部分聚合，黏度变大，凝胶时间变短。如果操作条件变化，则得到的漆酚分子量就不相同。最好的分离方法是将生漆和溶剂搅拌均匀后先经高速离心机除去机械杂质，再在薄膜蒸发器中真空连续蒸馏，水分和二甲苯一起挥发，漆酚和凝固体过滤分离。

不论是静止法还是加热法都含有少量杂质，总会有部分漆酚低聚物，工业生产不必进一步分离，实验室的方法是将蒸去溶剂后的漆酚用大量石油醚溶解，放置过夜，析出蜡状物质过滤除掉。

科学研究上为了得到纯净的漆酚，有分子蒸馏法和色层分离法，例如在氮气保护下于 (0.5 ± 0.1) mmHg（1mmHg＝133.3Pa）压力下将粗漆酚蒸馏，收集 (215.0 ± 0.5)℃的馏分。按照前面提到的色层分离方法加以扩大，能够得到漆酚的各个单体。真空蒸馏和色层分离仍然会有漆酚发生聚合，造成相当数量的损失。

漆酚的多种化学反应中，凡是能够得到高分子量的制品，都可以直接应用。

3.3.2　生漆改性产品

将生漆漆酚与一些有机或无机化合物进行化学反应，可制备出具有某种特殊性能的浅色、无过敏性、自干或烘干型涂料。

漆酚苯核上的两个互成邻位的酚羟基性质很活泼，具有弱酸性，易于氧化也易于发生缩合脱水反应。这两个羟基可以与多种无机化合物反应生成盐，可以与部分有机化合物在一定条件下反应生成酯或醚类化合物。由于受此两个羟基和侧链的影响，使得与它们成邻位和对位位置的苯核上的氢原子也变得非常活泼，成为官能基，可参与发生多种化学反应，如取代反应、缩聚反应等经常在这些位置上发生。

漆酚苯核上的脂肪族烃取代基，绝大多数结构上具有双键或共轭双键，其性能与干性油的不饱和脂肪酸相仿，可以参与氧化、聚合或缩合、加成等多种化学反应。同时由于此不饱和脂肪烃取代基的碳原子有 15～17 个之多，碳链长，所以漆酚既具有芳香烃化合物的特性，又类似脂肪族化合物，因而它和以芳环为主链的树脂（如环氧树脂）、以碳链为主链的树脂（如乙烯类树脂）及各种油类（尤其是植物油）均能够很好地混容。这些性能成为对生漆改性的良好基础。人们就是利用上述漆酚的一系列化学特性，通过多种方式采取不同措施以获得所要求的产物。但是有些改性产品具有某种特殊优良性能时，而有时其另外某方面性能会有所降低。这需要产品的设计人员全面地衡量这些得失。

3.3.2.1 漆酚缩醛类涂料

(1) 漆酚环氧防腐漆

① 选料　各种不含油脂或含油脂量很少的生漆以及干燥性能差或不能自干的陈年漆、劣质漆都可以作为原料。甲醛、氨水、二甲苯、丁醇、磷酸等原料均为工业品级。E-20 型（601、604、634）中等分子量的双酚 A 环氧树脂，为工业品级。

② 配方与操作工艺

a. 漆酚缩甲醛树脂的制备　漆酚与甲醛的缩合反应，若不考虑漆酚结构中的长侧链所参与的反应和影响，则漆酚和甲醛之间缩聚反应与苯酚甲醛的缩聚反应相似，产物也属于一种结构特殊的酚醛树脂。当漆酚与甲醛以等物质的量的比例在碱性催化剂（如氨水）的催化下反应时，首先发生羟甲基反应，即漆酚苯核上的一个活泼氢与甲醛形成加成物。此加成物中的羟甲基再与另一分子漆酚苯核上的活泼氢缩合脱去一分子水，从而形成以次甲基桥相连接的线型高分子。

但由于参与反应的漆酚中已掺有部分二聚或多聚漆酚，它们与甲醛的反应能力低于单体漆酚，所以当以等物质的量的甲醛参加反应时，实际上已经过量，反应一开始便可能形成两个次甲基醇的漆酚，从而影响高聚物的生成。同时当过量甲醛存在于反应产物中时，易于引起树脂胶结，故甲醛与漆酚的物质的量的比应该小于 1，一般以 0.7～0.9 为宜。由于在缩聚温度下尚有可能产生漆酚分子间的氧聚反应而形成氧聚漆酚，因此实际的反应过程和反应产物远较酚醛树脂复杂。

具体操作为将经过净化和测试过固体含量的漆酚二甲苯溶液与甲醛以 1∶0.9 的物质的量的比例投入专用反应釜中，加入适量的氨水（一般为漆酚质量的 3％～5％），开动搅拌、加热升温，注意漆料温度在 70℃左右保温反应 1～3h（视反应物的量而定，量多则反应时间较长）。待反应完全后升温排水，排水过程中可通入压缩氮气加速排水（如同萃取漆酚的过程）。水分被排净后升温让二甲苯回流至漆酚甲醛树脂黏度达到技术指标时为止。测试其固体含量后待用，黏度为 58～90s（25.0℃±0.5℃，涂-4 杯）。

b. 漆酚缩醛与环氧树脂的交联反应　在漆酚甲醛聚合物分子中引入环氧树脂的目的，是为了改善成品的耐碱性能、与金属表面的附着力增强及让颜色变浅一些等。两种树脂之间的交联反应包括两个方面：其一是漆酚苯核上的酚羟基与环氧基反应形成交联大分子；其二是漆酚醛树脂中的羟甲基与环氧树脂中开环后形成的环氧羟基反应形成交联大分子。这里没有考虑漆酚中的侧链可能参与的反应，为了防止侧链氧聚反应的发生，反应可在氮气流下进行。

具体操作为将漆酚缩甲醛树脂和 E-20 环氧树脂以固体量为 1∶1 质量比投入反应釜中，加入适量的丁醇和二甲苯混合溶剂（等量比），开动搅拌，加热升温至溶剂回流进行交联反应，待反应物黏度达到技术指标时停止加热。

c. 醚化反应　反应的最后一步，是利用丁醇与漆酚缩醛环氧树脂中，漆酚苯核上残存的羟甲基的醚化反应来将羟甲基封闭。丁醇醚化反应需在酸性物质催化下进行，一般选用的是磷酸，加入量为反应物总量的 0.5% 左右。加入时反应釜内温度控制在 118℃ 以内，加入后再继续搅拌 1h，然后停止、放料。磷酸的加入除了催化醚化反应过程外，还起着中和残存于反应产物中的微量碱的作用。微量碱的存在可使成品黏度在贮存过程中迅速增高。为了确保成品的贮存稳定性，除了采用丁醇醚化外，还需全面控制漆酚与甲醛的比例、催化剂的用量、反应终点等。此外，若在成品中加入诸如单宁酸、对苯二醌、盐酸苯肼等稳定剂或丁醇改性的酚醛树脂等，对改善成品的贮存稳定性亦有一定的效果。

③ 性能及用途　此漆可自干，室温半小时内（25℃）即可以指触干燥。也可烘干，在 180℃ 温度下烘烤 40min 后漆膜性能更佳。

此漆在保持了生漆漆膜的耐腐蚀介质性能的基础上，提高了耐碱性能，物理力学性能也有大幅度提高，尤其是耐农药腐蚀性能优良。

另外此涂料施工性能有其特点：一是有很宽的成膜温度范围，可以在室温下自干成膜，亦可在自室温到 300℃ 之间的各温度下烘烤成膜，温度越高成膜越快；二是适应多种涂装方式，可以刷涂、喷涂亦可浸涂、淋涂；三是可以经过多次涂装（间隔 15min 即可）一次烘烤成膜；最后是完全消除了生漆涂料对人体的致敏性等，因此能在较大的范围内推广应用。

漆酚醛环氧涂料为清漆，因其色浅，故可以用来配制成为各种色漆（白色除外）、防锈漆。

（2）漆酚多环氧树脂漆　以漆酚的酚羟基和环氧氯丙烷反应，能够得到一种多环氧型化合物。其方法是当漆酚缩甲醛反应黏度达到一定程度时，再加入环氧氯丙烷进行反应即成。由于成品涂层结构中不含有酚羟基，所以不但漆膜颜色较浅，而且耐碱性能亦有了明显改善。但是因为结构中引进了大量的环氧基，漆膜浸水后能够发生水解，可生成亲水性的醇羟基，故使得漆膜的耐水性能有所下降。

（3）漆酚缩糠醛清漆　此漆是以糠醛代甲醛进行反应，产物不与环氧树脂交联反应而直接被应用。主要是作为石油采油油井管防管壁结蜡的涂料。

（4）漆酚醛油舱漆　此漆的选料、配方及生产工艺等基本上与漆酚环氧防腐漆相同，不同之点是漆酚缩甲醛树脂制备好之后，不加环氧树脂进行交联反应，而是直接作为成品予以应用。

漆酚醛油舱漆主要用于各种类型的贮油罐、输油管道、船舶舰艇的贮油舱和油水舱内等的涂装防护。

（5）漆酚缩甲醛清漆　此漆在选料、配方及生产工艺上基本上与漆酚环氧防腐漆相同，其不同点仅为由顺丁烯二酸酐树脂代替 E-20 环氧树脂。

漆酚缩甲醛清漆内加入色浆可制成各种色漆（白色除外），主要用于漆器的装饰，也用于木器家具和车、船内外的涂装。

另外也有用季戊四醇松香酯等树脂改性的。

（6）改性快干漆　将漆酚二甲苯溶液与苯乙烯、苯酚、甲醛溶液，在催化剂作用下于（95±5）℃（保温 1h 左右）进行缩合反应，继之升温脱水，脱水后回流保温进行聚合反应，待反应物黏度达到技术指标后即停止加热，冷却过滤得棕黄色溶液即为清漆。此清漆还可与低分子环氧树脂（如 E-44 型）进行交联反应。加入色浆后可配制成各种色漆，若加入黑料即可获得黑色推光漆的代用品。此漆性能良好，尤其是干燥速度快。

3.3.2.2　漆酚的元素有机化合物

利用漆酚苯核上的酚羟基和有机硅、有机钛单体等进行反应，可以得到含有这些元素的化合物。由于在化合物结构中引进了 Si—O、Ti—O 键等，并减少了漆酚分子上的羟基，从而提高了漆膜的电性能、耐热性能、耐碱性能等。

（1）漆酚有机硅涂料　采用甲基乙氧基硅烷、甲基氯硅烷等有机硅单体在低温下与漆酚反应，除去反应副产物后便可得到漆酚有机硅单体或聚合物作为成膜物质制造涂料。使用的有机硅单体不同，获得的产物也不同。如漆酚有机硅单体加热时，可依靠单体上所保留的漆酚侧链双键的氧化聚合，及单体上的—OH、—OC$_2$H$_5$、—Cl 等进一步交联而成膜。如漆酚硅树脂涂料，是采用漆酚和二甲基二氯硅烷经过酯化、酯交换、缩合反应制得的一种具有特殊性能的漆。生产时采用二步反应工艺，先用二甲基二氯硅烷与丁醇和水通过酯化反应及部分水解而形成二甲基二丁氧基硅烷的二聚物，再加入漆酚甲苯溶液与此二聚物进行酯交换及缩合反应而成。

成品漆膜对于水、油都不浸润，具有优良的耐油、抗水、耐热、耐溶剂、耐化学品腐蚀等性能。可作为高档防腐、装饰用涂料，尤其是用于石油采油油井中防油管结蜡，效果非常显著，属最佳防结蜡涂料之一。也可以采用类似的工艺将四氯化钛、钛酸丁酯或钛酸异丙酯和漆酚进行反应，以制取含钛的漆酚钛单体及其聚合物。

这些漆酚元素有机化合物可与醇酸树脂、丙烯酸树脂等合成树脂配合一起使用。

（2）漆酚铁有机化合物　在漆酚中加入有机酸铁盐或氢氧化铁，极易生成黑色的漆酚铁有机化合物。因为漆酚为二元酚，故可在苯核上发生双苯醌型的聚合，同时由于氢键的作用，一个铁离子还可与四个漆酚分子或六个漆酚分子形成生成物，即漆酚醌铁螯合物。如漆酚树脂黑烘漆，是将漆酚与乙酸铁（由冰乙酸与氢氧化铁反应生成，而氢氧化铁是将硫酸亚铁水溶液与氨水反应生成的）在加热条件下进行反应而得到的。若再与氨基醇酸清漆调和，则可作烘干型涂料。成膜后黑度极佳（不用黑色颜料），色泽纯正不带杂色，漆膜坚韧、光亮、丰满，且具有优良的耐化学品腐蚀、抗水防潮、耐候、耐磨等性能。装饰性、保光性好，是缝纫机等轻工产品、工艺美术品等手工产品的高档涂料。

3.3.2.3　各种漆酚合成树脂涂料

（1）漆酚乙烯漆　利用漆酚与乙烯类树脂的互容性和在氯化亚锡催化剂存在下的可共聚性，共聚成漆酚乙烯漆，大幅度改善了乙烯类树脂的防腐蚀性能和硬度、附着力、施工性能等。漆酚氯乙烯漆就是将漆酚缩甲醛与氯乙烯（或过氯乙烯）树脂，在有氯化亚锡存在下反应而成为改性树脂，再加有机溶剂调合而成的。

（2）漆酚苯乙烯漆　将漆酚与苯乙烯在氯化亚锡存在下进行加热共聚，可制得漆酚苯乙烯涂料，属于烘干型漆，于 150℃ 下 30min 即可干燥。

（3）漆酚耐氨大漆　此漆又名耐氨涂料，是将漆酚与聚二乙烯基乙炔、天然沥青（或煤焦沥青）调合而得的耐氨水性能优良的涂料。

（4）漆酚树脂改性漆　将初滤过的生漆与一定比例的桐油、松香改性酚醛树脂、顺丁烯二酸酐树脂或其他涂料用树脂等一起进行热预聚，当漆料升温至 240℃ 后停加热让其冷却，即得到黏度较高的透明黏稠状预聚油漆料。再将预聚油漆料与初滤过的生漆按一定比例混拼，加入适量的混合有机溶剂，经过充分搅拌和过滤后即为成品。

此漆干燥较快、施工性能好、致敏性较低，漆膜外观呈红棕色半透明，力学性能和耐化学品性能良好。此漆为高档轻工产品涂料，也可用于涂饰木器家具。

3.4 生漆过敏及其防治

3.4.1 生漆的致敏性及过敏症状

生漆内的漆酚属多元酚衍生物，是可使人体皮肤患接触过敏性皮炎的致敏刺激物。0.001mg 的生漆即可使皮肤敏感的动物产生皮疹，0.1‰浓度的生漆乙醇溶液可使 70%～80% 的从未接触过生漆的人们不同程度地产生漆过敏。此外，生漆内还存在多种挥发性致敏物，如溴乙烷、丙烯醛、有机酸、单元酚等，生漆过敏俗称为"生漆疮"、"漆咬"等。生漆过敏反应存在着明显的个体差异，这与遗传因素、个人的体质、气温及有无适当的防护措施等有关，而与性别、年龄无关，如漆农和漆工的子女发生生漆过敏率非常低。

不同结构的漆酚致敏性的比较如下。

邻苯二酚衍生物致敏性的比较如下。

可见侧链不饱和度越大者毒性越强，侧链长者较短者毒性强，邻苯二酚衍生物较邻苯二酚毒性强，即有侧链者较没有者毒性大，侧链在 3 号位置上较在 4 号位置上的毒性大等。

生漆致敏源侵入人体的主要途径是皮肤及呼吸道的黏膜等处，接触大漆或大漆中的挥发物均有可能引起过敏反应。大漆过敏反应主要表现为接触性皮炎，是属于迟发型变态反应（细胞免疫）。漆酚作为半抗原进入机体至细胞膜上，这是一种非常亲脂性物质，由于其亲脂性而能够浓集在皮肤细胞膜中，经过一定的潜伏期（时间长短不一，一般是在数小时至数星期），产生类似淋巴细胞的反应，参与这个反应的细胞是一种 T 细胞（即是一种巨噬细胞）。

皮肤敏感者轻度过敏仅是裸露在外的部分皮肤，如脸面、眼眶周围、腕部、手背、指背、指缝等处初发，继而向颈项等部位发展。初始感觉患处肿胀，奇痒难当，经轻抓骚后出现红色小丘疹。严重者皮肤局部呈现出水痘大小不一的水泡，若因骚痒致使皮肤被抓破则很易受感染而溃烂。经过护疗而痊愈后，将不留下任何痕迹。

生漆所引起的过敏症状发展情况如下所示。

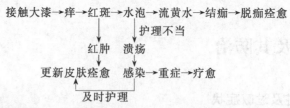

3.4.2 对生漆过敏的预防

① 施工或加工现场要有较好的通风条件和较阴凉的工作环境。

② 施工或加工人员及所有可能与大漆接触者，事先必须穿戴齐全的劳动防护用品，以尽量减少皮肤裸露，减少人体沾漆的可能性。

③ 施工或加工大漆及凡要与大漆接触之前，宜将裸露在外的皮肤上涂抹一层特制的生漆防护剂，让皮肤表面形成一层薄膜以隔离空气，避免生漆挥发物侵害皮肤。生漆防护剂的配方如下，供选配使用。

配方 1

聚乙烯醇	5.08	淀粉	1.0g
苯海拉明	0.3g	净水加至	100g
甘油	5.0g		

配方 2

玉米	40g	邻苯二甲酸二丁酯	5g
甘油	50mL	95％的乙醇加至	500mL
樟脑	5g		

配方 3

乳液	40mL	净水	45mL
甘油	10mL	滑石粉	20g
明胶	5g		

配方 4

甘油	14g	凡士林	12g
硼酸	2g	淀粉	14g

配方 5

氢氧化钾	0.5g	乙醇	200g
甘油	200g	净水	600g

工作人员若能坚持在每次接触生漆之前，涂抹上列防护剂，则其防护效率可达80％左右。另外也可以用甘油、漆籽油、食用植物油或日用护肤香脂、膏、霜等对所有裸露在外的皮肤进行涂抹护理，其效果也甚明显。

④ 凡接触生漆或生漆精制品后，即使双手未沾染过漆液，也必须每次待清洗过之后才可与其他处皮肤接触。如吃饭、脱衣穿衣、大小便等，以避免它处皮肤无意中受到沾染。

⑤ 无论何处皮肤不慎沾漆后，一旦发觉应立即用废纱头、棉絮、旧棉布或棉纸等柔软纤维类物品蘸植物油或有机溶剂小心擦拭干净。必须注意尽量不要扩大沾染面积。然后用冷水肥皂洗净。擦拭时千万不可将皮肤擦破。若是皮肤上残存漆迹则可用5％的硫代硫酸钠水溶液或0.5％～1％的碳酸钾溶液涂抹数次，以避免发生过敏反应，也可用1％的硝酸和乙醇擦拭，然后用肥皂清水洗净。

⑥ 接触生漆的人员每当休息时用0.05％的高锰酸钾水溶液清洗手、脸、颈项等裸露处皮肤，并坚持做到勤洗澡（每天至少一次），勤换洗工作服、其他劳保用品和内衣等。

3.4.3 对生漆过敏症的治疗

① 初始肿痒时切忌用指甲抓搔，以防扩大患处面积和感染，为止痒可用"漆性皮炎止痒水"或3％～5％的稀氨水、10％的碳酸钾溶液等擦洗。

② 涂敷药包括漆疮霜、漆敏止痒水、除湿解毒膏、龙舌兰、抗敏止痒霜、抗敏消炎霜、0.05％丙酸氯氟美松、0.05％肤轻松、0.064％二丙酸倍他米松、0.12％颉草酸倍他米松、0.1％缩丙酮羟氟可的松、消疹止痒膏、拔毒生肌膏、溃烂收敛膏等外用药。每2h左右将患处清洗、涂敷一次。产漆区可采取新鲜的半边莲（又名细米草、急解索、半边花、长虫草等）或漆姑草（又名羊儿草、地松、墨秀草、珍珠草等）适量，洗净捣烂，用纱布滤取其汁液涂患处，一日数次，疗效明显。

③ 服用药包括芪花解毒片、龙兰片、扑尔敏、安基敏、抗胺素等。

④ 针剂包括防漆敏注射液1.5％的氯化钙、0.64％的硫代硫酸钠、10％的葡萄糖酸钙和0.25％的普鲁卡因液等。

患生漆过敏反应后，要忌食辛辣、浓茶、烟酒等刺激性食物，而多食用一些水果、蔬菜和富含维生素C的食物（维生素C具有脱敏作用）。

至今还未发现效果较理想之预防和治疗特效药物，上面所列举的一些治疗措施，均需数天才能疗愈。而如果患后不采用任何治疗措施，只要注意卫生，不用手指抓骚，让其自愈也只需要半月至三星期时间即可痊愈。

第4章 涂料配方基本原理

4.1 涂料的基本组成

涂料一般由不挥发分（成膜物质）和挥发分（稀释剂）两部分组成。在物件表面涂布后，涂料的挥发分逐渐挥发逸去，留下不挥发分干燥成膜。成膜物质又可分为主要成膜物质、次要成膜物质和辅助成膜物质三类。主要成膜物质可以单独成膜，也可以黏结颜料等物质共同成膜，所以也称胶黏剂，它是涂料的基础，因此常称为基料、漆料和漆基。

涂料的次要成膜物质包括颜料和体质颜料，辅助成膜物质包括各种助剂，其基本组成见表4.1。

表 4.1 涂料的基本组成

组 成		原 料
主要成膜物质	油料	动物油：鲨鱼肝油、带鱼油、牛油等
		植物油：桐油、豆油、蓖麻油等
	树脂	天然树脂：虫胶、松香、天然沥青等
		合成树脂：酚醛、醇酸、氨基、丙烯酸、环氧、聚氨酯、有机硅等
次要成膜物质	颜料	无机颜料：钛白、氧化锌、铬黄、铁蓝、铬绿、氧化铁红、炭黑等
		有机颜料：甲苯胺红、酞菁蓝、耐晒黄等
		防锈颜料：红丹、锌铬黄、偏硼酸钡等
	体质颜料	滑石粉、碳酸钙、硫酸钡等
辅助成膜物质	助剂	增塑剂、催干剂、固化剂、稳定剂、防霉剂、防污剂、乳化剂、润湿剂、防结皮剂、引发剂等
挥发物质	稀释剂	石油溶剂（如200号油漆溶剂油）、苯、甲苯、二甲苯、氯苯、松节油、环戊二烯、乙酸丁酯、乙酸乙酯、丙酮、环己酮、丁醇、乙醇等

涂料组成中不含颜料和体质颜料的透明体称为清漆，含有颜料和体质颜料的不透明体称为色漆（瓷漆、调合漆、底漆），加有大量体质颜料的稠厚浆状体称为腻子。

不含挥发性稀释剂的涂料称为无溶剂漆，呈粉末状的涂料称为粉末涂料，以一般有机溶剂作稀释剂的涂料称为溶剂型漆，以水作稀释剂的涂料称为水性漆（包括乳胶漆）。

4.1.1 颜料和体质颜料

颜料和体质颜料是分散在涂料中能给涂料以某些性质的特殊固体。这些性质包括颜色、遮盖力、耐久性、力学强度以及对金属底材的防腐性等。其中，颜料主要是为胶黏剂提供颜色和遮盖力，但也需要满足力学强度与防腐性等其他要求。颜料可分为无机颜料和有机颜料两类。在涂料配方中，主要使用无机颜料，而有机颜料多用于装饰性涂料。体质颜料大多是白色粉末状，没有实际功能（着色力或遮盖力），但具有增加漆膜厚度，提高漆膜耐久性和降低成本等作用。

色泽、色坚牢度、着色力和遮盖力是颜料的固有特性，它们与颜料的结构和组成有关，而颜料的结晶形态、粒径和外形对漆膜的光泽、涂料贮存期间颜料的稳定性以及基料对颜料表面的润湿性有较大的影响。在涂料工业中，通常采用研磨或高速分散的方法使颜料均匀地分散在涂料体系中，并使其保持悬浮状态或者发生沉降后容易被分散的状态。故就涂料而言，颜料是一种十分重要的辅助材料。

4.1.1.1 着色颜料

着色颜料（主要是无机物）赋予涂料五彩缤纷的颜色和色调，而有机颜料主要作着色助剂。着色颜料是颜料品种中最多的一种类型。

(1) 白色颜料　在保护和装饰性涂料中，应用最广泛的白色颜料是钛白粉，即二氧化钛（TiO_2）。这是一种无毒、白度高、遮盖力强的合成颜料。它具有两种晶形，即金红石型（折射率为 2.7）和锐钛型（折射率为 2.5）。前者有较高的稳定性和耐久性，多用于制备户外涂料；后者在光照下易粉化，故多用于制备室内涂料。

锌钡白（$BaSO_4 \cdot ZnS$）俗称立德粉，耐碱，遇酸分解放出硫化氢，其遮盖力强，但遇光易变暗，涂膜的耐候性差，多用于制备耐碱涂料。氧化锑又名锑白，有较强的遮盖力，广泛用于制备防火涂料。铅白[$2PbCO_3 \cdot Pb(OH)_2$]因毒性较大，故其使用受到限制。

(2) 黄色颜料　主要的黄色颜料有铬酸铅，也称铅铬黄，其着色力高，色坚牢度好且不透明，但有毒。它多用做装饰性涂料和工业涂料的二道漆和面漆。铬酸锌是一种色坚牢度好，对碱和二氧化硫稳定的颜料，但遮盖力低。黄色氧化铁（$Fe_2O_3 \cdot H_2O$），也称铁黄，其着色力高，价廉，多用于户外漆配方。镉黄（CdS）耐高温、耐碱，色坚牢度好，宜做烘烤型面漆。

(3) 绿色颜料　氧化铬（Cr_2O_3）又称铬绿，对酸碱有较好的稳定性，但遮盖力低，宜做耐化学药品涂料的颜料。铅铬绿$\{PbCrO_4 \cdot KFe[Fe(CN)_6]\}$有良好的遮盖力，耐酸但不耐碱。

(4) 蓝色颜料　铁氰化铁钾$\{KFe[Fe(CN)_6]\}$又称铁蓝，有较高的着色力，色坚牢度好，并有良好的耐酸性，但遮盖力差。群青（$Na_6Al_4Si_6S_4O_{20}$）为天然产品，已使用了几个世纪，色坚牢度好，耐光、热和碱，但可被酸分解，着色力和遮盖力低。

(5) 红色颜料　氧化铁红（Fe_2O_3）有天然型与合成型两种类型。它具有较高的着色力，耐碱和有机酸，且能吸收紫外辐射，具有较强的耐光性，其价格低廉，应用广泛。

(6) 黑色颜料　用量最大的黑色颜料是炭黑，其吸油量大，色纯，且遮盖力强，耐光，耐酸碱。此外还有氧化铁黑（Fe_3O_4），主要用做底漆和二道漆的着色剂。

(7) 有机颜料　与无机颜料相比，有机颜料的颜色齐全，色泽鲜艳，着色力较强，但遮盖力较差。常用的有机颜料有耐晒黄、联苯胺黄、颜料绿 B、酞菁蓝、甲苯胺红、芳酰胺红等。

4.1.1.2 防腐颜料

防腐颜料是用于保护金属底材免受腐蚀的颜料，有盐类和金属类两种类型。

(1) 无机盐类　这些盐具有缓蚀性，含有用水可浸出的阴离子，能钝化金属表面或影响腐蚀过程。它们主要是含铅和铬的盐类，但因其毒性和污染问题，目前有被其他颜料替代的趋势。

① 铅系颜料　碱式硅铬酸铅（$PbO \cdot CrO_3 \cdot SiO_2$）是一种使用广泛的铅系颜料。它利用形成的缓蚀性铅盐和浸出的铬酸盐离子使金属底材得到防腐保护。尽管颜料中含有铅，但其毒性要比传统的红丹颜料低。此外还有碱式硫酸铅（$2PbSO_4 \cdot PbO$），常用做船舶等防腐涂料，有毒；铅酸钙（$CaO \cdot PbO_2$），常用做镀锌铁的底漆。

红丹（$PbO_2 \cdot 2PbO$）是一种传统的防腐颜料。它与亚麻仁油配合，能对钢材表面提供有效的保护。但因具有毒性，故限制了它在现代涂料工业中的应用范围。

② 锌系颜料　锌系颜料主要有铬酸钾锌 [$K_2CrO_4 \cdot 3ZnCrO_4Zn(OH)_2$]、磷酸锌 [$Zn_3(PO_4)_2$] 和四盐基铬酸锌。铬酸钾锌耐碱，但不耐酸。磷酸锌是一种无毒的中性颜料，对漆料的选择范围较广。四盐基铬酸锌常用作轻金属或钢制品的磷化底漆。

③ 其他颜料　近年来研制的低毒性防腐颜料，可以单独使用或与传统的缓蚀颜料搭配使用，这类颜料包括铬酸钙、钼酸钙、磷酸镁、磷酸钙、钼酸锌、偏硼酸钡、铬酸钡等。此外，某些体质颜料如滑石粉和云母，也有防腐的性能。

（2）金属类　有四种金属可作涂料用颜料，即铝、不锈钢、铅和锌。其中铅和锌已被确认有防腐性能，且铅常与亚麻仁油配合，在涂料中能形成铅皂，并具有先蚀性阳极的作用。锌粉常用做富锌保护底漆，可发挥先蚀性阳极的作用。不锈钢颜料不但具有防腐蚀功能，而且还具有装饰作用。铝粉因表面存在氧化铝膜而具有保护作用，特别是一种叶展型铝粉，能在漆膜表面发生定向排列，起到隔离大气的作用，同时还具有先蚀性阳极的作用。

4.1.1.3　体质颜料

体质颜料是不溶于胶黏剂和溶剂的涂料助剂，它对漆膜几乎没有遮盖力和着色力，但能提高漆膜的厚度，改进液体涂料的流动性以及漆膜的力学性能、渗透性、光泽和流平性。主要的体质颜料有以下几种。

重晶石（$BaSO_4$）和沉淀硫酸钡（前者为天然无机矿），其稳定性好，耐酸、耐碱，广泛用作调合漆、底漆和腻子。

瓷土（$Al_2O_3 \cdot 2SiO_2 \cdot 2H_2O$），也称高岭土，是天然存在的水合硅酸铝，它具有消光作用，能做二道漆或面漆的消光剂，也适用于乳胶漆。

云母（$K_2O \cdot 2Al_2O_3 \cdot 6SiO_2 \cdot 2H_2O$）是天然存在的硅铝酸盐，呈薄片状，因其具有叶展效果，故能明显地降低漆膜的透气性、透水性，减少漆膜的开裂和粉化，它多用于户外涂料的配方。

滑石粉（$3MgO \cdot 4SiO_2 \cdot H_2O$）是一种天然存在的层状或纤维状无机矿物，它能提高漆膜的柔韧性，降低其透水性。

碳酸钙（$CaCO_3$）可分两类，即重质碳酸钙（天然石灰石经研磨而成）和轻质碳酸钙（人工合成），它们广泛用做室内和户外的乳胶漆。

4.1.2　溶剂

在涂料中，溶剂的作用不仅是溶解树脂，而且对涂料的施工特性、干燥时间和最终漆膜性能都有很大影响。因此，在选择溶剂时，既要考虑溶剂对涂料用树脂的溶解性及其蒸发速率，又要兼顾溶剂的价格、毒性和对人体的刺激性。目前，涂料用溶剂主要有各种醇类、酮类、酯类以及脂肪烃类、芳香烃类等有机溶剂。

4.1.2.1　溶剂对涂料树脂的溶解性

从溶剂对高聚物溶解过程的热力学分析可知，对于非极性高聚物与溶剂互相混合时的混

合热 ΔH_M 来说，如混合过程中没有体积变化，则经典的 Hildebrand 溶度公式为

$$\Delta H_M = V\phi_1\phi_2(\delta_1-\delta_2)^2$$

式中　　ϕ——体积分数；

　　　　δ——溶度参数；

　下标 1 和 2——分别表示溶剂和溶质；

　　　　V——溶液的总体积。

从式中可知，ΔH_M 始终是正值。溶质与溶剂的溶度参数越接近，则 ΔH_M 越小，故越能满足自发溶解的条件，即满足混合自由能 $\Delta F_M < 0$ 的要求。也就是说，溶质和溶剂的溶度参数越接近，越容易发生溶解。

溶度参数的定义为内聚能密度的平方根。即

$$\delta_1 = \left(\frac{\Delta E_1}{V_1}\right)^{\frac{1}{2}}$$

$$\delta_2 = \left(\frac{\Delta E_2}{V_2}\right)^{\frac{1}{2}}$$

式中　ΔE_1——溶剂的内聚能；

　　　ΔE_2——高聚物的内聚能。

在选择溶剂时，其溶度参数必须处于树脂的溶度参数范围内。此外，还必须考虑氢键强弱程度的匹配问题。例如，环氧树脂的 δ_m（中等氢键强度）为 $16.4\sim26.6$，则它可溶于酮类、醚类和酯类溶剂，但不能溶于烃类和醇类溶剂，因为树脂的 δ_p（强氢键强度）和 δ_s（弱氢键强度）值为零。当涂料由多种树脂相混时，则要求各种树脂的溶度参数范围的中间值之差不大于 2.05，以便相互能够溶解。例如，短油度醇酸树脂能与环氧树脂相容，而长油度醇酸树脂与环氧树脂的相容性就不好。

4.1.2.2　溶剂的相对蒸发速率

溶剂的挥发性是在选择溶剂时需考虑的一个重要因素，其蒸发速率不能过快也不能过慢。蒸发速率过快，可使干燥时间缩短，但对涂料的流平不利，甚至会导致起泡和橘皮等漆病；蒸发速率过慢，则使干燥时间延长，而且易发生流挂现象。如果单纯用沸点或蒸汽压来描述溶剂的挥发性，往往会出现很大的偏差。例如正丁醇的沸点为 118℃，乙酸丁酯的沸点为 125℃，前者的沸点虽较低，但其蒸发速率要比后者低得多。为此，引入了溶剂的相对蒸发速率来表征溶剂的挥发性，并用下式来描述纯溶剂的相对蒸发速率。

$$E = \frac{t_{90}(\text{乙酸正丁酯})}{t_{90}(\text{试验溶剂})}$$

式中　E——试验溶剂的相对蒸发速率；

　　t_{90}——规定条件下，蒸发溶剂总量的 90% 所需的时间。

同时规定以乙酸正丁酯为比较标准，其相对蒸发速率 $E=1$。为了避免蒸发过程中因溶剂与底材间相互作用而造成的误差，特采用蒸发溶剂总量的 90% 所需的时间来表征溶剂的相对蒸发速率。一些涂料常用溶剂的相对蒸发速率和其他物理性质见表 4.2。

相对蒸发速率也可用质量（E_m）或体积（E_V）表示，即以乙酸正丁酯（$\rho=878\text{kg/m}^3$）为标准，在相同条件下，求其他纯溶剂蒸发的质量或体积。两者的关系为

$$E_m = \frac{\rho}{878}E_V = 1.14\times10^{-3}\rho E_V$$

式中　ρ——溶剂的密度。

如以 25℃时乙酸正丁酯的蒸发速率为标准（$E=1$），则不同溶剂的相对蒸发速率与蒸汽压 P、密度 ρ 和分子量 M 间的关系可用下列关系式来描述。其中，前两式仅适用于溶剂从光滑表面的蒸发。

烃类和酯类溶剂：$E_m = 1.223 \times 10^{-3} P^{0.9}$

酮类和醇类溶剂：$E_m = 9.787 \times 10^{-4} P^{0.9}$

且有 $\qquad\qquad E_v = 6.157 \times 10^{-5} PM^{0.5}$

其中含氧溶剂还可使用下式。

$$E_V = 4.8 \times 10^{-3} \frac{PM}{\rho}$$

由上式可知，溶剂的相对蒸发速率与其蒸汽压有关。

表 4.2 涂料常用溶剂的性质

溶　剂	密度/(kg/m³)	沸点/℃	相对蒸发速率 $E^{①}$	闪点/℃
丙酮	790	56	9.44	-18
乙酸正丁酯	880	125	1.00	23
正丁醇	810	118	0.36	35
乙酸乙酯	900	77	4.80	-4.4
乙醇	790	79	2.53	12
2-乙氧基乙醇	930	135	0.24	49
甲乙酮	810	80	5.72	-7
甲基异丁基酮	830	116	1.64	13
甲苯	870	111	2.14	4.4
溶剂汽油	800	150~200	约 0.18	38
二甲苯	870	138~144	0.73	17~25

① 以乙酸正丁酯为比较标准，$E=1$。

4.1.2.3　混合溶剂的蒸发速率

在混合溶剂中，某溶剂的相对蒸发速率取决于该溶剂在混合溶剂中的浓度、纯溶剂的相对蒸发速率及其活度系数。

设混合溶剂总的相对蒸发速率 E_T 等于溶剂中各组分的相对蒸发速率之和，对于由 n 个组分所组成的混合溶剂，则有

$$E_T = c_1 \gamma_1 E_1 + c_2 \gamma_2 E_2 + \cdots + c_n \gamma_n E_n$$

式中　c ——浓度；

γ ——活度系数。

必须指出，此式只适用于混合溶剂初始的蒸发速率。在实际蒸发过程中，由于各溶剂组分的相对蒸发速率不同，故混合溶剂的组成将不断改变。由式中可以看出，混合溶剂总的相对蒸发速率要大于各溶剂组分的相对蒸发速率，而且相对蒸发速率较大的溶剂组分在混合溶剂中蒸发较快。

4.1.2.4　各类溶剂的应用

(1) 烃类溶剂

① 溶剂汽油　简称溶剂油，主要为烷烃。200 号溶剂油的蒸馏范围为 145~200℃，其挥发性低，能溶解大多数天然树脂、油性树脂及中油度至长油度的醇酸树脂，常用做涂料主溶剂。

② 甲苯　是硝基漆稀释剂中用量较大的一种溶剂，也可用做空气干燥型乙烯基漆和氯

化橡胶漆的混合溶剂。

③ 二甲苯 具有良好的溶解性能和中等蒸发速率，广泛用做醇酸树脂、乙烯基树脂、氯化橡胶和聚氨酯的溶剂，是涂料中用量较大的一种溶剂。

（2）醇类和醚类溶剂

① 乙醇 能溶解天然树脂虫胶制成清漆，也能用作聚乙烯醇缩丁醛或硝基漆的混合溶剂。

② 正丁醇 蒸发速率低，是多种油类和树脂的溶剂，特别适宜做氨基树脂和丙烯酸树脂的溶剂，也可用做硝基纤维素的溶剂。

③ 乙二醇—乙醚 即 2-乙氧基乙醇，属挥发性较慢的溶剂，常用于不能加入烷烃（如溶剂油）的涂料配方中。

（3）酯类和酮类溶剂

① 丙酮 是挥发快、溶解力强的溶剂，多用作乙烯基共聚物和硝酸纤维素的溶剂。也可适量地与多种溶剂掺合，以改进施工性能和漆膜性能。

② 甲乙酮 是蒸发速率快的强溶剂，广泛用于乙烯基共聚物、环氧树脂和聚氨酯树脂。常与溶解力低的溶剂掺合，以改进涂料的施工性能与成膜性能。甲基异丁基酮的用途与甲乙酮相似，常用作挥发性较慢的溶剂。

③ 乙酸乙酯 是蒸发速率较快的酯类溶剂，有令人愉快的水果香味。它优于有刺激性气味的酮类溶剂，最初主要用于硝基纤维素漆，现在使用较为广泛，其溶解力低于酮类溶剂。

④ 乙酸丁酯 属于常用的中等蒸发速率的酯类溶剂，可用作多种合成树脂的溶剂。

4.1.3 辅助材料

涂料用辅助材料，尽管不是主要成膜物质，而且其中有的用量很少，但对涂料的质量、成膜过程及最终涂层的性能有很大影响，有时甚至可起关键作用。同时，某些助剂对施工性能也有着重要影响。因此，随着涂料工业的发展，辅助材料的种类日趋繁多，地位也越来越重要。

按功能划分，辅助材料主要有催干剂、增塑剂、防霉剂、生物活性添加剂、抗结皮剂、防紫外线剂、流变性改进剂、抗沉降剂、颜料分散剂等。这里仅介绍若干种主要的辅助材料。

4.1.3.1 催干剂

催干剂也称干燥促进剂，俗称干料。在氧化干燥（固化）型涂料体系中，催干剂能显著提高漆膜的固化速度，其用量极少，但效果显著。使用最为广泛的催干剂是环烷酸、辛酸、松香酸和亚油酸的铅盐、钴盐和锰盐。目前考虑到铅化物的毒性，其他品种的催干剂（如锆盐）的使用正在增加。

催干剂在涂料干燥过程中的详细机理尚不十分清楚，一般认为，催干剂能促进涂料中干性油分子主链双键的氧化，形成过氧键，过氧键的分解产生自由基，从而加速交联固化。或者是催干剂本身被氧化生成过氧键，从而产生自由基引发或活化干性油分子中双键的交联。不同金属盐类的催干剂，其性能各不相同。

（1）钴催干剂 这是一种表面催干剂，最常见的是环烷酸钴，其特点是表面干燥快。单独使用时易发生表面很快结膜封闭而内层长期不干的现象，造成漆膜表面不平整。所以常与铅催干剂配合使用，以达到表里干燥一致，避免起皱的目的。其用量以金属钴计，一般在

0.1%以下。

（2）锰催干剂　它也是一种表面催干剂，但催干速度不及钴催干剂，因此有利于漆膜内层的干燥。其缺点是颜色深，不宜用于白色或浅色漆，且有黄变倾向。常用的锰催干剂有环烷酸锰，其用量多在 3% 以下。

（3）铅催干剂　它是一种漆膜内层催干剂，常与钴催干剂或锰催干剂配合使用，铅催干剂与钴催干剂或锰催干剂之比一般为 10：1。铅催干剂主要有环烷酸铅，其用量为 0.5%～1.0%。由于铅具有毒性，故不能用于制造食品罐头、玩具的涂料中。

4.1.3.2　增塑剂

增塑剂的作用是提高漆膜的韧性，主要用于产生脆性漆膜的涂料配方中。增塑作用可通过内增塑或外增塑的方法来达到。所谓内增塑，就是利用共聚法（如乙酸乙烯酯与氯乙烯共聚、丙烯酸酯的共聚等）来提高漆膜的弹性和附着力，这种方法在涂料树脂的合成中被广泛使用。

所谓外增塑法，就是采用相容性好的非挥发性液体（称增塑剂）或柔性高分子量树脂来增塑另一种树脂的方法。其中通过多种树脂共混产生增塑作用的方法在涂料工业中应用很广。醇酸树脂就是一种性能良好的增塑剂，它可来增塑氨基树脂、氯化橡胶等。

增塑剂的作用是降低树脂的玻璃化温度，从而起到影响漆膜的拉伸强度、韧性、伸长率、渗透性和附着力的作用。一般来说，在涂料中加入增塑剂，可使漆膜的拉伸强度下降，伸长率、韧性和附着力提高。常用的低分子增塑剂有以下几种。

（1）氯化石蜡　氯化石蜡主要作为氯化橡胶和乙烯基漆的增塑剂，它不会对漆膜性能带来不利的影响。

（2）邻苯二甲酸二丁酯　它能与多种树脂相容，因易挥发，故其应用受到限制，但仍广泛用于硝基纤维素漆和聚乙酸乙烯乳胶漆中。

（3）邻苯二甲酸二辛酯　其挥发性低，耐光、耐热性优于邻苯二甲酸二丁酯，主要用在硝基纤维素漆和聚氯乙烯有机溶胶及增塑溶胶涂料的配方中。

4.1.3.3　生物活性添加剂

生物活性添加剂的主要用途有两种。其一是用在船舶的防污涂料配方中，以防止船体浸入水中部分的表面受到海洋生物（如海草、水蛭、藤壶和菌类）的污损，这对提高船舶的航速、减少进坞清除周期等有很大的意义，同时还对码头、声呐等水下构件表面提供了保护。常用的防污添加剂有氧化汞、三丁基锡氧化物、金属铜和氧化亚铜等。其二是用在水性乳胶漆的配方中，使涂料免受因微生物（如霉菌和细菌的侵蚀）而引起的变质，同时，生物活性添加剂还用在防霉涂料配方中，广泛地用于医院、厨房、食品加工厂等建筑物的涂装中。这种功能涂料近年来发展很快，要求防霉剂在不影响涂料质量的前提下对人体低毒无害，并具有广谱杀菌能力。这类防霉剂有邻苯基苯酚、2,4,5,6-四氯代间苯二氰。

4.1.3.4　流变性改进剂

流变性改进剂也称黏度改进剂，其主要目的是改进涂料的流动性能。用于溶剂型漆配方中的流变性改进剂称为触变剂，而用于乳胶漆配方中的流变性改进剂称为增稠剂。常用的触变剂多为二氧化硅粉末和膨润土一类的无机物。常用的乳胶漆增稠剂是纤维素醚类，如羟甲基纤维素钠盐和乙基羟乙基纤维素。近年来开发了碱敏性丙烯酸聚合物增稠剂和聚环氧乙烷骨架的缔合性增稠剂，对乳胶漆的施工性能和成膜性能有很大的改进。

4.1.3.5　颜料分散剂

在涂料配方中，显然要求颜料和体质颜料能分散在整个液体介质中。大多数颜料和体质颜料是亲油的，能被有机溶剂介质所润湿，只有少数颜料和体质颜料是亲水的，能被水所润湿。当颜料和体质颜料难以被介质润湿或甚至完全不能润湿时，必须使用颜料分散剂，使之形成良好的分散。当润湿情况良好时，为确保颜料和体质颜料的均匀分散，也经常使用颜料分散剂。

颜料分散剂属于表面活性剂之类，其主要作用是颜料分散剂中的亲水基团或亲油基团被吸附在固体颜料的粒子表面，产生离子间的排斥或空间位阻效应，以防止粒子因布朗运动引起相互接触而导致结块或絮凝。

常用的颜料分散剂有聚电解质，如聚丙烯酸的钠盐和苯乙烯-顺丁烯二酸共聚物的铵盐等。它们能溶于水，多用于水性涂料的配方中。磷酸盐类颜料分散剂可用于多种无机颜料的分散，如正磷酸盐（K_3PO_4）、焦磷酸盐（$K_4P_2O_7$）、三聚磷酸盐（$K_5P_3O_{10}$）和偏磷酸盐（$NaPO_3$）等均是有效的颜料分散剂。磷酸盐类颜料分散剂的缺点是易受生物破坏，使漆膜起霜，贮存时黏度增加，易被水解。但它们仍是乳胶漆常用的颜料分散剂。

多胺类和醇胺类有机化合物是一种很好的无机颜料分散剂，但对化合物的链长必须仔细进行选择，要与颜料粒子表面的吸附点距离相一致。例如对于陶土粒子的分散，丙二胺要优于乙二胺和丁二胺。一般来说，随着链长的增加，可不断提高醇胺类分散剂的分散效果。典型的醇胺类分散剂有2-氨基-2-甲基丙醇-1，商品名为AMP-95。胺类化合物具有很强的刺激性，选用时要慎重。近年来研制成功的具有特殊结构的嵌段共聚物可用作有机介质中的颜料分散剂，具有优异的分散效果。典型的嵌段共聚物有A-B型嵌段共聚物，其中A段含有多个极性基团，能与颜料粒子表面的化学基团结合；而B段为具有适宜分子量的低极性或无极性的聚合物链，能溶于有机溶剂或涂料的基料介质中。这种高分子颜料分散剂因性能好而适用于多种颜料，在涂料工业中受到人们的重视，并在高固分涂料和非水分散涂料中得到广泛的应用。

4.2 涂料配方的基本原理

当前，涂料工业已得到极大的发展。据不完全统计，现有涂料品种已逾万种，而新的涂料品种还在不断地出现与开发之中。要逐一讨论所有的涂料配方是不可能的。本节仅根据涂料配方的主要类型，讨论配方设计的基本原理。

由于底材的使用环境不同，故对涂膜的性能也提出种种不同的要求（如防锈要求、耐酸性要求、耐碱性要求、装饰要求等）。而涂料配方中各组分的用量及其相对比例又对涂料的使用性能（如流平性、干燥性等）和涂膜性能（如光泽、硬度等）产生极大的影响。所以，建立一个符合使用要求的涂料配方是一个复杂的课题。根据本节的基本原理所设计的涂料配方，还需进行必要的试验，才能成为真正符合使用要求的涂料配方。

4.2.1 颜料体积浓度

涂料的颜料体积浓度是涂料最重要、最基本的表征。在早期的涂料工业中，普遍采用颜黏比来描述涂料配方中的颜料含量。到了20世纪50年代中期，考虑到涂料中所使用的各种颜料、体质颜料和胶黏剂的密度相差甚远，为了在科学研究和实际生产中能更科学地反映涂料的性能，特提出使用颜料体积浓度来代替颜黏比，并作为制定配方的参数。近些年来，又提出了比颜料体积浓度的概念。

4.2.1.1 颜黏比

涂料配方中颜料（包括体质颜料）与胶黏剂的质量比称为颜黏比。在很多情况下，可根据颜黏比来划分涂料的类型，表征涂料的性能。虽然这种方法不太科学和严密，但由于计算简便，目前仍应用于涂料工业。

一般来说，面漆的颜黏比约为 $(0.25 \sim 0.9):1.0$，而底漆的颜黏比大多为 $(2.0 \sim 4.0):1.0$。在乳胶漆中，颜黏比的划分大致如下：室外用乳胶漆为 $(2.0 \sim 4.0):1.0$；室内用乳胶漆为 $(4.0 \sim 7.0):1.0$。应该指出，很多特种涂料或功能涂料不宜作此种划分。

如果胶黏剂用量过少，就不可能在大量存在的颜料粒子周围形成连续的漆膜，所以对于要求具有较好耐久性的涂料，不宜采用高颜黏比的配方。

4.2.1.2 颜料体积浓度与临界颜料体积浓度

（1）颜料堆砌系数（Φ） 涂料是包括胶黏剂和颜料的分散体。在未加入胶黏剂时，颜料堆砌系数 Φ 定义为

$$\Phi = \frac{V_p}{V_p + V_{a,0}}$$

式中　V_p——颜料（包括体质颜料）的体积；

　　　$V_{a,0}$——颜料粒子间空隙的体积。

假定颜料粒子为直径相同的球状粒子，若以松散的立方体方式堆砌，则 $\Phi = \pi/6$；若以紧密的正四面体方式堆砌，则 $\Phi = 2^{1/2}\pi/6$；若以无规方式堆砌，则 $\Phi = 0.639$，接近于前两种有规堆砌时的平均值。

颜料堆砌系数与其粒度有关，颜料粒子的直径可由极小（约 $0.01\mu m$）到较大（约 $100\mu m$）。一般来说，颜料的平均粒径越小，则越难形成紧密堆砌，其 Φ 值反而减小。也就是说，颜料粒子越细，越趋向于松散堆砌。

必须指出，涂料中所用的颜料大多是球形粒子或接近球形的粒子，但也有一些是扁平状、针状或纤维状的粒子。为了简化讨论过程，常用平均粒径的球形粒子来描述普通颜料的堆砌情况。

（2）颜料体积浓度（PVC）与临界颜料体积浓度（$CPVC$） 在颜料和胶黏剂的总体积中，颜料所占的体积分数称为颜料体积浓度，用 PVC 表示。即

$$PVC = \frac{V_p}{V_p + V_b}$$

式中　V_p——颜料的体积；

　　　V_b——胶黏剂的体积（不包括溶剂等挥发组分）。

当胶黏剂逐渐加入到颜料体系中时，颜料粒子堆砌空隙中的空气将逐渐被胶黏剂所取代。这时，整个体系由颜料、胶黏剂和尚未被取代的空隙中的空气所组成。随着胶黏剂用量的增加，颜料粒子堆砌空隙将不断减少。人们把胶黏剂恰好填满全部空隙时的颜料体积浓度定义为临界颜料体积浓度，并用 $CPVC$ 表示。进一步添加胶黏剂，颜料粒子开始彼此分离，粒子间的距离逐渐增大，从而使颜料堆砌更为松散。显然，这时整个体系仅由颜料和胶黏剂组成。

（3）Φ 与 PVC 和 $CPVC$ 的关系 根据颜料中加入胶黏剂的量的不同，颜料粒子间的空隙可部分被胶黏剂填充，也可全部被胶黏剂填充，且颜料粒子甚至可被胶黏剂分离。在颜料、胶黏剂和空隙所组成的体系中，颜料堆砌系数 Φ 也可用下式表示。

$$\Phi=\frac{V_p}{V_p+V_b+V_a}$$

式中　V_p，V_b——含义同前；

$\qquad\quad V_a$——粒子间尚未被充满的空隙中空气的体积；

　$V_p+V_b+V_a$——体系的总体积。

现讨论不同情况下，Φ 与 PVC 和 $CPVC$ 的关系。

① $PVC=CPVC$　当 $PVC=CPVC$ 时，颜料粒子间的空隙恰好被胶黏剂填满，则 $V_a=0$。

可得　　$PVC=CPVC=\Phi$。

由于这时胶黏剂的体积等于颜料粒子间全部空隙的体积（即 $V_b=V_a$），所以在整个体系中，颜料粒子间是以相互接触的方式堆砌的。

② $PVC<CPVC$　当 $PVC<CPVC$ 时，颜料粒子间的空隙不但全部充满了胶黏剂，而且彼此被胶黏剂分离，则 $V_a=0$，$V_b>V_a$。

同样可得到　　$PVC=\Phi$。

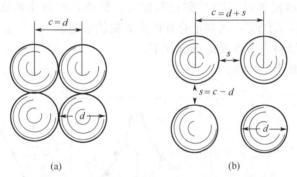

图 4.1　立方体堆砌的颜料粒子接触和分离模型

(a) $PVC=CPVC$，堆砌系数为 Φ_d；(b) $PVC<CPVC$，堆砌系数为 Φ_c

但是，这种情况与 $PVC=CPVC$ 的情况不同，其 Φ 值将发生变化，这可用图 4.1 表示。图中，设粒子直径为 d，并以立方体方式堆砌。

当颜料粒子彼此接触时，堆砌系数为 Φ_d。当粒子间距离增加到 c 时，则 $c=d+s$，s 为粒子表面间距。这时如仍保持立方体方式堆砌，且堆砌系数为 Φ_c。Φ_d 与 Φ_c 的关系为

$$\Phi_c c^3=\Phi_d d^3$$

$$\Phi_c=\frac{\Phi_d d^3}{c^3}$$

当 $PVC<CPVC$ 时，随着颜料粒子间距离的增加，颜料堆砌系数将大大下降。

③ $PVC>CPVC$　当 $PVC>CPVC$ 时，$V_a\neq0$，$PVC\neq\Phi$。

当颜料量进一步增加时，可认为 Φ 值基本保持不变，但 PVC 值还可增加，直到极限情况（$V_b=0$，$PVC=1$）为止。

在实际涂料体系（特别是溶剂型涂料）中，颜料粒子的表面或多或少地吸附了一层胶黏剂。这种吸附层能有效地防止颜料粒子间的接触。因此，实际所能达到的最大堆砌系数 Φ_c'（即颜料粒子吸附层间的接触）要比理论最大堆砌系数 Φ 低一些。在吸附层厚度相同的情况下，颜料粒子越小，对堆砌系数的影响越显著。因此，对 $CPVC$ 的影响也越明显。

如包裹颜料粒子的吸附层厚度为 a，则粒子间的最小中心 $c=d+2a$，得

$$\Phi_c'(d+2a)^3=\Phi_d d^3$$

$$\Phi_c'=\Phi_d\left(\frac{d}{d+2a}\right)^3$$

即颜料吸附胶黏剂后堆砌系数降低。又因为 $\Phi_c'=CPVC$，所以 $CPVC$ 也降低。而且 d 越小，Φ_c' 降低得越多。例如，设有平均粒径分别为 $0.017\mu m$ 和 $0.07\mu m$ 的两种球形炭黑粒子，其吸附亚麻仁油层厚度均为 $0.0025\mu m$，并假定未吸附油时的堆砌系数为 Φ_d，且与粒径无关。经计算，这两种炭黑分散于亚麻仁油中的 $CPVC$ 值分别为 $0.461\Phi_d$ 和 $0.813\Phi_d$。

4.2.1.3　颜料体积浓度对涂料性质的影响

如上所述，当 $PVC>CPVC$ 时，没有足够的胶黏剂使颜料粒子得到充分的润湿，因此，在颜料与胶黏剂的混合体系中存在空隙。当 $PVC<CPVC$ 时，颜料以分离形式存在于胶黏剂相中。所以，颜料体积浓度在 $CPVC$ 附近变化时，漆膜的性质将发生明显的变化。漆膜的物理力学性质、渗透性质和光学性质在 $CPVC$ 处发生突变，其他性质如导电性、介电常数等也呈现类似的变化。所以，$CPVC$ 是涂料性能的一项重要表征。一般来说，要求高性能或户外使用的涂料，不能制定超过 $CPVC$ 的涂料配方。相反，对于在温和条件（如室内）下使用的涂料，可以制定超过 $CPVC$ 的涂料配方。另外，根据涂料在性质上的突变现象，可通过实验测定涂料的 $CPVC$，为制定合理的配方提供依据。

颜料体积浓度对涂料主要性质的影响如下。

（1）对漆膜的物理力学性质的影响

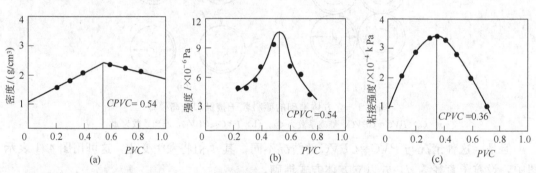

图 4.2　PVC 对漆膜物理力学性质的影响

① 漆膜密度　在 $CPVC$ 处，漆膜密度为极大值。设 ρ_p、ρ_b 和 ρ_f 分别为颜料、胶黏剂和漆膜的密度。对于单位质量的漆膜来说，设 w 为其中颜料的质量分数，$(1-w)$ 为胶黏剂的质量分数。当 $PVC<CPVC$ 时，漆膜的密度可用下式表示。

$$\rho_f=\frac{1}{\dfrac{w}{\rho_p}+\dfrac{1-w}{\rho_b}}$$

或

$$\frac{1}{\rho_f}=\frac{1}{\rho_b}-w\left(\frac{1}{\rho_b}-\frac{1}{\rho_p}\right)$$

当 $PVC>CPVC$ 时，由于体系中存在空隙体积，若忽略空气的密度，则漆膜的密度为

$$\rho_f=\frac{1}{\dfrac{w}{\rho_p CPVC}}$$

或

$$\frac{1}{\rho_f}=\frac{w}{\rho_p CPVC}$$

86

根据上列两组公式，以 $1/\rho_f$ 对 w 作图，可分别得到两条直线。由这两条直线的交点可求出 w 值和 $1/\rho_f$ 值。将其代回公式，可得到 $CPVC$ 值。

$$CPVC = \frac{w\rho_f}{\rho_p}$$

或由下式求得 $CPVC$ 值。

$$CPVC = \frac{\dfrac{w}{\rho_p}}{w\rho_b + \dfrac{1+w}{\rho_b}}$$

必须指出，上式主要适用于溶剂型涂料，对于乳胶漆有一定的偏差。

② 拉伸强度和黏结强度 在 $CPVC$ 处，漆膜的拉伸强度和黏结强度达到最大值。当 $PVC < CPVC$ 时，强度随 PVC 的增加而增大；当 $PVC > CPVC$ 时，强度随 PVC 的增加而很快减小 [见图 4.2 的 (b) 和 (c)]。利用这一性质，也能测定 $CPVC$ 值。

(2) 对漆膜的渗透性质的影响 与涂料的渗透性质有关的漆膜性能主要有生锈、起泡、抗湿擦性、抗污性和光泽维持性。这些性质都与涂层的孔隙率有关，而孔隙率随 PVC 的增加而增加 [图 4.3 (a)]。

① 生锈 生锈是黑色金属件表面涂装涂料后，在漆膜下出现红丝或透过漆膜出现锈点的一种漆病。当 $PVC > CPVC$ 时，形成多孔性漆膜，水分容易进入到底材表面，对钢材造成腐蚀。所以，如图 4.3 (b) 所示，在 $CPVC$ 处，这种腐蚀出现突变现象。

② 起泡 在水气的作用下，底材表面产生的气体容易在涂层下产生气泡，涂层的抗起泡能力与漆膜的孔隙率有关。如漆膜是多孔性的，则漆膜下面的水气易逸至外表面；如漆膜是致密的，则漆膜下面的水气易生成气泡。因此，随着 PVC 的增加，漆膜会出现严重起泡到不起泡的突变 [图 4.3 (c)]。

③ 抗湿擦性 这是指漆膜所能忍受的水清洗剂的擦洗次数，多孔性漆膜的抗湿擦性远劣于致密性好的漆膜。这一性质对于建筑涂料尤为重要。图 4.3 (d) 表明，随着 PVC 的增加，抗湿擦性明显下降。

④ 抗污性 在污染的环境下，漆膜会发生消光或变色等现象。通常将污染前后漆膜的反射率的差值称为漆膜的抗污性。研究表明，PVC 增加时，漆膜的反射率的差值增加，抗污性下降，污染趋于严重。该值在 $CPVC$ 处呈突变现象 [图 4.3 (e)]。

⑤ 光泽维持性 这是指面漆干燥后没有达到应有的光泽，或涂装后数小时内产生光泽下降的一种现象。这一现象与面漆中的胶黏剂被底漆吸收，并进入底漆空隙的能力有关。如底漆的 $PVC < CPVC$，即底漆中的颜料空隙已被胶黏剂填满，则面漆的光泽维持性好。当底漆中的 $PVC > CPVC$ 时，由于底漆对面漆中胶黏剂的吸收，故使面漆的光泽维持性急剧下降 [图 4.3 (f)]。

(3) 对漆膜的光学性质的影响 漆膜的光学性质（如光散射、反差、着色力和遮盖力等）大都与漆膜的孔隙率有关。这些性质在 $CPVC$ 处均出现突变现象。这些性质也可用于测定涂料的 $CPVC$ 值。例如，遮盖力与光指数的关系有以下经验公式。

$$HP = \frac{K\left[\left(\dfrac{n_p}{n_b}\right)^2 - 1\right]^2}{\left[\left(\dfrac{n_p}{n_b}\right)^2 + 2\right]^2}$$

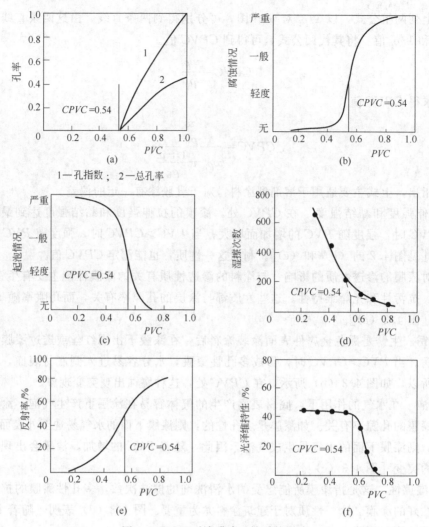

1—孔指数；　2—总孔率

图 4.3　PVC 对漆膜渗透性质的影响

式中　HP ——涂料的相对遮盖力，%；

n_p ——颜料的折射率；

n_b ——胶黏剂的折射率；

K ——常数。

因此，可以通过测定不同 PVC 下的颜料和胶黏剂的折射率，得到漆膜遮盖力的变化曲线，从而得到 $CPVC$ 值。

需指出的是，配方中的 $CPVC$ 值是随着所用的颜料和体质颜料的种类与比例的改变而改变的，但这只能在经验的基础上通过实验来确定。

4.2.1.4　比颜料体积浓度

颜料体积浓度与临界颜料体积浓度之比称为比颜料体积浓度，常用 λ 表示。

$$\lambda = \frac{PVC}{CPVC}$$

当 λ>1（即 PVC>$CPVC$）时，表示漆膜中存在有孔隙；当 λ<1 时，表示颜料以分散形式存在于胶黏剂相中。

比颜料体积浓度是 20 世纪 70 年代中期提出来的。该理论认为，在配方中，重要的参数不是 PVC 值，而是 PVC 与 $CPVC$ 的比值。其主要原因是，由于各种新型颜料和胶黏剂的开发，$CPVC$ 值常发生较大变化，有时甚至连配漆条件也能影响 $CPVC$ 值，而利用比颜料体积浓度，则能较精确地预测漆膜的性质。

一般情况下，合理的 λ 值范围为：有光涂料 0.05～0.6，半光涂料 0.6～0.85，墙体涂料 0.95～1.15，维护涂料 0.75～0.90。

在计算 λ 值时，PVC 值应为干燥漆膜中的颜料体积浓度。但在实际应用中，PVC 值是从未干燥的漆膜中得到的。涂料在干燥固化过程中，漆膜会发生收缩。因此，需将湿漆膜的 PVC 值换算成干漆膜的 PVC 值，即

$$PVC_{\text{干}} = \frac{PVC_{\text{湿}}}{1-s+sPVC_{\text{湿}}}$$

式中　$PVC_{\text{干}}$——干燥漆膜的 PVC 量；

　　　$PVC_{\text{湿}}$——未干燥漆膜的 PVC 值；

　　　s——漆膜的收缩率。

对于建立一个 PVC 值处于 $CPVC$ 值附近的涂料配方来说，这一点显得尤为重要。这时，即使 PVC 值发生很小的变化，也会对漆膜的性质产生很大的影响。

4.2.2　颜料吸油值

4.2.2.1　颜料吸油值的概念

一定质量的干颜料形成颜料糊时所需的精亚麻仁油的量称为颜料的吸油值，常用 100g 颜料形成颜料糊时所吸收的亚麻仁油的质量（g）表示。该值是颜料润湿特性的一种量度，并用 OA 表示。

目前，测定颜料吸油值有两种方法。一是标准刮刀混合法，即将称取的一定质量的颜料放在玻璃板或大理石板上，逐滴加入精亚麻仁油，用标准刮刀调合成连续的糊状物；二是在烧杯中称取一定质量的颜料，缓慢搅拌下加入精亚麻仁油，直至得到糊状物为止，所需的精亚麻仁油量即为颜料的吸油值。

从理论上看，颜料的吸油值与颜料对亚麻仁油的吸附、润湿、毛细作用以及颜料的粒度、形状、表面积、粒子堆砌方式、粒子的结构与质地等性质有关。但从实践上看，颜料的吸油值仅为实验条件下，亚麻仁油充满颜料粒子间空隙所需的量。因此，颜料的吸油值与临界颜料体积浓度有关。

实际上，亚麻仁油对颜料的润湿性与各种树脂对颜料的润湿性是有差别的，而且在吸油值的测定中，不同操作人员之间实验的重复性差别也较大，故通常允许测定误差为 ±5%。上述两种方法由于测定简便，目前仍应用于涂料工业。

4.2.2.2　颜料吸油值与临界颜料体积浓度的关系

吸油值常用质量分数表示，使用时，需将其转化为体积分数，才能与该颜料在亚麻仁油中的临界颜料体积浓度相对应。即

$$CPVC = \frac{\dfrac{100}{\rho}}{\dfrac{OA}{0.935}+\dfrac{100}{\rho}} = \frac{1}{1+\dfrac{OA\rho}{93.5}}$$

式中　ρ——颜料的密度；

　　0.935——亚麻仁油的密度；

OA ——吸油值，g/（100g）；

$CPVC$ ——临界颜料体积浓度，%。

利用上式，可以用标准刮刀混合法得到的颜料吸油值，求得临界颜料体积浓度。

用亚麻仁油作测定颜料吸油值的液体，有较好的重复性，并能反映颜料的质量。如改用其他液体，则其对颜料的润湿能力和分散能力与亚麻仁油不同。用刮刀混合法测定颜料的吸水值时，颜料的吸水值与吸油值之间存在以下关系。

$$OA_水 = 16.7 + 0.67OA_油$$

当 $OA_油 = 50.6$ 时，颜料的吸水值等于吸油值；当 $OA_油 > 50.6$ 时，颜料的吸油值大于吸水值；当 $OA_油 < 50.6$ 时，则颜料的吸油值小于吸水值。因此，要更换液体测定颜料的吸油值时，必须先通过实验确定有关数值。

4.2.3 乳胶漆临界颜料体积浓度

乳胶漆是聚合物乳胶粒和颜料在水连续相中的分散体系。乳胶漆的组成较复杂，其成膜机理与溶剂型漆不同。以上两节所讨论的颜料体积浓度和由颜料的吸油值计算的临界颜料体积浓度，主要适用于溶剂型漆。为了适用于乳胶漆，必须对其进行某些修正。

4.2.3.1 乳胶漆的成膜过程

溶剂型涂料在干燥时，随着溶剂的挥发，依靠基料的流动，逐渐形成漆膜。然而，乳胶漆是乳液和颜料的分散体。当涂料成膜时，首先发生涂料的流动，随着水分的不断逸出，乳胶粒子成为黏性粒子而彼此接近（图 4.4），发生乳胶粒子的塑性形变和凝聚作用。同时，颜料粒子进入聚合物链的网络之中。当湿漆膜收缩成干燥漆膜时，颜料粒子周围的乳胶粒子因凝聚和形变作用产生紧密排列，从而形成连续的漆膜。图 4.4 表示了不同 PVC 值下，溶剂型漆和乳胶漆的干燥过程。

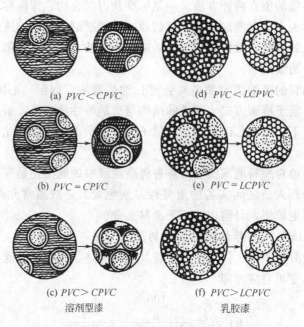

(a) $PVC < CPVC$ (d) $PVC < LCPVC$

(b) $PVC = CPVC$ (e) $PVC = LCPVC$

(c) $PVC > CPVC$ (f) $PVC > LCPVC$
溶剂型漆   乳胶漆

图 4.4　不同 PVC 时溶剂型漆和乳胶漆的干燥过程示意图

在乳胶漆的成膜过程中，涂料的流动、乳胶粒子的形变能力、助成膜剂的作用和乳胶粒子的粒度大小及其分布等，都对其成膜有很大影响，同时，也影响到乳胶漆的漆膜性能。

与溶剂型漆相似，乳胶漆的漆膜性质也可用颜料体积浓度来表示。乳胶漆的临界颜料体积浓度则用 $LCPVC$ 表示。

4.2.3.2 影响乳胶漆临界颜料体积浓度的因素

影响乳胶漆临界颜料体积浓度的主要因素有乳胶粒子的大小、乳液聚合物的玻璃化温度（T_g）和助成膜剂的种类及用量。这些因素往往具有综合效应，许多问题尚待进一步研究。

（1）玻璃化温度　聚合物的玻璃化温度（T_g）主要由聚合物的分子链结构决定，玻璃化温度的高低直接影响到成膜过程中乳胶粒的塑性形变和凝聚能力。因此，它对成膜性能具有重要影响。在涂料工业中，一般用乳胶漆的最低成膜温度（MFT）来表征乳胶粒子的形变能力。实际上，玻璃化温度与最低成膜温度是相关的。根据不同的用途，乳液聚合物的玻璃化温度可在 $-15 \sim 30℃$ 的范围内变化。

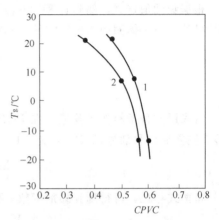

图 4.5 中的曲线反映了玻璃化温度与乳胶漆的临界颜料体积浓度间的关系。玻璃化温度低的乳胶漆有较高的 $LCPVC$ 值。其原因是乳胶粒子的玻璃化温度越低，越容易发生形变，因此，使颜料堆砌得较紧密。

图 4.5　玻璃化温度与乳胶漆
的临界颜料体积浓度间的关系
（丙烯酸乳液与碳酸钙体质颜料）
1—乳胶粒径为 $0.2\mu m$；
2—乳胶粒径为 $0.8\mu m$

（2）乳胶粒子的大小　由于粒度较小的乳胶粒子容易运动，易进入颜料粒子之间，趋向于颜料粒子间的较紧密接触。因此，较细粒度的乳胶漆具有较高的 $LCPVC$ 值。图 4.5 表明，粒径为 $0.2\mu m$ 的丙烯酸乳液的 $LCPVC$ 值要大于粒径为 $0.8\mu m$ 的乳液的 $LCPVC$ 值。

此外，粒度较小的乳胶漆还具有较好的渗透性，适用于多孔性底材（如粉墙表面）和底漆表面的涂装，且由于其流动性好，而适用于有光乳胶漆的配方。

（3）助成膜剂　助成膜剂可以认为是一种挥发性增塑剂，它可促进乳胶粒子的塑性流动和弹性形变，因此能改进乳胶漆的成膜性能。特别是在玻璃化温度较高的乳胶漆中，常需加入助成膜剂。

助成膜剂大都为二元醇类化合物，如乙二醇、丙二醇、己二醇、一缩二乙二醇、乙二醇二乙醚、乙二醇一丁醚等。助成膜剂对 $LCPVC$ 值的影响比较复杂，它与乳液的玻璃化温度和粒度有关，一般存在一个最佳的助成膜剂用量，在此用量下，$LCPVC$ 的值最大。助成膜剂的用量过多，会使乳胶粒子产生早期凝聚或凝聚过快等现象，从而使聚合物的网络松散，导致 $LCPVC$ 值降低。

4.2.3.3 乳胶漆胶黏剂指数

一般来说，同一种涂料树脂，其乳胶漆的临界颜料体积浓度总要低于溶剂型漆的临界颜料体积浓度。也就是说，在 $CPVC$ 处要黏结一定量的颜料，其所需的乳胶漆体积要大于溶剂型漆体积。Berardi 提出，将这两种体积之比定义为乳胶漆胶黏剂指数，或称胶黏剂效率，用 e 表示。则有

$$e = \frac{V_s}{V_1}$$

式中 V_s ——溶剂型漆体积;

V_1 ——乳胶漆体积。

胶黏剂指数可以反映聚合物乳液对颜料的黏结能力,同时可将乳胶漆和溶剂型漆联系起来。乳胶粒子的胶黏剂指数一般小于1,它可由颜料密度、吸油值和测得的 $LCPVC$ 值计算得出。

根据吸油值定义,颜料体积(V_p)为 $100/\rho_p$,胶黏剂体积(V_s)为 $OA/0.935$,则在 $CPVC$ 处,单位体积的颜料所需的胶黏剂体积为

$$\frac{V_s}{V_p} = \frac{\dfrac{OA}{0.935}}{\dfrac{100}{\rho_p}}$$

若采用同种颜料作乳胶漆,在 $LCPVC$ 处,颜料体积(V_p)为 $LCPVC$(以总体积为 1 计),则乳液胶黏剂体积(V_1)为($1-LCPVC$),此时,单位颜料体积所需的胶黏剂体积为

$$\frac{V_1}{V_p} = \frac{1-LCPVC}{LCPVC}$$

将两式相比,可得到胶黏剂指数 e 和 $LCPVC$。

$$e = \frac{V_s}{V_1} = \frac{LCPVC \times OA \times \rho_p}{93.5(1-LCPVC)}$$

$$LCPVC = \frac{1}{1 + \dfrac{OA}{\dfrac{\rho_p}{93.5e}}}$$

由此式可求得乳胶漆的临界颜料体积浓度。例如,由实践经验得知,当 $PVC/LCPVC$ 为 1.08 时,能得到性能较好的乳胶平光漆,其颜料组成(质量计)为钛白粉 36%,碳酸钙 49%,瓷土 15%。该乳液的胶黏剂指数为 0.70,从刮刀混合法测得混合颜料的吸油值为 14.3。试计算该乳胶漆的颜料体积浓度。

表 4.3 颜料的质量、密度和体积

颜 料	m/g	$\rho/(g/cm^3)$	V/cm^3
TiO_2	36	4.16	8.65
$CaCO_3$	49	2.71	28.08
瓷土	15	2.27	6.61
合计	100	1	33.34

首先,从各颜料的质量和密度分别求得其体积(见表 4.3),然后再求混合颜料的密度 ρ_p。

$$\rho_p = \frac{100}{33.4} \approx 3.00 \ (g/cm^3)$$

可得

$$LCPVC = \frac{1}{1 + \dfrac{14.3 \times 3.00}{93.5 \times 0.70}} = 60.4\%$$

则 $\qquad\qquad PVC = 60.4\% \times 1.08 = 65.2\%$

当使用多种颜料的混合物时,应根据实验测定混合颜料的吸油值,不能直接将各种颜料的吸油值加以平均来求混合颜料的吸油值。

4.2.4 涂料配色

涂料配色是制备色漆的一项十分重要的工序。长期以来，一直依靠操作人员的经验性观察进行配色，现在正逐步发展到用仪器和计算机进行配色。

4.2.4.1 物体的颜色特性

当光线照射到色漆的漆膜表面时，由于漆膜中的颜料发生光的吸收、折射和反射作用，使其具有不同的颜色。例如在白光照射下，全部反射光波的物体呈白色，全部吸收光波的物体呈黑色，选择性吸收部分光波后反射光波的物体呈彩色。

图 4.6 彩色图

图 4.7 Munsell 颜色示意图

如图 4.6 所示，相对应的颜色互为补色，当白光的一部分光波被选择性地吸收后，则呈现出补色（也称余色）。例如，当某颜料的电子振动频率与绿色光波的频率相同时，便吸收该光波而呈现出红色。

涂料的色彩种类繁多，为了能得到稳定的颜色，并有利于重现，要求色彩实行标准化。标准色彩表示法有 Munsell 颜色系统和 CIE 标准色度学系统。这里简单介绍 Munsell 颜色系统。

1905 年，美国艺术家 Munsell 提出一种表示色彩的方法，后称为 Munsell 颜色系统。它用色相、亮度、彩度（饱和度或纯度）这三种参数来表示颜色的特性和区分不同的颜色。Munsell 采用一个三维空间类似球体的模型，把各种颜色用上述三种基本参数表示出来，如图 4.7 所示。

在图 4.7 中，每一部位各代表一种特定颜色，并给予一定标号。中央轴代表非彩色的黑-灰-白系列的亮度等级，中间分为 10 格，顶部为白色，定为 10；底部为黑色，定为零。色相用垂直于中央轴的圆表示，分为五种基本色，即红（R）、黄（Y）、绿（G）、蓝（B）、紫（P）。中间又插入五种中间色，即黄红（YR）、绿黄（GY）、蓝绿（BG）、紫蓝（PB）和红紫（RP）。以上 10 种色相每种又分为 10 级，如图 4.8 所示。图中圆周表示色相，辐射线上的同心圆表示彩度的分格。

在 Munsell 颜色系统中，色相表示颜色（如红、黄、蓝）在光谱中的位置；亮度表示颜色的明暗（如浅蓝色的亮度高，深蓝色的亮度低）；彩度表示颜色接近或离开中灰色的程度（彩度高者鲜明，彩度低者阴灰呆板）。任何颜色用色相、亮度和彩度表示时，先写色相 H，再写亮度 V，在斜线后写彩度 C，即 HV/C。如 8.5R5.67/8.2 表示一种红色，其色相为 8.5R，亮度为 5.67，彩度为 8.2。

4.2.4.2 配色原则

如上所述，只有当两种颜色的色相、彩度和亮度都相同时，其颜色才相同。否则，只要

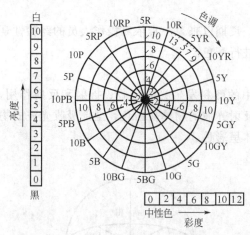

图 4.8　Munsell 颜色球的水平剖面

其中一个参数不同，两种颜色就不相同。因此，可以通过改变颜色三个特性参数中的一个，来获得一种新的颜色。

配色是一件非常细致的工作。首先应根据需要的颜色，利用标准色卡、色板或漆样，了解颜色的组成。通常有以下配色原则。

（1）调节颜色的色相　将红、黄、蓝三色按一定比例混合，便可获得不同的中间色。中间色与中间色混合，或中间色与红、黄、蓝中的一种颜色混合，又可得到复色。如铬黄加铁蓝得绿色，甲苯胺红加铬黄得橙红色，铁黄、铁蓝和铁红混合得茶青色等。

（2）调节颜色的彩度　在某色的基础上加入白色，将原来的颜色冲淡，就可得到彩度不同（即深浅不同）的复色。例如，米黄→乳黄→牙黄→珍珠白，就是在中铬黄的基础上按钛白粉的调入量由少到多，将其冲淡而得到的（见表 4.4）。

（3）调节颜色的亮度　在某色的基础上加入不等量的黑色，就可得到亮度不同的各种颜色。如铁红加黑色得紫棕色，白色加黑色得灰色，黄色加黑色得墨绿色等。

综合运用上述原则，可同时改变某种颜色的色相、亮度和彩度，就能得到千差万别的颜色。例如，用不同量的铬黄加铁红改变其色相，同时调入不同量的白色和黑色颜料，以改变其亮度和彩度，就能得到浅驼、中驼、深驼、浅驼灰、中驼灰和深驼灰等各种颜色。部分复色漆颜料配比的实例见表 4.4。

表 4.4　部分复色漆颜料配比实例　　　　　　　　单位：份

颜　色	钛白粉	铁　蓝	中铬黄	炭　黑	浅铬黄	中铬绿	铁　红	甲苯胺红
橙红			77.12					22.88
红色								100.00
铁红							100.00	
浅黄					100.00			
黄色			100.00					
珍珠白	98.10		1.90					
奶油白	93.77		5.88				0.35	
米黄	80.03		18.58				1.39	
中驼	39.42		41.31	0.73			18.54	
黄棕			45.6	1.51			53.33	
棕色			9.76	1.48			88.76	
中绿		11.34	4.94		83.72			
绿色		15.90	10.57		73.53			
深绿		30.10	16.24		53.66			
军绿		7.41	62.56				30.03	
保护色	12.46	5.64	51.63	5.79			24.48	
湖绿	74.94	1.82			23.24			
豆青	69.53	3.32			27.15			
果绿	80.20	0.57			18.45			0.78
浅绿		6.91	5.73		87.36			

颜 色	钛白粉	铁 蓝	中铬黄	炭 黑	浅铬黄	中铬绿	铁 红	甲苯胺红
国防绿	21.80		51.39	3.30			23.51	
淡驼灰	86.19		6.29	0.37			7.15	
豆灰	76.81	2.05	19.69	1.45				
湖蓝	87.75	2.50	2.26		7.49			
灰蓝	91.40	7.82		0.78				
海蓝	60.00	27.94	12.06					
中蓝	71.75	28.25						
银灰	95.37	0.75	2.75	1.13				
浅灰	96.89	0.52		2.59				
蓝灰	91.54	3.81		4.65				
深灰	88.03	0.97		11.00				

第5章 涂料基本工艺

涂料生产的基本工艺过程如下。

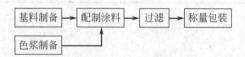

涂料所用原料不同，则基料制备过程也不同。有用单体，通过溶液聚合的方法制备基料的，如用甲基丙烯酸甲酯、丙烯酸丁酯、苯乙烯等单体聚合而成苯-丙树脂溶液；也有用固体物料溶解而成的，如过氯乙烯树脂在二甲苯溶剂中溶解而成；也有用乳液聚合方法的，如乙酸乙烯、丙烯酸丁酯用乳液聚合成乙-丙乳液；也有在溶解后再进行化学反应而成的，如聚乙烯醇溶解后，再用甲醛进行缩醛化反应而成涂料。

基料的合成反应或树脂的溶解过程，常用带搅拌的搪瓷或不锈钢夹套反应釜，容积一般采用200L、500L或1000L的规格。

色浆制备包括颜料、填料等固体物料在液体介质中的分散和研磨，常用高速混合机、砂磨机、球磨机、三辊研磨机和胶体磨等设备。

配制涂料常在调和设备中，控制搅拌速度大小即可完成，最后再过滤、称量、包装。

5.1 色漆生产工艺过程

所谓色漆生产工艺过程是指将原料和半成品加工成色漆成品的物料传递或转化过程。一般系混合、输送、分散、过滤等化工单元操作过程及仓储、运输、计量和包装等工艺手段的有机组合。通常，总是依据产品种类及其加工特点的不同，首先选用适宜的研磨分散设备，确定基本工艺模式，再根据多方面的综合考虑，选用其他工艺手段，进而构成全部色漆生产工艺过程。

5.1.1 选用研磨分散设备，确定基本工艺模式

5.1.1.1 设备选用依据

通常色漆生产工艺流程是以色漆产品或研磨漆浆的流动状态、颜料在漆料中的分散性、漆料对颜料的湿润性及对产品的加工精度要求这四个方面的考虑为依据，首先选定过程中所使用的研磨分散设备，从而确定工艺过程的基本模式。

（1）依据产品或研磨漆浆的流动状况可将色漆分为四类。

① 易流动 如磁漆、头道底漆等。

② 膏状 如厚漆、腻子及部分厚浆型美术漆等。

③ 色片　如以硝基、过氯乙烯及聚乙烯醇缩丁醛等为基料的高颜料组分，在 $20\sim30$℃下为固体，受热后成为可混炼的塑性物质。

④ 固体粉末状态　如各类粉末涂料产品，其颜料在漆料中的分散过程是在熔融态树脂中进行的，而最终产品是固体粉末状态的。

(2) 按照在漆料中分散的难易程度可将颜料分为五类。

① 细颗粒且易分散的合成颜料　原始粒子的粒径皆小于 $1\mu m$，且比较容易分散于漆料之中，如钛白粉、立德粉、氧化锌等无机颜料及大红粉、甲苯胺红等有机颜料。

② 细颗粒而难分散的合成颜料　尽管其原始粒子的粒径也属于细颗粒型的，但是其结构及表面状态决定了它难于分散在漆料之中，如炭黑、铁蓝等。

③ 粗颗粒的天然颜料和填料　其原始粒子的粒径约 $5\sim40\mu m$，甚至更大一些，如天然氧化铁红（红土）、硫酸钡、碳酸钙、滑石粉等。

④ 微粉化的天然颜料和填料　其原始粒子的粒径为 $1\sim10\mu m$，甚至更小一些，如经超微粉碎的天然氧化铁红、沉淀硫酸钡、碳酸钙、滑石粉等。

⑤ 磨蚀性颜料　如红丹及未微粉化的氧化铁红等。

(3) 依据漆料对颜料的湿润性可将其分为三类。

① 湿润性能好　如油基漆料、天然树脂漆料、酚醛树脂漆料及醇酸树脂漆料等。

② 湿润性能中等　如一般合成树脂漆料包括环氧树脂漆料、丙烯酸树脂漆料和聚酯树脂漆料等。

③ 湿润性能差　如硝基纤维素溶液、过氯乙烯树脂等。

(4) 依据对产品加工精度的不同，可将色漆分成三类。

① 低精度　产品细度在 $40\mu m$ 以上；

② 中等精度　产品细度在 $15\sim20\mu m$；

③ 高精度　产品细度小于 $15\mu m$。

对上述四个方面因素的综合考虑，便是通常选用研磨分散设备的依据。

5.1.1.2　分散设备及基本工艺

以天然石英砂、玻璃珠或陶瓷珠子为分散介质的砂磨机，对于细颗粒而又易分散的合成颜料、粗颗粒或微粉化的天然颜料和填料等易流动的漆浆，都是高效的分散设备。球磨机生产能力高、分散精度好、能耗低、噪声小、溶剂挥发少、结构简单、便于维护、能连续生产，因此，在多种类型的磁漆和底漆生产中获得了广泛的应用。但是，它不适用于生产膏状或厚浆型的悬浮分散体，用于加工炭黑等细颗粒而难分散的合成颜料时生产效率低，用于生产磨蚀性颜料时则易于磨损，这些因素都应在选用设备时结合具体情况予以考虑。

球磨机同样也适用于分散易流动的悬浮分散体系，以前曾是磁漆生产的主要设备之一。它适用于分散任何品种的颜料，对于分散粗颗粒的颜料、填料、磨蚀性颜料和细颗粒且又难分散的合成颜料有着突出的效果。卧式球磨机由于密闭操作，适用于要求防止溶剂挥发及含毒物的产品。由于其研磨细度难以达到 $15\mu m$ 以下，且清洗换色困难，故不适于加工高精度的漆浆及经常调换花色品种的场合。

三辊机生产能力一般较低、结构较复杂，手工操作劳动强度大，敞开操作，溶剂挥发损失大，故应用范围受到一定限制。但是它适用于高黏度漆浆和厚浆型产品的特点为砂磨机和球磨机所不及，因而被广泛用于厚漆、腻子及部分厚浆状美术漆生产。三辊机易于加工细颗粒而又难分散的合成颜料及细度要求为 $5\sim10\mu m$ 的高精度产品。目前对于某些贵重颜料，一些厂家为充分发挥其着色力、遮盖力等颜料特性，以节省用量，往往采用三辊机研磨。由于三辊机中不等速运转的两辊间能产生巨大的剪切力，故导致高固体含量的漆料对颜料润湿充分，从而有利于获得较好的产品质量，因而被一些厂家用来生产高质量的面漆。除此之外，由于三辊机清洗换色比较方便，也常和砂磨机配合应用，用于制造复色磁漆用的少量调色浆。

至于双辊机轧片工艺，则仅在生产过氯乙烯树脂漆及黑色、铁蓝色硝基漆色片中应用，以达到颜料能很好地分散在塑化树脂中的目的，然后靠溶解色片来制漆。

研磨分散设备的类型是决定色漆生产工艺过程的关键。选用的研磨分散设备不同，工艺过程也不同。例如砂磨机分散工艺，一般需要在附有高速分散机的预混合罐中进行研磨漆浆的预混合，再以砂磨机研磨分散至合格细度，输送到制漆罐中进行调色制漆制得成品，最后经过滤净化后包装、入库完成全部工艺过程。由于砂磨机研磨漆浆黏度较低，易于流动，所以大批量生产时可以机械泵为动力，通过管道进行输送，小批量多品种生产时也可用容器移动的方式进行漆浆的转移。球磨机工艺的配料预混合与研磨分散则在球磨筒体内一并进行，研磨漆浆可用管道输送（以机械泵或静位差为动力）和活动容器运送两种方式输入调漆罐调漆，再经过滤包装入库等环节完成工艺过程。三辊机分散因漆浆较稠，故一般用换罐式搅拌机混合，以活动容器运送的方式实现漆浆的传送。为了达到稠厚漆浆净化的目的，有时往往与单辊机串联使用。

综上所述，不难看出，当选定了研磨分散设备后，工艺过程的基本模式即相应形成。目前常见的工艺类型有砂磨机工艺、球磨机工艺、三辊机工艺和轧片工艺四种，下面将举例介绍。粉末涂料多以热融混合法生产，有其独特的工艺过程，单列粉末涂料一节进行讨论。

（1）砂磨机工艺　图 5.1 为砂磨机工艺流程之一。这是以单颜料磨浆法生产白色磁漆或以白色漆浆为主色漆浆，调入其他副色漆浆而制得多种颜色磁漆产品的工艺流程，如分别加入黑色调色漆浆制备灰色系列磁漆；加入黄色调色漆浆制造牙黄、乳黄系列磁漆；加入绿色

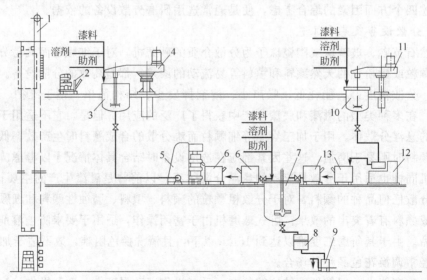

图 5.1　砂磨机工艺流程示意图

1—载货电梯；2—运货小车；3—配料预混合罐（A）；4—高速分散机（A）；5—砂磨机；6—移动式漆浆盆(A)；7—调漆罐；8—振动筛；9—磅秤；10—配料预混合罐(B)；11—高速分散机(B)；12—卧式砂磨机；13—移动式漆浆盆(B)

调色漆浆制备浅绿、果绿系列磁漆；加入蓝色调色漆浆制备淡蓝、天蓝系列磁漆；加入红色调色漆浆制备粉红系列磁漆等。现以酞菁天蓝色醇酸调合漆生产为例，概述砂磨机的工艺过程。

① 备料 将色漆生产所需的各种袋装颜料和体质颜料用叉车送至车间，用载货电梯 1 提升，手动升降式叉车 2 运送到配料罐 A（配制白色主色漆浆用，图中 3 和配料罐 B（配制酞菁蓝调色浆用，图中 10）。将醇酸调合漆料、溶剂和混合催干剂分别置于各自的贮罐中贮存备用（图 5.1 中未标示出漆料、溶剂及催干剂贮罐）。

② 配料预混合 按工艺配方规定的数量将漆料和溶剂分别经机械泵输送并计量后加入配料预混合罐 A 中，开动高速分散机 4 将其混合均匀，然后在搅拌下逐渐加入配方量的白色颜料和体质颜料，提高高速分散机的转速，进行充分湿润和预分散，制得待分散的主色漆浆。

③ 研磨分散 将白色的主色漆浆以砂磨机 5（或砂磨机组）分散至合格细度并置于移动式漆浆盆 6 中，得合格的主色研磨漆浆。同时将配料预混合罐 B 中的酞菁蓝色调色漆浆，以砂磨机 12 分散至合格细度并置于移动式漆浆盆 13 中，得到合格的调色漆浆。

④ 调色制漆 将移动式漆浆盆 6 中的白色漆浆，通过容器移动或机械泵加压管道输送的方式，依配方量加入调漆罐 7 中。在搅拌下，将移动式漆浆盆 13 中的酞菁蓝调色漆浆逐渐加入其中，以调整颜色。待颜色合格后补加配方中漆料及催干剂，并加入溶剂调整黏度，以制成合格的酞菁天蓝色醇酸调合漆。

⑤ 过滤包装 经检验合格的色漆成品，经振动筛 8 净化后，进行磅秤计量、人工包装、入库。

（2）球磨机工艺 图 5.2 为球磨机工艺流程之一。现以黑色醇酸磁漆生产为例，简述其工艺过程。

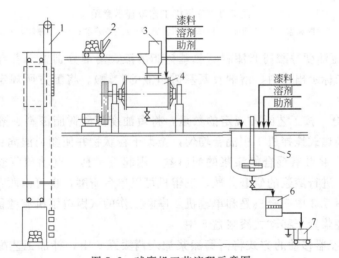

图 5.2 球磨机工艺流程示意图

1—载货电梯；2—运货小车；3—投料斗；4—球磨机；5—调漆罐；6—振动筛；7—磅秤

① 备料 将该产品生产所需要的色素炭黑用叉车送至车间，用载货电梯 1 及手动升降式叉车 2 运送到球磨机 4 附近。将醇酸树脂漆料、溶剂和混合催干剂分别置于各自的贮罐中（图 5.2 中未标示出漆料、溶剂及催干剂贮罐）。少量助剂则由桶装暂存，以备投料时使用。

② 配料及研磨分散 将工艺配方规定数量的醇酸树脂漆料、溶剂、色素炭黑及分散剂

经投料斗 3 一并加入球磨机 4 中（投料斗与装有布袋除尘器的抽风系统相连，可减少投加炭黑时的粉尘污染）。封闭球磨机加料口，启动球磨机，进行预混及研磨分散，直到漆浆细度合格，制得黑色研磨漆浆。

③ 制漆　将球磨机 4 中的合格研磨漆浆，经管道输送，或靠自然位差加入到调漆罐 5 中（也可将研磨漆浆注入移动式漆浆盆中，靠容器移动方式输入调漆罐；或将研磨漆浆注入漆浆盆中后，经机械泵加压及管道输送，输入调漆罐中）。开动搅拌补加配方量规定的醇酸树脂漆料、溶剂、催干剂及其他助剂，调制成黑色醇酸树脂磁漆。

④ 过滤包装　经检验合格的色漆成品，经振动筛 6 净化后，进行磅秤计量、人工包装、入库。

（3）三辊机工艺　图 5.3 为三辊机工艺流程之一。现以红氨基醇酸烘漆生产为例，简述其工艺过程。

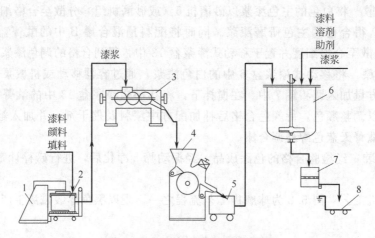

图 5.3　三辊机工艺流程示意图

1—换罐式搅拌机；2—配料盆；3—三辊机；4—单辊机；5—移动式漆浆盆；6—调漆罐；7—振动筛；8—磅秤

① 备料　将短油度醇酸树脂漆料、氨基树脂溶液、溶剂分别置于各自的贮罐中，贮存备用（图 5.3 中未标示出漆料、溶剂及氨基树脂液的贮罐）。将配方所规定的颜料备齐，准备投料。

② 配料预混合　按工艺配方规定的数量，将短油度醇酸树脂漆料、溶剂及颜料加入配料盆 2 中，置于换罐式搅拌机 1 中混合均匀，至无干粉状物或使颜料湿润良好为止。

③ 研磨分散　将装有混合好漆浆的配料盆，用起重工具（电动葫芦或升降叉车等）运送到三辊机 3 上，进行漆浆的研磨分散。三辊机可以单台研磨，也可以两台串联，为对稠厚漆浆进行净化，图 5.3 中三辊机是和单辊机 4 串联工作的（因单辊机有滤留大颗粒的作用）。细度合格的研磨漆浆置于移动式漆浆盆 5 中。

④ 调漆　用容器移动的方式将研磨漆浆加入调漆罐 6 中，补加工艺配方中规定数量的短油度醇酸树脂液、氨基树脂溶液及助剂，并加入溶剂调整黏度，制得红醇酸氨基烘漆成品。

⑤ 过滤包装　经检验合格的色漆成品经振动筛 7 净化后，进行磅秤计量、人工包装、入库。

（4）轧片工艺　图 5.4 为轧片工艺流程之一。现以黑色过氯乙烯树脂漆生产为例，概述其工艺过程。

100

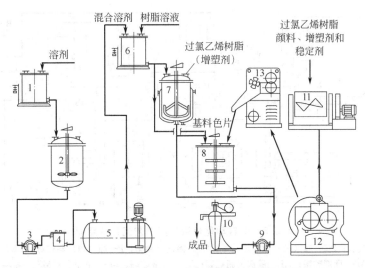

图 5.4 轧片工艺（过氯乙烯漆）流程示意图

1—溶剂计量罐；2—溶剂混合罐；3—齿轮泵(A)；4—过滤器；5—混合溶剂贮罐；6—计量罐；7—树脂溶解罐；8—调漆罐；9—齿轮泵(B)；10—高速分离机；11—捏合机；12—双辊炼胶机；13—切粒机

① 树脂溶解　在搪瓷树脂溶解槽 7 中加入配方量的混合溶剂，在搅拌下慢慢加入过氯乙烯树脂并升温到 60℃ 左右，保持溶解制得透明的过氯乙烯树脂溶液备用。同时将配方中所需的硬树脂也制成树脂溶液，经过滤净化后备用（图 5.4 中未标示该部分）。

② 色片轧制　色片轧制也即颜料分散过程。首先将工艺配方规定数量的过氯乙烯树脂、增塑剂、稳定剂、炭黑等加入捏合机 11 中，进行捏合。

将混合均匀的物料加入双辊机 12 进行树脂塑化及颜料分散。将轧制好的颜料色片割离下来，冷却后经切粒机 13 切成颜料色片颗粒。

③ 调漆　依工艺配方规定的数量，依次将过氯乙烯树脂溶液、色片、增塑剂、硬树脂溶液、溶剂及醇酸树脂溶液加入调漆罐 8 中进行混合，调整黏度制得色漆成品。

④ 过滤包装　经检验合格的成品漆，经高速分离机 10 过滤净化后输入包装罐，由磅秤计量、人工包装，入库。

5.1.2　选择其他工艺手段，形成完整的工艺过程

如上所述，尽管选用的研磨分散设备决定了色漆工艺过程的基本模式，但是只有选定了仓储、输送、计量、包装等工艺手段后，才能形成完整的工艺过程。也正是由于这些工艺手段的不同，又使得同一模式的工艺过程彼此不同，甚至差别较大。而这些工艺手段则是通过权衡欲生产的产品规模大小和品种花色的复杂程度，合理组织生产所需要的工艺特点及车间布局等诸方面的因素，经过精心设计而最终选定的。在设计色漆生产工艺过程时，以下几方面往往是设计者要反复考虑的问题。

5.1.2.1　确定工艺流程基本类型

首先需根据生产体系中被加工产品的生产规模及品种和花色的复杂程度，确定欲设计工艺流程的基本类型。通常可分为大规模专业化生产型、通用型和小批量多品种型。

大规模专业化生产型工艺，由于其产品特点是批量大且品种比较单一，所以适于设计成规模化、连续化、密闭化、自动化生产工艺，尽量减少体力劳动和人为因素对质量的干扰，充分提高劳动生产率。图 5.5 为欧洲某公司一个全自动化的生产工厂的生产工艺流程示意

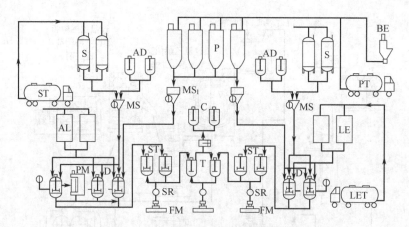

图 5.5　全自动化色漆生产工艺流程示意图

BE—袋装粉料倒袋机；PT—颜（填）散装运输车；ST—溶剂槽罐车；P—颜（填）料贮罐；LET—乳液运输罐车；
S—溶剂贮罐；AD—助剂贮罐；AL—醇酸树脂贮罐；LE—乳液贮罐；MS—电子秤；MS₁—粉料计量秤；C—着
色剂贮罐；D—密闭式配料预混合罐；PM—砂磨机；ST—调漆罐；T—调色罐；SR—振动筛；FM—灌装机

图。以此为例，可了解全自动的大规模专业化生产的概念。该工厂以单班生产计，年产量为
2 万吨，其中 60％为乳胶漆、40％为溶剂型醇酸树脂漆。产品的 80％为白色漆，另外 20％
用以制备各种彩色漆。全部工艺流程中，将各种原料贮存入仓（或罐）以后，则产品制造的
全部过程完全可以由电脑依设定的程序，在密闭容器内自动进行，全厂（包括原料准备及成
品仓库管理）共计 52 人。

　　我国目前常见的是生产规模为年产 1 万吨左右、花色品种比较复杂的通用型工艺，其工
艺装置需根据产品结构合理组合。设备大型化及系列化需综合考虑，不能强求一致。

　　小批量多品种车间的工艺流程的特点则是工艺手段不要求先进、手工操作较多、体力劳
动较大，但研磨分散手段比较齐全，调漆设备规模呈一定系列，从而形成了对产品批量大小
及品种变化适应能力较强的特点。

　　因此，只要确定了生产工艺的基本类型，那么选择哪些工艺手段，形成具备什么特点的
生产工艺流程的方向也就明确了。

5.1.2.2　物料的贮存和运输方式

　　色漆生产过程中，原料品种较多，物料仓储运输的工作量较大。因此，诸如颜料、填
料、树脂溶液、溶剂等物料的贮存、输送方式是色漆工艺设计者需考虑的一个重要问题。

　　色漆制造所使用的颜料和填料等粉状物料，可以采用仓库码放、袋（桶）装运输、磅秤
计量、人工投料的方式，也可采用散装槽罐车运输（或袋装粉料先经破袋进仓）、气力输送
或机械输送、自动秤计量、自动投料的方式进行。

　　同样，漆料、溶剂等液体物料可以采用桶装码放、起重工具（如电动葫芦和升降叉车
等）吊运、磅秤计量、人工投料的方式，也可以采用贮罐贮存、机械泵加压经管道输送及计
量罐称量或流量计计量投料的方式。

　　由于上述不同工艺手段各有利弊，所以往往是由设计者综合各方面因素后选定的。通常
小批量多品种车间无论是粉料和液体物料都宜选用磅秤计量和人工投料的方式进行，以适合
生产灵活多变的要求。中等规模的通用型车间，液体物料可以使用流量计计量、电子秤计量
或采用由安装在传感器上的配料罐（制漆罐）直接计量的方式，以减少操作烦琐程度，减轻

102

体力劳动，提高计量精度；而粉状颜填料，由于品种较多、包装繁杂，可以延用起重工具吊装、人工计量投料的方式。诚然，对于粉料品种单一，有条件采用先进工艺手段的场合应尽量选用。但是对于目前常见的人工搬动、磅秤称重、计量投料的方式，应注意处理好繁重的体力劳动和准确计量的关系问题，否则易导致操作者在承受体力劳动的同时，忽视了准确计量的要求，以致波及产品的质量。

5.1.2.3 制备研磨漆浆的方式

在色漆生产的研磨分散过程中变换品种及花色比较困难，而市场又要求涂料厂提供颜色尽量丰富的色漆产品。因此，如何尽量简化生产，又最大限度地满足用户对多品种花色的需求，也是设计色漆生产工艺时要认真考虑的一个方面。

目前在我国一般的"通用型"色漆生产线上，主要是针对不同的产品规模及品种特点，灵活选用制备研磨漆浆的方式来缓解这一矛盾。例如，以砂磨机为研磨分散设备时，制备研磨漆浆的方式，可以采用以下三种不同的方式。

(1) 单颜料磨浆法 对于含有多种颜料的磁漆，可以采用单颜料磨浆的方法制备单颜色研磨漆浆，而在调色制漆时采用混合单色漆浆的方法，调配出规定颜色的磁漆产品。由于每种颜料单独分散，因此可以根据颜料的特征选择适用的研磨设备和操作条件。这无疑有利于发挥颜料的最佳性能和设备的最大生产能力。但是，若磁漆的品种及花色较多的话，则需要设置大量的带搅拌器的单颜料漆浆贮罐，使设备占用量增大。单色漆浆计量及输送工作强度较大，因此该方法适用于品种不甚多而花色较多的大批量生产车间，及品种、花色较多而产量较小的生产场合。

(2) 多种颜料混合磨浆法 这是一种将色漆产品配方中使用的颜料和填料一并混合，以砂磨机研磨制成多颜料研磨漆浆的方法，使用这种漆浆补加漆料、溶剂及助剂后，可直接制成底漆或单色漆；用少量调色浆调整颜色后也可以制得复色磁漆。因此具有设备利用率高、辅助装置少的优点。但是混合颜料磨浆法不利于各种颜料最佳性能的发挥，而且不同质地和纯净程度的颜料互相干扰，使研磨分散效率降低，导致生产能力下降。调换品种及花色时清洗设备的工作量大。同时，在原料供应波动，生产作业计划变化的情况下，容易导致波及产量而影响质量。用多种颜料混合磨浆法制得的漆浆由于每批颜色波动，故使调色工作的难度增大，容易造成不同批次产品色差增加。故该方法适用于生产底漆、单色漆和磁漆花色品种有限的小型车间及中等生产能力的色漆车间。

(3) 综合颜料磨浆法 该方法系上述两种方法的折中，通常在下述两种场合使用。

① 将复色漆配方中某几种颜料混合制成混合颜料的研磨漆浆，同时将个别难分散的颜料（或对其他颜料干扰比较大的颜料）在另一条分散线上单独研磨，制成单颜料漆浆，然后在制漆罐中将二者混合调色制漆。

② 将主色浆（可以是单纯的着色颜料，也可以是着色颜料与填料的混合物）在一条固定的研磨分散线上制成主色漆浆，将各种调色用副色颜料在另一条小型研磨分散线上制成调色浆，然后在调漆罐中混合调色，制成一系列颜色的成品漆。该方式从一定程度上发挥了上述两种方法的优点而避免了其不足。目前这种方法已广泛用于以白色颜料为主色浆并调入少量其他颜色的调色浆来制备多种颜色系列的浅色磁漆的色漆工厂与车间。

5.1.2.4 产品的罐装手段

包装过程是色漆产品入库前的最后一道工序，可供采用的灌装方法可以分为三种：

① 人工灌漆、磅秤计量、人工封盖、贴签和搬运入库；

② 采用灌装机计量装听、封盖，其余操作由人工进行；

③ 使用从供听—检查—灌漆—封盖—贴签—传送—码放一系列操作自动完成的包装线。

当前国内采用较多的是第一种方法。该方法设备简单、投资少、灵活方便，但罐装量受操作者熟练程度和责任心的制约较大，体力劳动重。第二种方法以机械灌漆代替人工计量，是当前应当推广应用的方法，投资及占地增加不大，但对提高灌装质量有明显的效果。第三种方法适于在大规模专业化的自动生产线上选用。

5.1.2.5 确定设备的平立面布置

流程设计是各项工程设计的基础，但是设备的平面和立面布置的不同反过来又导致工艺流程的变化。对三辊机工艺及球磨机工艺这个问题并不明显，而对砂磨机工艺则较为突出，即同样的工艺手段组合，由于采取不同层次的立体车间布置或单层平面布置，都会因物流方向和物料输送方式的变化而使最终的工艺流程繁简不一、彼此不同。

综上所述，研磨分散设备的选用，决定了色漆生产工艺的基本模式，其他工艺手段的组合应用才形成了彼此不同的完整的工艺过程。而这些设备和手段的选用和组合的方式，以及最终形成的工艺过程，都是要根据产品的品种结构、产量大小以及所追求的工艺特点来决定的，而已形成的工艺过程及设备性能又对日后的生产计划安排、正常的工艺技术管理、产品质量监督以及由此而导致的技术经济水平起着明显的作用。因此，就工艺过程而言，摆在每个色漆技术人员面前有两项任务：一是充分理解工艺流程设计者意图，合理使用设备，严格执行工艺规格，精心做好日常工作；二是根据自己在技术管理和生产实践中的认识和体会，勤于思考、勇于创新、不断革新工艺过程，使其更适于被加工产品的特点，最大限度地简化工艺过程，满足市场需求，减少人为因素对产品质量的干扰，发挥设备的效率，提高产量，力求减轻体力劳动，改善操作环境，为优质、高产、低消耗提供必不可少的物质条件。

5.2 乳胶漆的生产工艺

乳胶漆主要是聚合物颗粒的水分散体和颜料颗粒的水分散体的混合物。但仅以此两者很难成为涂料。这是因为没有好的施工性能，得不到好的漆膜，必须添加各种助剂来达到所要求的施工性能和成膜质量，这些助剂有增稠剂、消泡剂、pH 调整剂等。

乳胶漆的制造过程主要是颜料在水中的分散及各种助剂的加入。

5.2.1 乳胶漆中各组分的作用

(1) 水　制造乳胶漆的水虽然不像制造乳液那样的严格，然而至少应该没有多价离子。清洗用水在回用前也应进行处理，如过滤和杀菌等。

(2) 杀微生物剂　微生物是无处不存在的，而乳胶漆中一些组成却是微生物的良好培养基，所以应该在投料开始时即加入杀微生物剂，杀灭水中的微生物，然后随水之所及，杀灭随后投入的原料中所带入的微生物。为了提高和确保杀灭效果，常选用水溶性的杀微生物剂。但作为干膜防霉的，应该是水不溶的（防止被雨水冲洗掉）。但也应在分散颜料的同时一起投入，以便获得良好的分散。

杀微生物剂的杀灭效果视所用的剂量、微生物的本质和数量、所处介质的 pH 值（乳胶漆的 pH 值大多偏碱性）以及有效的接触等情况而定。

杀微生物剂使用时必须一下子就投入足够的杀灭剂量，以防止微生物争取到足够的时间

104

来本能地产生抗药性，以致其仍然繁殖滋长。因此不经过试验，不遵照生产厂通过试验所推荐的剂量而盲目使用是很危险的。杀微生物剂商品大多是复方，以增效或弥补原药的某些不足，所以虽以同一原药为基础的杀微生物剂商品也不能等同使用，必须通过试验。

作为防霉乳胶漆用的防霉剂必须要针对使用环境中霉菌的情况选择品种和剂量。

乳胶漆一旦为微生物所败坏，就可导致黏度下降、鼓气、破乳、恶臭等现象。涂料技术人员对微生物学不太熟悉，很难做正规的试验，但可做较粗糙试验，以鉴别推荐剂量是否适合。

将几种候选的杀微生物剂，分别以推荐剂量加入到乳胶漆中，然后加入已败坏的乳胶漆（约 1%），搅拌均匀紧盖罐盖，放在 30℃ 烘箱内。定期检查有关参数，如黏度、颜色、pH值、气味等。一般来说，当 pH 值比开始做试验时更偏向酸性是微生物已在繁殖并已在分解的表征，如 1~2 周内无变化，则可以认为是合适的。

对乳胶漆来说，乙酸苯汞是良好的杀微生物剂。它既可防腐，又可防霉。但鉴于重金属化合物对环境的严重污染，现在已不多用。但检验杀微生物剂的效果和效率时，仍常以它为对比物。

（3）增稠剂　投入增稠剂的目的是使颜料在较高的黏度下研磨，有利于分散。增稠剂不同于流变助剂，前者只变动黏度曲线的位置而不改变其形状，而后者则都可改变。

乳液和颜料的水分散体都是悬浮液，所以黏度都接近水（在 55% 固含量以下），混合后，其黏度仍不适合于施工性能。例如，取漆时漆刷上黏附少，涂布时湿膜很薄，在垂直面上要流挂等。为了提高施工性能，必须提高水相的黏度，因此所用的增稠剂必须是水溶性的，只有这样才能达到提高水相黏度的目的。乳胶漆中常用的增稠剂有纤维素醚、碱可溶胀的聚合物、缔合增稠剂和无机增稠剂等。

纤维素醚类增稠剂在水中溶胀后，水合了大量的水，体积膨胀，同时又减少了"自由活动"的水，于是将水相的黏度提高了。然而由于增稠剂的体积膨胀充满了整个水相，所以把悬浮着的颜料颗粒挤到一边，以致它们相互接近，产生了絮凝的倾向，并使乳胶漆的光泽也受到了限制。同时它使拉伸黏度增大，在滚刷时拉溅的现象较多。

纤维素醚中常用的是羟乙基纤维素，商品以粉末供应，在水中溶解时易产生外层溶解而芯子还是"生"的凝块。形成这样的凝块后就很难使之全溶，因为水必须靠渗透通过已溶解的外层才能进入未溶的芯子，而渗透是缓慢的过程。因而在水中溶解时必须采取先润湿再溶解的方法。

① 利用不同 pH 值对羟乙基纤维素溶解的速度差异。在低 pH 值时，溶解速度较慢，使水有更多时间润湿整个羟乙基纤维素的颗粒，在润湿透彻后，再将 pH 值提高，则可迅速溶解成为均匀的溶液。在实际操作中，常先将水的 pH 值调节到 7.5 或更低些，在羟乙基纤维素的颗粒彻底润湿后，搅拌数分钟，提高 pH 值，使之全溶。

② 用非溶剂预制成浆。当乳胶漆配方中无法抽出多余的水来溶解羟乙基纤维素，或是为了需要，可用配方中的非溶剂（对羟乙基纤维素而言）与羟乙基纤维素制成浆后，再在颜料研磨中投入，并在足够的搅拌下溶解。这些非溶剂有 pH 值约为 6 的酸化水、成膜溶剂、二元醇等。

碱可溶胀的聚合物大多是含有多羧基的丙烯酸类聚合物，商品以水分散液供应。在 pH值为 8~10 的水中，羧基离解，呈溶胀状态，使水相黏度提高。当 pH 值大于 10 时，则溶于水而失去增稠作用，因而增稠程度对 pH 值很敏感。

乳胶漆在贮存中很不易保持 pH 值稳定，在上升或下降的情况下，可能使黏度对施工性能有所影响。

纤维素醚和碱可溶聚合物基本上是对水相增稠的，而对乳胶漆中的其他组成，如颜料和乳液的颗粒无明显的相互作用，因而对施工性质（流变性）无法调节。缔合增稠剂除了能对水相增稠外，更能与颜料和乳液的颗粒发生缔合作用。这种缔合结构在高剪切速率下脱开，在低剪切速率下又重新恢复缔合，可调节黏度曲线，使之较好地符合要求。

缔合增稠剂是线型亲水链、两端接有亲油基的高分子化合物，而一般的增稠剂仅是一种线型亲水链的高分子。所以，它除了具有可以水合溶胀而使水相增稠的能力外，还可将亲油端基与乳液颗粒、颜料颗粒（已吸附着颜料分散剂）相互缔合而形成三维网络，将水包围在网络之中，因而减少了"自由"水而又起了额外的增稠作用。并且这种缔合在施工的剪切下破坏，黏度降低，剪切消失后又恢复，类似触变助剂，然而又不如触变助剂那样有效（触变环面积不明显）。

它的主要品种是聚氨酯缔合增稠剂，这是以氨酯键将憎水端基连接在聚醚主链上的聚合物。氨酯键是连接亲水主链与憎水端基的手段之一，也可用其他手段，如用醚键来连接。

在纤维素醚和碱可溶增稠剂中也有在分子中引入憎水侧基，使之具有缔合增稠效果的。在缔合增稠剂的同一分子中具有亲水和憎水两个部分，就具有了表面活性剂的特性，即它有移向水/油界面的特性，也有形成胶束的倾向。然而在缔合增稠剂的每个分子上至少有两个憎水基团，所以不但相互缔合（胶束），而且还与表面活性剂（包括吸附在乳液颗粒上的乳化剂和吸附在颜料颗粒上的颜料分散剂等）缔合，所以在水中成为三维的网状结构，因此它的增稠不但依靠用量，并在很大程度上依靠缔合作用。

与非缔合型增稠剂相比，缔合增稠剂的分子量低得多，以水合形式结合的水也少了，"自由"就多了，颜料颗粒的布朗运动有较大的自由度，相互碰撞的概率也减少了，絮凝的倾向降低，故在正常的用量下，还对颜料分散有稳定作用。

高岭土系的膨润土、凹凸棒土和海泡石等在水中也有增稠作用。

膨润土结构呈片状层叠，片的面上带负电荷，片的边上带正电荷，在层间吸附阳离子成为电中性。当阳离子是钠离子时，将膨润土浸在低离子浓度的电解质溶液中，可由溶液的渗透而膨胀，因为钠离子的水合能足以胜过层间的静电吸引。由于膨润土电负的不对称，所以片层一旦分离，则带负电荷的片面与带正电荷的另一片的片边相互吸引，就成为许多分隔的小室，将水关闭在室内，从而使水相增稠。当受到剪切，吸引脱开，黏度下降；一旦剪切消失，则又恢复吸引，黏度上升。膨润土在水相中的增稠仅限于低电解质浓度中，所以在乳胶漆中的应用受到了限制。

凹凸棒土呈针状，分散于水中后，颗粒间相互作用，形成网络，将水包裹于其中而起到增稠作用。在受到剪切时，则网络破坏，黏度下降；一旦剪切消失，又重新恢复网络，黏度上升。

凹凸棒土的分散情况对增稠作用关系很大，当颜料分散剂，如多聚磷酸盐用量过大时，颜料颗粒间的间距过大，则增稠效果下降；若分散时剪切应力过低或分散时间不足，则颜料颗粒聚集，也会降低增稠效果。因此，凹凸棒土一般在颜料分散阶段加入，但也可以在低剪切速率下，在较高含量下（高剪切应力）下分散。

海泡石的颗粒形状和增稠作用与凹凸棒土近似。

（4）成膜溶剂　成膜溶剂是用于降低乳胶漆的最低成膜温度（MFT）的助剂。MFT 是指乳液颗粒在一定条件下相互聚结而形成连续膜的最低温度，是乳胶漆在施工上的一个限制，所以是乳胶漆的重要性质之一。

乳胶漆是一个很复杂的体系，影响 MFT 的因素很多，如乳液聚合物颗粒的玻璃化温度（T_g）；表面活性剂的品种和数量；水对乳液颗粒溶胀的程度；乳液颗粒的粒度、形态，以及环境的湿度、底材的吸水性等。成膜助剂的作用在于能使乳液颗粒溶胀而使它的 T_g 暂时下降，以促进聚结成膜，随后又逐渐逸出，使干膜恢复原来的 T_g。

乳胶漆聚结而形成的膜是聚合物中嵌有表面活性剂和保护胶体的一种非整体性结构。为了使漆膜更整体性、更微密，也必须顾及这些物质的聚结，所以成膜溶剂必需既油溶又水溶，并以在油相和水相间的分配比来调节乳液颗粒和表面活性剂（保护胶体）聚结程度间的平衡。

在乳胶漆中一般都加有水溶性高沸点溶剂，以减慢水挥发的速度，以延长成膜（聚结）时间，便于施工中前后涂布的湿膜间的搭接，也叫延长开放时间（open time），如乙二醇和丙二醇。从安全和提高耐水性来看，目前大多配方中使用丙二醇。有些溶剂可溶解表面活性剂和保护胶体，也可溶胀乳液聚合物颗粒，只是与成膜溶剂在水相、油相中分配比不同而已。这种溶剂的采用使成膜溶剂的选择更加复杂。因此常用的成膜溶剂从不太水溶的三甲基戊二醇单异丁酸酯等（商品名 Taxan01）到有较大水溶性的乙二醇丁醚、丙二醇单丁醚等许多品种，以适应在各种不同情况下使用。

（5）颜料分散剂　颜料分散稳定程度可以 ζ 电位衡量，所以颜料分散剂常用电离盐类和聚电解质。电离盐类是以双电层来稳定颜料分散的，聚电解质是以双电层和屏蔽稳定相结合来稳定颜料分散的。表面活性剂和非离子化水溶聚合物也可借助屏蔽机理作分散稳定剂。

以双电层稳定的颜料分散剂对 pH 值很敏感，对温度、剪切、多价金属离子和溶剂也很敏感，但添加量较低（按颜料计约为 0.5％）。以屏蔽稳定的颜料分散剂添加量则要大得多，并对以上的因素不太敏感。

乳胶漆中最常用的电离盐类颜料分散剂是多聚磷酸钠。多聚磷酸钠对水解不稳定，故单独以此作为颜料分散剂的乳胶漆的黏度，随时间的延长会有明显的提高。

聚电解质颜料分散剂中，用于乳胶漆的大致有双异丁烯/顺丁烯二酸共聚物的钠（铵）盐、聚甲基丙烯酸钠（铵）盐和聚丙烯酸钠（铵）盐等三类。它们对颜料分散可长期稳定，对体系的混溶性好，但会产生更多的泡沫，使漆膜对水更敏感，故常与多聚磷酸钠一起使用。

多羧酸聚电解质的钠盐对漆膜的洗擦性比铵盐差，因为钠盐在成膜溶剂（二元醇）中的溶解性比铵盐差，所以漆膜的整体性也较差，游离于漆膜本体之外的多，更容易被水洗擦掉。

非离子型的颜料分散剂是以屏蔽机理稳定颜料的分散，故对 pH 和多价离子溶等都不敏感，除非用量太高（按颜料计达 2％～10％）。非离子型颜料分散剂有（烷）苯基多环氧乙烷缩聚物等，在乳胶漆的配方中，常将非离子型颜料分散剂和阴离子型颜料分散剂一起并用，以获得良好的黏度稳定。

颜料分散剂的用量可用 Daniel 流动点、加量曲线和浓度/絮凝法进行估算。

① Daniel 流动点是用滴管向一定量的颜料或颜料混合物逐渐滴入分散剂的水溶液，并用小刮刀仔细地研磨均匀，直至研磨后的颜料浆能从刮刀上流下为终点，计算颜料分散剂与颜料之比。

② 颜料分散剂加量曲线的作法是向由一定量的颜料或颜料混合物制成的很厚的水浆中，

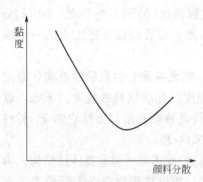

图 5.6　颜料分散剂的加量曲线

在搅拌下逐次滴入较浓的颜料分散剂溶液，每加一次测一次黏度。作颜料分散剂量/黏度曲线，如图 5.6 所示。黏度随颜料分散剂的逐步加入而降低，过一最低点后又上升（由于引入过多的电荷而絮凝），此最低点可作为对这颜料水浆的颜料分散剂最佳剂量。

③ 浓度/絮凝法是用一定量的颜料或颜料混合物制成厚水浆，逐次加入颜料分散剂溶液，并混和均匀，直至从刮刀上可完全流完。

在衬有黑色背景的玻璃板上滴 1mL 离子型增稠剂，再加上一滴已分散的颜料浆。然后轻轻混合（即用最小的剪切力）均匀。假如发生絮凝，则在颜料浆中再增加颜料分散剂，直至无絮凝发生，按颜料计算此点上的颜料分散剂用量，称之为 C-A 值（浓度-絮凝值）。

Daniel 流动点适用于溶剂型涂料，在乳胶漆中似乎不太合适。颜料分散剂加量曲线可能仅适用于该颜料水浆本身，按此量用于乳胶漆中，常有分散稳定程度不足的，在实际应用时还需要多些（高至加倍），而 C-A 值的估计似乎更具综合性。

（6）其他助剂　在乳胶漆中尚需其他助剂，如消除因使用了众多的表面活性剂而产生的泡沫的消泡剂，使乳胶漆中组分发挥其作用而调节 pH 用的 pH 调整剂。每种乳胶漆有一个 pH 水平，在该水平上乳胶漆稳定性最好，所以每批乳胶漆在制成后都要调整 pH。pH 调整剂或缓冲剂大多采用挥发性的，以免留在干膜内而影响干膜的抗水性。

5.2.2　乳胶漆的制造工艺

乳胶漆是颜料的水分散体和聚合物的水分散体（乳液）的混合物。这两者本身都已含有多种表面活性剂，为了赋予乳胶漆良好的施工和成膜性质，又添加了许多表面活性剂。这些表面活性剂除了化学键合或化学吸附（路易酸碱作用）外，都在动态地作吸附/脱吸附平衡，而表面活性剂间又有相互作用，如使用不当，有可能导致分散体稳定性的破坏。

因此，在颜料和聚合物两种分散体进行混合时，投料次序就显得特别重要。典型的投料顺序如下：①水；②杀微生物剂；③成膜溶剂；④增稠剂；⑤颜料分散剂；⑥消泡剂、润湿剂；⑦颜料、填料；⑧乳液；⑨pH 调整剂；⑩其他助剂。

操作步骤是：将水先放入高速搅拌机中，在低速下依次加入杀微生物剂、成膜溶剂、增稠剂、颜料分散剂、消泡剂。混合均匀后，将颜料、填料用筛慢慢地筛入叶轮搅起的漩涡中。加入颜料、填料后不久，研磨料渐渐变厚，此时要调节叶轮与调漆桶底的距离，使漩涡成浅盆状，加完颜料、填料后，提高叶轮转速（轮沿的线速度约 1640m/min），为防止温度上升过多，应停车冷却，停车时刮下桶边黏附的颜料、填料。随时测定刮板细度，当细度合格，即分散完毕。

分散完毕后，在低速下逐渐加入乳液、pH 调整剂，再加入其他助剂，然后用水或增稠剂溶液调整黏度，过筛出料。

5.3　粉末涂料的生产工艺

粉末涂料是 20 世纪 70 年代初在世界发生石油危机以后，作为省能源、省资源、无公害、劳动生产率高和容易自动化生产为特点发展起来的新产品。粉末涂料与传统的溶剂型涂料和水性涂料不同，不用大量溶剂和水，产品以固体粉末状态存在，并以粉末状态进行涂装，而且最大的特点是喷溢的涂料可以回收再用。

从粉末涂料品种来说，不同国家和地区有不同的构成。在高装饰涂料方面，日本和美国主要用聚氨酯类型；欧洲和东南亚地区主要用聚酯/TGIC（异氰脲酸三缩水甘油酯）类型；丙烯酸粉末涂料所占比例很小。聚酯/环氧粉末涂料的产量，在欧洲和东南亚占总产量的一半以上。聚氨酯粉末涂料的比例在欧洲有增长的趋势，丙烯酸粉末涂料所占比例在日本稍有下降的趋势，而在美国则有所上升。

聚酯/环氧粉末涂料在我国占主导地位。在户外装饰方面主要用聚酯/TGIC粉末涂料；重防腐蚀和无光产品方面主要用环氧粉末涂料；聚氨酯粉末涂料还处于积极推广阶段。

粉末涂料相对于溶剂型涂料，有如下特点。

① 粉末涂料不含有机溶剂，避免了有机溶剂对大气造成的污染及给操作人员健康带来的危害，生产、贮存和运输中可减少火灾危险。

② 在涂装过程中，喷溢的涂料可以回收再用，涂料的利用率达到95％以上。如果颜色和品种单一，且设备的回收效率高时，利用率可以达到99％以上。

③ 一次涂装的厚度可达$50\sim500\mu m$，相当于溶剂型涂料几道至几十道的厚度，可减少涂装道数，劳动生产效率高。

④ 涂料用树脂的分子量大，涂膜的物理力学性能和耐化学介质性能比溶剂型涂料好。

⑤ 涂装操作技术简单，涂膜厚涂时不易产生流挂，便于自动化涂装。

⑥ 不需要像溶剂型涂料那样随季节调节黏度，也无须放置一段时间挥发溶剂后才进烘烤炉，节省时间。

⑦ 不含有机溶剂，节省资源。

粉末涂料和涂装也有如下不足。

① 涂料的制造设备和工艺比较复杂，成本高，品种和颜色的更换比较麻烦。

② 涂装设备不能直接使用溶剂型涂料的涂装设备，还需要专用回收设备，投资大。

③ 粉末涂料的烘烤温度多数在150℃以上，不适于耐热性差的塑料、木材、焊锡件等物品的涂装。

④ 粉末涂料涂膜外观的装饰性不如溶剂型涂料。

⑤ 在静电粉末涂装中，更换涂料品种和颜色比较麻烦。

5.3.1 粉末涂料生产概述

在确定粉末涂料配方的基础上，要得到高性能的粉末涂料，在制造粉末涂料过程中需要经过下面四个步骤。

① 为了使配方中的各种成分混合均匀，必要时把各种成分预先进行粉碎。

② 固化剂、促进剂、流平剂等用量少的关键成分一定要混合均匀。

③ 整个配方中的成分要分散均匀。

④ 按所要求的粒度分布把混合分散物进行粉碎或造粒，然后进行分级。

这些单元操作过程，可以根据不同制造方法进行组合使用。粉末涂料制造方法的分类和工艺流程见图5.7，图中不包括电泳粉末涂料和水分散粉末涂料。

在干法生产中，干混合法是粉末涂料发展过程中最初采用的最简单方法。按这种方法，把原料按配方称量，然后用球磨等粉碎方法进行混合和粉碎，再经过筛得到产品。因为用这

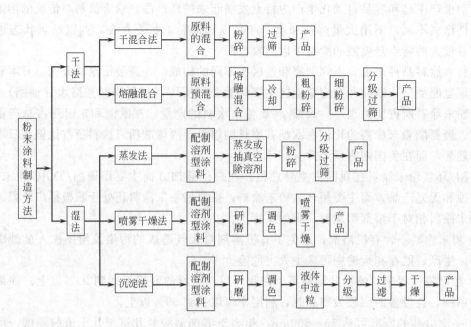

图 5.7　粉末涂料制造方法分类及工艺流程

种方法得到的粉末涂料粒子，都以原料成分各自的状态存在，所以当静电喷涂时，由于各种成分的静电效应不同，所以无法控制回收粉末涂料的组成，回收的粉末涂料不好使用。另外，由于涂料中各种成分的分散性和均匀性不好，故喷涂的涂膜外观差，所以现在一般不采用。熔融混合法是目前最广泛采用的制造方法。

在湿法生产中，有蒸发法、喷雾干燥法和沉淀法等。蒸发法是先配制成溶剂型涂料，然后用薄膜蒸发、真空蒸馏等法除去溶剂得到着色的固体涂料，然后经过粉碎、过筛分级得到粉末涂料。这种制造方法主要用于丙烯酸粉末涂料的制造。在蒸发法除溶剂过程中，用得比较多的设备是薄膜蒸发器和行星螺杆挤出机，前者除去大量溶剂，后者除去少量溶剂。喷雾干燥法和沉淀法是先配制溶剂型涂料，经研磨、调色，然后分别喷雾干燥造粒或者在液体介质中沉淀造粒得到粉末涂料。用湿法制造粉末徐料有如下特点。

① 可以用溶剂法制造的树脂，树脂分子量容易控制，方便除去未反应单体。另外，树脂熔融时的流动性得到改进。

② 因为以溶液状态分散涂料成分，所以颜料、填料的分散性比熔融混合法好，涂膜光泽好，颜色鲜艳。

③ 以溶液状态调色，调色精度高。

④ 因为不采用熔融混合工艺，容易制造低温固化型粉末涂料，在制造过程中不会发生部分胶化，可以得到质量稳定的产品。

⑤ 可以控制粉末涂料粒子形状（球型至无定形），粒子形状接近，粒度分布窄，静电喷涂效果和涂膜流平效果好。

⑥ 不经熔融和机械粉碎，容易制造金属闪光涂料。

5.3.2　熔融挤出混合法

按熔融挤出混合法制造粉末涂料的工艺流程见图 5.8，目前国内外主要采用这种方法生产粉末涂料。

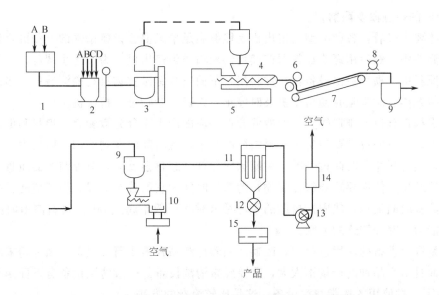

图 5.8　熔融挤出混合法制造粉末涂料的工艺流程图

A—树脂；B—固化剂；C—颜料；D—添加剂；1—粗粉碎机；2—称量；3—预混合；4—加料漏斗；
5—挤出机；6—压榨辊；7—冷却带；8—粗粉碎机；9—物料容器；10—粉碎机；11—袋滤器；
12—旋转阀；13—高压排风扇；14—消音器；15—电动筛

（1）原材料的预混合　为了使粉末涂料中各种成分分散均匀，在制造过程中，要预先把块状的物料破碎成一定粒度，在熔融混合前进行预混合。一般预混合中使用的基本方法有以下三种。

① 辊筒式混合机　有圆筒形、圆锥形、正方体形、双圆筒形混合机，球磨机也属于这种类型。这种设备不带搅拌器，需要的混合时间为 20～30min。

② 搅拌型混合机　有拌和机、双锥螺杆混合机（立式或卧式）等，一般混合时间为 10～20min。

③ 高速混合机，一般需要 1～5min，这是最常用的混合设备。

（2）熔融混合　这是在制造粉末涂料中最广泛采用的方法。熔融混合法有间歇式和连续式两种。间歇式的设备有单叶片或双叶片混合机（又叫 Z 叶片混合机）、捏合机、双辊混炼机等。连续式的设备有单螺杆挤出机、双螺杆挤出机、行星螺杆挤出机等。

一般熔融混合设备要具备如下的功能。

① 能熔融树脂和其他成膜物质。

② 在不产生过热的情况下，能够均匀分散助剂。

③ 均化配方中的所有成分。

④ 把混合的物料制成容易冷却的形状，并且容易分散，不积存物料。

从生产角度考虑，还应该满足下列各项要求。

① 在生产中操作条件稳定，容易连续生产。

② 制造工艺流程的条件应有重现性，也就是生产的稳定性好。

③ 容易清洗设备，在清洗过程中最好不需要打开设备或者拆卸设备。

④ 能适用于多种新配方粉末涂料的混合，对各种配方的适应性好。

⑤ 在实验室规模进行研究试验时，能够得到相同色调。

⑥ 可以加工过筛分级筛余物或者过细粉末涂料，包括一些回收粉末涂料的再加工。

⑦ 套筒的熔融段要耐磨损。

从这些要求来看，各种类型的挤出机是能够满足熔融混合设备条件的。预混合好的原料装到加料漏斗中，然后用螺旋加料器连续均匀地输送到挤出机。为了防止螺母、铁钉等物体在预混合原料中，损坏挤出设备，在加料漏斗下面安装有磁性物自动探测装置。当磁性物体经过时，装置能及时察觉并使挤出机及时停车，以避免杂物进入挤出机。

为了发挥最合适的制造能力，熔融混合设备应能产生充分分散颜料、填料和助剂等的内部剪切应力。设备的设计要使每个涂料组分的粒子在短时间内受到均匀的剪切力。在熔融混合设备中，当物料滞留时间过长时，树脂和固化剂会起化学反应，对控制产品质量不利；比较满意的连续生产体系要求能够控制物料的滞留时间和它的分布情况。为了使物料的受热过程最小，滞留时间最短，热固性树脂的平均滞留时间一般不超过 60s。物料滞留时间是设计设备生产能力、螺杆转速的参数。

在熔融混合设备的使用过程中，改换产品颜色和品种需要清洗设备。因为粉末涂料的品种繁多，而且每个品种的产量不太大，需要经常清洗设备。一般清洗设备有下面四种方法。

① 用下一批使用的树脂清洗设备，这是比较浪费的方法。

② 用清洗用树脂清洗，这种方法也会混进杂质，引起污染的危险。

③ 如果设备中能够压进液体，那么也可以用溶剂进行清洗。

④ 用干净的螺杆更换或者拆卸螺杆进行清洗。

不同类型挤出机的性能比较见表 5.1。

表 5.1　不同类型挤出机的性能比较

挤 出 机 类 型	单 螺 杆	双螺杆同向旋转		双螺杆逆向旋转
		低 速	高 速	
挤出效率	低	中	中	高
分散混合效果	弱	中～强	中～强	强
剪切作用力	大	中	大	小
自清洗效果	很差	一般～好	好	差
能源利用率	低	一般～高	一般～高	高
发热情况	大	中	大	小
温度分布	宽	一般	窄	窄
停留时间	长	一般	短	短
最高转速/(r/min)	100～300	25～35	250～300	35～45
螺杆有效长度	长	短	长	短
L/D	30～32	7～18	30～40	10～21

（3）冷却　从挤出机出来的物料，其温度往往高于树脂软化点约 10℃以上，必须冷却至室温以后才能进行粉碎。在间歇式小批量生产时，可以用冷却盘接收挤出物料后进行自然冷却。但大批量生产时，一般都采用冷却辊或冷却带，以加快冷却。

冷却辊冷却法［见图 5.9(a)］是在冷却辊的内部通凉水。物料先经过压辊和冷却辊之间压成薄片状，然后紧贴着冷却辊冷却，并输送到销钉破碎机。为了使物料紧贴上冷却辊，通过导向轮把塑料传送带紧贴到冷却辊上，物料就通过塑料传送带和冷却辊之间冷却和输送。经冷却的物料很脆，通过销钉破碎机粉碎成小薄片。这种体系可以做成密闭结构，如果往体系中通干燥空气，则可以防止冷却辊上的凝露现象。冷却辊冷却设备的结构简单，拆卸和组装也比较方便。

冷却带冷却法［见图5.9(b)］是挤出物料先经过压辊，然后送到冷却带冷却。在压辊内部通冷却水，冷却带的背面喷冷却水，冷却水的水温在25℃就足够了。也有的用5~10℃的冷冻水来强制冷却。使用温度太低的冷却水时，在梅雨季节和夏季，冷却带上容易凝露影响产品质量，这一点应引起足够的重视。当用单层冷却带时，物料容易在冷却带上形成片状翘起来，与冷却带脱开，而得不到充分冷却，当这些未经充分冷却的物料直接进入销钉破碎机时，就易造成粘连设备等弊病，影响破碎效果。采用图5.9(b)那样双层冷却带，体系可以封闭，物料是上下两部分同时进行冷却，冷却效果好，因此不会出现单层冷却带所存在的问题。另外，通过调节冷却带的倾斜度，还可以调整物料出口高度。这种设备的清扫也比较方便。

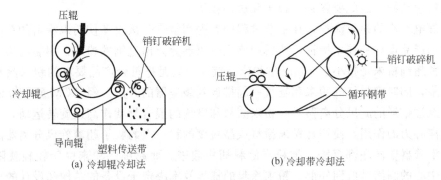

(a) 冷却辊冷却法 　　　　　　　　　　(b) 冷却带冷却法

图5.9　冷却设备示意图

国内生产厂采用单层冷却带者居多，冷却带大多数是履带式。考虑到凝露问题，所以不用冷却水，而用风冷却。风冷却是通过传送带上面安装的很多电风扇，直接吹到物料上冷却。这种设备的冷却效果差，体系不易密闭，冷却带较长，但结构简单，维修方便。

（4）粉碎　在制造粉末涂料过程中，配方中的原材料在进行预混合前要进行粉碎。在熔融混合工序以后设有冷却辊和冷却带冷却设备。采用金属板自然冷却时，物料要用腭式破碎机、辊式破碎机、单旋转齿破碎机、谷物破碎机等设备进行粗粉碎。当需要粒度更细时还可以用锤式粉碎机、万能粉碎机等设备进行粗粉碎。经过破碎或者粗粉碎的物料，再进行细粉碎。

在选择粉碎设备时，必须考虑被粉碎物料的状态，例如干湿程度、含水量、硬度、压缩强度、化学物理性质、供料粒度、产品粒度、生产能力和细粉末含量等因素。

在细粉碎中使用的设备有球磨机、高速锤式粉碎机、超微粉碎机、气流粉碎机、空气分级磨（ACM磨）等设备。

ACM磨具有如下的特点。

① 粉碎和分级同时进行，用大量的空气冷却，物料升温小，适合于粉碎耐热性差、粉碎时因发热而容易发黏的物质。

② 因为内部装有分级分离转子，故产品粒度分布窄。

③ 改变分级转子的转速可以调节粒度。

④ 分级转子和粉碎转子可以简单拆卸，因此容易清洗和换色。

这种设备可以通过改变粉碎转子、分级转子、空气流、供料速度等四种因素控制粉碎机的粉碎效果。这种设备不需要冷却剂，粉碎的粒度范围为$30~80\mu m$，这正是静电粉末涂料最理想的粒度范围。

已粉碎物料的捕集可以采用两种方法，一种是只用袋滤器捕集，另一种是旋风分离器和袋滤器并用。前者适用于单一颜色品种的生产，后者适用于多颜色品种的生产。

（5）分级和过筛　用任何粉碎设备制得的粉末涂料粒度不可能完全达到所要求的粒度和粒度分布，总有一些过粗的粒子和过细的粒子，所以必须进行分级或者过筛。一般流化床浸涂中用的粉末涂料粒度范围为 80～325 目，静电喷涂用粉末涂料的粒度要求 120 目以上，特别是用于装饰性的粉末涂料粒度要求 180 目以上。

用于流化床浸涂法的粉末粒子比较粗，可以用振动筛或旋转筛过筛法除去大于 80 目的粒子，而过细的粒子不易用过筛法除去，一般用旋风分离法除去。在流化床浸涂中，当粉末粒子太粗时不容易流化，涂膜厚而不均匀；粉末涂料粒子太细时则阻碍流化，在涂装过程中容易引起粉尘污染，因此要除去粗粒子和过细粒子。

用于静电喷涂的粉末涂料，在制造过程中首先用空气分级设备使粉末涂料的粒度和分布基本上达到产品设计的技术指标，然后用旋风分离器分离出过细的粉末，用袋滤器捕集超细粉末，这种超细粉末是指小于 $10\mu m$ 的粉末。旋风分离是把符合产品要求的粉末涂料分离出来加以收集，同时把超细的粉末和空气一起排放到袋滤器的方法。经 ACM 磨粉碎的粉末涂料气流，经过锥形的旋风分离器时，粉末涂料和空气的混合物就作高速旋转运动，粉末涂料的粒子受离心力的作用，使符合粉末涂料成品粒度的粗一点的粒子朝着旋风分离器的器壁方向靠拢，沿着器壁向底部沉积，把粉末涂料捕集起来。而超细的粉末由于较轻就随空气一起，通过中心的圆筒排放到外部。粉末涂料的捕集效率决定于设备的结构和设计的标准。

粒子过细的粉末和空气一起通过袋滤器时，过细的粉末就被滤布隔离，不能透过滤布，吸附在滤布上面，只有空气才能通过滤布进入大气。当粉末涂料吸附到一定程度时，滤布的透气性渐渐降低，袋滤器就失去分离粉末涂料和空气的能力，所以应定期用振荡器振荡滤布或者用反冲气流，把吸附在滤布上的粉末涂料吹落到袋滤器底部，进行回收。这种超细粉末涂料的干粉流动性不好，不能直接用于静电喷涂。如果是单一树脂品种和颜色的粉末涂料，则可以和预混合原材料一起重新挤出混合后使用。

经旋风分离器收集的粉末涂料产品，绝大部分的粒度是符合技术指标的，但由于分离设备分离效果的限制，不可避免地含有少量过粗的粒子。这种粗粒子将影响涂膜外观，必须分离出去。一般常用的方法就是过筛法，过筛用的设备有振动筛、旋转筛和空气筛。对于间断性生产中用的是振动筛，在大量连续生产中使用的设备是旋转筛和空气筛。国内粉末涂料生产中用得最多的还是罗赛尔振动筛。随着生产量的提高，振动筛已使用高频振荡，目前广泛使用的振荡频率达 2800 次/min，生产能力达 200～300kg/h。

在过筛分级中，应该注意的是过筛以后直接包装产品时，防止带进异物或结小团的粉末涂料，特别要防止过筛设备上的螺丝、螺母等在长期振动中脱落下来带进产品中去。另外，用压缩空气反吹筛网清洗时，所用空气应不含有油类或湿气，以免影响涂料产品质量。

为了防止在挤出过程中混进从螺杆和套筒上磨损下来的钢铁粉，以及在空气分级磨中分级时混进的叶片、销钉上磨损下来的钢铁粉等杂质影响粉末涂料的涂膜外观和电绝缘性能，在过筛前或包装产品前加装除去磁性物质的装置，通过强力磁棒的吸引作用除去钢铁粉或小物品。这和在挤出机前，加料漏斗下面加装保护挤出机的设备是一样的道理。

5.3.3　喷雾干燥法

这种制造方法的基本原理为先制造溶剂型涂料，然后喷雾干燥制成粉末状涂料。用这种方法制造的粉末涂料是球形的，粒度分布窄，与熔融挤出法相比有如下优点。

① 配色比较容易。

② 在制成粉末涂料以前，以液态过滤，容易除去杂质。

③ 溶剂型涂料生产厂的产品可作为粉末涂料的原料，粉末涂料的制造工序只是标准涂料制造工序的附加工序。

④ 设备的保养和清洗比较容易。

⑤ 因为在喷雾干燥法中可以忽略受热过程，故产品可以重新处理。不符合规格的粉末涂料，可以重新溶解并调整配方制成溶剂型涂料后，再重新喷雾干燥制成粉末涂料。

喷雾干燥法制造粉末涂料的设备和工艺流程见图5.10。由于表面张力关系，用这种方法制造的粉末涂料粒子，本质上是球型。球型粉末涂料的干粉流动性好，不容易凝聚结块，喷涂施工性能好。另外，当粉末涂料为球型时，不会由于存在尖端、棱角而失去电荷，静电性好。喷雾干燥涂料的粒度是由溶剂型阶段决定的，液体的流动和所施加能量跟液滴的粒度及表面张力有关。因此涂料的粒度可以精确地控制。一般粉末涂料所要求的粒度范围为$10\sim50\mu m$，但是通过选择合适的工艺条件和配方的设计，可以制造$1\sim6\mu m$的细粒子，也可以制造$200\mu m$的粗粒子。

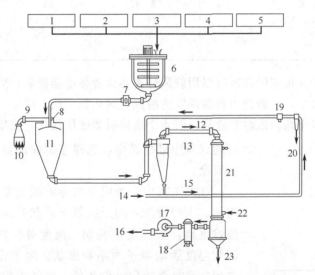

图 5.10 喷雾干燥法制造粉末涂料的设备和工艺流程

1—树脂；2—固化剂；3—添加剂；4—颜料、填料；5—溶剂；6—混合机；7—泵；8—喷雾器；
9—液体管道；10—热空气；11—干燥室；12—热溶剂和空气；13—旋风分离器；14—空气；
15—粉末相空气；16—排出空气；17—主鼓风机；18—微量分离器；19—输送空气鼓风机；
20—粉末产品；21—气体冷凝器；22—冷却水；23—回收溶剂

在喷雾干燥中，颜料和填料的分散可以采用简单的分散磨，用这种设备容易添加金属片状颜料，可以得到金属闪光型粉末涂料。液体涂料的输送可采用变速泵，这样可以保持体系内各参数的平衡。为了除去不纯物，作为供料体系的最终净化设备，可以附加双重过滤器，这样在树脂中含有的微量高分子凝聚物，也可以通过这种过滤器除去。

喷雾方法有一种流体喷嘴法（高压溶液）、两种流体喷嘴法（低压溶液和高压气体）和离心力喷雾设备喷雾法，可根据涂料溶液的性质和产品性质决定采用适当的方法。在离心喷雾法中，不能控制的大粒子的分布多，但是从能量消耗来看，效率很高。这种设备是通过改变供料速度和转盘速度控制粒度。

在喷雾干燥中，进行喷雾而生成的液滴要立即进行干燥。被干燥的粒子在空气流中，要

表 5.2 喷雾干燥法制造粉末涂料举例（质量份）

配方编号		1	2	3
涂料配方	环氧树脂	40.7	40.7	56.0
	颜料	20.7	20.7	—
	流平剂	1.8	1.8	0.2
	氯甲烷	36.8	36.8	43.8
	双氰胺(15%的溶液)	14.1	—	—
	偏苯三酸酐(10%的丙酮溶液)	—	65.5	100.0
稀释溶剂	混合物	141.1	165.5	200.0
	混合物固体分含量(质量分数)/%	56.5	41.0	33.1
	氯甲烷	20	67	67
最终物料中固体分含量(质量分数)/%		30.0	15.0	7.5
最终溶剂组成/%	氯甲烷	42.0	60.0	54.8
	丙酮	48.3	40.0	45.2
	醚类溶剂	9.7	—	—
操作条件	喷雾		双流体喷嘴	
	供料速度		10mL/min	
	干燥室温度/℃	78~82	66	71
	粉末收集温度/℃	60	91	49
产品挥发分(质量分数)/%		1.5	0.8	1.0
产品粒径/μm		10~25		1~15

向同一方向流动。干燥得到的粉末可以用旋风分离器或者袋滤器捕集，溶剂可以回收再用。

在喷雾干燥过程中，一般使用容易挥发的溶剂，例如氯甲烷、丙酮、甲乙酮等。因为使用了大量溶剂，所以干燥粉末时有危险，因此干燥体系要使用氮气，或者在能够控制安全范围的气氛中进行操作，这样才能保证粉末涂料制造过程中的安全。

在此工艺中，最明显的影响因素是温度、供料速度及溶剂。人们所希望的产品粒子形状是球型，粒子形状可以通过溶剂挥发速度来控制。温度对蒸发速度有明显影响，因此温度影响粒子大小和形状。为了得到所要求的产品，必须选择最合适的操作条件。喷雾干燥法制造粉末涂料的例子见表5.2。表中的操作条件是在非常低的温度（65.5~82℃）下进行的。

在喷雾干燥室中，实际干燥时间不过4~8s，即使是产生化学反应也微不足道的。这种喷雾干燥法很适于丙烯酸粉末涂料和水分散粉末涂料用树脂的制造。

5.3.4 沉淀法

这种方法基本上与水分散粉末涂料的制造方法一样，不同的是经过过滤后的产品再经干燥设备干燥后得到粉末涂料产品。这种方法适合于用溶剂型涂料来制造粉末涂料的场合，制造的粉末涂料粒度分布窄，容易控制。

5.3.5 超临界流体法

超临界流体制造粉末涂料是一种与传统制造方法完全

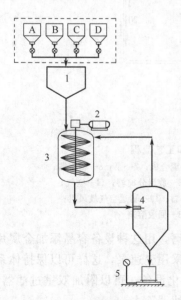

图 5.11 VAMP 超临界流体
粉末涂料制造法示意
A—树脂；B—固化剂；C—颜填料；D—助剂；
1—加料槽；2—搅拌动力；3—超临界流体加工釜；4—喷雾造粒釜；5—称量和包装

不同的方法，简称VAMP（VEDOC advanced manufacturing process）法，是在二氧化碳超临界流体状态下制造粉末涂料的。

超临界流体是二氧化碳气体，在7.25MPa压力和31.1℃温度时达到临界点而液化。这时液态二氧化碳和气态二氧化碳的两相之间界面清晰，但其压力略降或温度稍高时超过临界点，这一界面立刻消失，成为一片混沌，这种状态称为超临界状态。继续升温或减压，二氧化碳则成为气态。根据这种原理，如图5.11所示，将粉末涂料各种成分称量后加到料槽中，然后加入带有搅拌的超临界流体加工釜中。当二氧化碳处于超临界流体状态时，使各种涂料成分也变成流体化，达到低温下（26～32℃）熔融挤出混合效果。物料再经喷雾和分级釜中造粒制成产品，最后称量和包装成成品。整个生产过程可以用计算机控制。

这种生产方法减少了熔融挤出混合步骤，降低了加工温度，能防止粉末涂料在制造过程中的胶化。因加工温度低，故扩大了生产涂料的品种范围，且可以提高每批生产量。

5.4 水溶性漆生产工艺

5.4.1 概述

水溶性树脂漆是在20世纪60年代初期获得发展并在工业上得到广泛应用的新型涂料，它与溶剂型树脂漆不同，是用水作为溶剂的。

合成树脂之所以能溶于水，是由于在聚合物的分子链上含有一定数量的强亲水性基团，例如含有羧基、羟基、氨基、醚基、酰胺基等。但是这些极性基团与水混合时多数只能形成乳浊液，它们的羧酸盐则可部分溶于水中，因而水溶性树脂绝大多数以中和成盐的形式获得水溶性。

水溶性树脂的制备，有以下几种方法。

① 带有氨基的聚合物以羧酸中和成盐（如阴极电沉积树脂）。

② 带有羧酸基团的聚合物以胺中和成盐（如阳极电沉积树脂）。

③ 破坏氢键，例如使纤维素甲基化制成甲基纤维素。

④ 皂化，例如聚乙酸乙烯制聚乙烯醇树脂。

为了提高树脂的水溶性，调节水溶性漆的黏度和漆膜的流平性，必须加入少量的亲水性有机溶剂如低级的醇和醚醇类，通常称这种溶剂为助溶剂。它既能溶解高分子树脂，本身又能溶解于水中，它的助溶作用如图5.12所示。在A点酸性树脂是水不溶的，加入中和剂（胺），使之可部分溶于水（B点）；从B点起需要用助溶剂可以使之全部溶解于水（D点）。

为使树脂能全部溶解，需要正确地选择所用的助溶剂。助溶剂的选择亦需考虑所用胺的

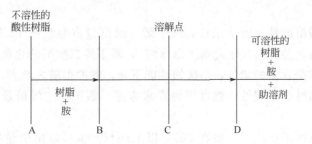

图 5.12　助溶剂作用示意图

性能。实践证明采用仲丁醇作助溶剂得到的溶液黏度小，且有较好的稳定性。

水溶性漆与溶剂型漆一样，可分为烘干型和常温干型两类，其中有的水溶性漆可以采用电沉积法进行涂装（即电泳涂装）。

水溶性漆，由于以水做溶剂，因而具有下述优点。

① 水的来源广泛，净化容易。

② 在施工过程中无火灾危险。

③ 无苯类等有机溶剂的毒性气体。

④ 以水代溶剂，可节省大量资源。

⑤ 工件经除油、除锈、磷化等处理后，不待完全干燥即可施工。

⑥ 涂装时使用过的工具可用水进行清洗。

电泳涂装还有两项优点。

① 采用电沉积法涂装，使涂漆工作自动化，效率高于通常采用的喷、刷、淋、浸等施工方法。

② 用电沉积法涂出的漆膜质量好，没有厚边、流挂等弊病，工件的棱角、边缘部位基本上厚薄一致，狭缝、焊接部位亦能均匀上漆。

因而水溶性漆是很有发展前途的品种之一，发展速度较快，应用范围越来越广。目前汽车工业大多数都已采用电沉积法以水溶性漆来涂装底漆，在轻工产品（如自行车、仪表、钟表、小五金等）方面也得到广泛应用。

但是，应该指出，水溶性漆也还有以下问题。

① 以水做溶剂，由于蒸发潜热高，所以必须增加漆膜的烘干和常温干的时间；同时，对水敏感的材料如木材、纸张等工业制品方面，水溶性漆的应用受到限制。

② 为了保证水溶性漆的水溶性、稳定性，大多数羧酸型水溶性树脂常被中和到微碱性（pH 为 7.5～8.5），在这种情况下，容易造成高聚物分子的酯键降解，使漆和漆膜的性能变坏。

③ 使用有机胺作中和剂，对人体有一定的毒性，排出的废水会造成水源污染。

④ 水溶性漆由于存在大量的亲水性基团和较低的分子量，与同类型的溶剂漆相比耐腐蚀性能较差。

⑤ 采用电沉积涂漆时，漆液对底材表面处理要求高，对由不同材质构成的组合件，因电沉积对底材的选择性不同，而造成漆膜不均匀。

5.4.2 改性水溶性油的制备

把疏水性的油制成水溶性油，采用的是使油分子结合上具有亲水性质的羧酸基团，使之形成一定的酸值的方法。通常，最终酸值应保持在 60 以上，才能获得较好的水溶性和稳定性。

对于顺丁烯二酸酐改性亚麻油来说，顺丁烯二酸酐量占总量的 13.6％时，为其水溶的临界值（低于此值为乳浊液，高于此值可以水溶），顺丁烯二酸酐的含量越高，水溶性越好。但是随着顺丁烯二酸酐含量的增加，防腐蚀性能下降，黏度也随之增大，以致达到难以搅动的程度。综合其水溶性、稳定性、黏度等因素来考虑，顺丁烯二酸酐量占其总量的 18％～20％较适宜。

油与顺丁烯二酸酐的反应，一般在 200℃ 以上进行，也可以用少量的催化剂（如碘等）促进反应。若此反应在 49.03～98.06kPa 压力釜中进行，可大大减少顺丁烯二酸酐的损失，且反应程度高。一般可根据需要按不同黏度和游离顺酐量来控制终点。游离顺酐的测定，通常是用温水多次洗涤树脂，分离出的水层经过滤后，以标准的碱水溶液滴定。

（1）水溶性顺丁烯二酸酐改性油的制备

① 配比（质量比）　亚麻油（双漂）80；顺丁烯二酸酐（99％）20。

② 操作　将亚麻油、顺丁烯二酸酐加入反应釜内，通入二氧化碳，缓缓升温到200℃，保温约4h，取样测酸值，待酸值＞110mgKOH/g、黏度为6s（树脂∶二甲苯＝8∶2，25℃，加氏管）时合格，停止加热和通气，降温、冷却至100℃左右，加入树脂质量20％的丁醇，然后在搅拌下冷却至60℃以下，加氨水中和，取样测树脂的水溶液pH值至8.0～8.5时，此树脂可加水无限稀释成透明溶液。

（2）水溶性二甲酚酚醛树脂改性油的制备

① 酚醛浆的制备

a. 配比

二甲酚（工业品）	122kg	氨水（工业品，25％）	19.52kg
甲醛（36％～37％）	45kg	丁醇（工业品）	111kg
一乙醇胺（85％）	3.6kg		

b. 操作　将二甲酚和甲醛溶液加入反应釜内，加入一乙醇胺，然后升温到45℃，保温半小时，加入氨水，在45℃保温1h，取样测相对密度，待达到1.083～1.085（25℃，波美比重计）时，迅速降温分出水层，在分水后的树脂层里加入丁醇，加热升温脱水，当温度升到118℃时开始蒸出丁醇，待温度上升到130℃迅速降温，制得的酚醛浆为透明的棕色液体，固体分约为50％±10％，作下步改性之用。

② 水溶性酚醛树脂改性油的制备

a. 配比

亚麻油（双漂）	75.44kg	丁醇（工业品）	10kg
顺丁烯二酸酐（99％）	16.56kg	一乙醇胺（工业品，85％）	9～11kg
二甲苯（工业品）	2.76kg	蒸馏水	40kg
酚醛浆（按100％不挥发分计）	8kg		

b. 操作　将亚麻油、顺丁烯二酸酐、二甲苯加入反应釜内，逐渐升温到200℃±2℃，保温1h，取样测酸值、黏度，待酸值达95～110mgKOH/g，黏度为9～13s（树脂∶二甲苯＝9∶1，25℃，加氏管），抽真空脱除二甲苯。然后缓缓加入酚醛浆，加入速度控制在以不涨锅为限。加完后，升温到200℃保温，待黏度达到18～25s（二甲苯∶树脂＝2∶8，25℃，加氏管）时，立即降温，110℃左右加入丁醇，在搅拌下冷却到60℃以下加入一乙醇胺中和，并加入蒸馏水，得棕色透明的液体树脂溶液。

注意在加入酚醛浆的过程中，有涨锅的可能，由于酚醛浆含有一定的水和挥发物，同时反应时也有水产生，都会造成涨锅。因此可在反应釜的出口处加大抽风量，有利于水分和挥发物的排除。

③ 技术指标

外观	棕色透明液体	pH值	7.8～8.5（树脂的水溶液）
不挥发分	62％±2％	水溶性	加10倍水透明，无限稀释轻微乳光

此树脂与颜料制成的色漆，通常作底漆，适用于电沉积法涂装。色漆漆膜干燥条件为150℃，1h。

（3）水溶性对叔丁酚甲醛树脂改性油制备

① 配比

亚麻油（双漂）	90.4kg	顺丁烯二酸酐（工业品）	16.2kg
亚麻油酸（酸值>180mgKOH/g）	19.4kg	丁醇（工业品）	22.0kg
对叔丁酚甲醛树脂（软化点>80℃）	19.8kg	乙醇（工业品）	7.2kg

② 操作　将亚麻油、亚麻油酸加入反应釜中，加热到140℃，慢慢地加入酚醛树脂和顺丁烯二酸酐，加完后升温到235℃±5℃，保温，待酸值达到75～80mgKOH/g，降温到120℃先加入丁醇，后加入乙醇搅拌均匀，用一乙醇胺中和，得到棕色透明液体树脂。

③ 技术指标

外观	棕色黏稠液体	pH值	7.5～8.5
不挥发分	80%～85%	水溶性	加水无限稀释透明

此树脂与颜料配合后，适合做底漆，有时也制成各种深色面漆，用于要求不高、不受阳光直晒的产品上，适用于电沉积法涂装。色漆漆膜干燥条件为160℃，1h。

（4）水溶性松香酚醛、环戊二烯改性油的制备

① 配比

亚麻油（双漂）	110.0kg	氨水（工业品25%）	约22kg
环戊二烯	1.1kg	蒸馏水	98kg
顺丁烯二酸酐（含量>99%）	23.0kg	环烷酸钴（丁醇溶液8%）	1.8kg
松香改性酚醛树脂	7.0kg	环烷酸锰（丁醇溶液3%）	5.8kg
丁醇（工业品）	21.0kg	环烷酸铅（丁醇溶液10%）	8.7kg

② 操作　将亚麻油装入反应釜内，在搅拌下加热到160～170℃，然后滴加环戊二烯（在常温下，环戊二烯的稳定态以二聚体的形式存在，在200℃以上加热时，二聚体的环戊二烯裂解成单体的环戊二烯，然后再与亚麻油反应），冷凝器通入冷水，使之在回流情况下逐步升温到250℃（从170℃升温到250℃约需5～6h）。保温3h，降温到200℃加入顺丁烯二酸酐，将冷凝器中的冷水关闭，在200℃保温45min然后加入松香改性酚醛树脂，再升温到250℃，保温，待酸值到65～75mgKOH/g，黏度达1.5～1.6s（松香水∶树脂为1∶1，25℃，加氏管）时，降温，120℃以下加入丁醇，60℃以下加入氨水中和，用水稀释，最后加入催干剂环烷酸钴、锰、铅的丁醇溶液，搅拌均匀，出锅，过滤，得棕色透明液体树脂。

③ 技术指标

外观	棕色黏稠液体	pH值	（树脂水溶液）8～9
气味	具有环戊二烯臭味	水溶性	加水稀释轻微乳光
不挥发分	50%		

用此树脂做成的清漆或色漆可于常温干燥，表干约4h，经48h干燥的漆膜，耐水性不如常温干燥的醇酸树脂漆。漆膜泛黄性重，耐光性不好，可采用辊涂、刷涂和喷涂施工，作一般低级面漆使用。

（5）半酯化水溶性油制备

① 树脂A

a. 配比（质量份）

脱水蓖麻油	1620	顺丁烯二酸酐	540
亚麻仁油	324	二丙酮醇	305
松香	486	丙二醇	324
丙三醇（98%）	59.4	乙基溶纤剂	203
二甲苯	165		

b. 操作　ⓐ把配方中脱水蓖麻油、亚麻仁油、松香丙三醇（98%）、二甲苯加热到260℃，反应5h，酸值下降到3mgKOH/g的时候脱去二甲苯（二甲苯要去净，否则影响涂料的质量）。ⓑ在200~210℃，加入顺酐，反应3~4h，用甲基橙做指示剂测定终点。ⓒ温度降到90~110℃时，加入二丙酮醇降低黏度，然后加入丙二醇，反应至取样于玻璃板上树脂滴完全透明为终点。ⓓ在100℃以下时加入乙基溶纤剂，树脂不挥发分为80%。

② 树脂B

a. 配比（质量份）

脱水蓖麻油	2040	乙烯基甲苯	408
亚麻油	612	二叔丁基过氧化物	10.2
松香	918	二丙酮醇	505
丙三醇（98%）	112.2	异丙醇	252.5
顺酐	1020	乙基溶纤剂	505

b. 操作　前两步操作同树脂A的Ⅰ和Ⅱ。温度降至160~165℃，滴入二叔丁基过氧化物、乙烯基甲苯单体，约2h内滴完，在此温度下搅拌30~60min。加入二丙酮醇、异丙醇、乙基溶纤剂。

③ 配漆

a. 配比（质量份）

树脂A	600.0	高岭土	172.0
乙基溶纤剂	297.7	钛白粉（金红石型）	571.9
异丙醇	67.9	钛白粉（锐钛型）	571.9
三乙胺	60.0	树脂A	475.0
炭黑	19.8	树脂B	2150.0
铬酸锶	30.1	三乙胺	53.1
硅铬酸铅	43.0	乙基溶纤剂	30.0

b. 操作　把配方中树脂A、乙基溶纤剂、异丙醇、三乙胺混合搅拌1h左右，这时温度自然上升至30~40℃，把配方中炭黑、铬酸锶、硅铬酸铅、高岭土、钛白粉（金红石型）、钛白粉（锐钛型）先混合搅拌1h，用砂磨研磨，至细度合格后过滤加入树脂、溶剂、中和剂等。混合搅拌均匀后包装。

④ 涂料性能

固体分	15.0%	胺比	1.85
膜厚	24μm		

⑤ 电沉积特性

漆膜电阻	450kΩ/cm²	库伦效率	13mg/C
泳透力	20cm	电压时间	>240/3min
烘烤条件	170℃/20min		

⑥ 漆膜性能

耐冲击性	294.3N·cm	附着力	0/100
耐水性	500h/40℃	耐腐蚀性（5%NaCl）	240h

以改性水溶性油体系为基础的水溶性漆，大多数在弱碱性水溶液中是比较稳定的，树脂的制备工艺也较简单。它的各项性能中尤以耐水性和耐潮湿性能比较突出，因此它在水溶性漆里在品种和产量方面，仍然占有一定的地位。但是漆膜的耐光性能不好，多数用作底漆，它的另一个缺点是用油量大，烘烤时易变黄。

5.4.3 水溶性 E-20 环氧酯的制备

(1) 配方拟订原则

酯化当量　1.2

顺丁烯二酸酐用量　（为环氧酯量的）5%

丁醇量　（顺酸化环氧酯量的）20%

乙醇胺量　由树脂 pH 值确定，通常约为树脂总量的 10%

(2) 计算公式

100g 环氧树脂所需亚麻油酸量为

$$\frac{环氧值 \times 2 + 羟基值 \times 56.1 \times 1000 \times 1.2}{油酸酸值} = \frac{(0.20 \times 2 + 0.34) \times 56.1 \times 1.2}{油酸酸值}$$

$$顺丁烯二酸酐量 = \frac{(油酸用量 + 环氧树脂量 - 理论脱水量) \times 0.05}{0.95}$$

丁醇用量 = (油酸用量 + 环氧树脂量 - 理论脱水量 + 顺丁烯二酸酐用量) × 0.2

(3) 原料配比及制备工艺

① 配比

环氧树脂 E-20（环氧值 0.20，羟基值 0.34，软化点 64~76℃）	196.0kg
顺丁烯二酸酐（>99%，熔点 56~60℃）	36.5kg
亚麻油酸（酸值 195mgKOH/g）	500.0kg
丁醇（工业品）	146.5kg
一乙醇胺（>78%）	约 70~75kg

② 制备工艺　将配方量的亚麻油酸加入反应釜中，升温到 120~150℃，加入全部环氧树脂，开动搅拌，通入二氧化碳，继续升温到 240℃ 保温酯化（升温快慢以不涨锅为宜，必要时可滴加微量硅油消泡）。保温 1h 后开始取样测酸值和黏度，当酸值达到 35~40，黏度为 35~50s（格氏管，25℃）时降温。当温度降至 180℃ 时，停搅拌，加入顺丁烯二酸酐，然后搅拌并快速升温到 240℃ 保温 30min。迅速降温到 130℃ 以下加入丁醇、搅匀，60℃ 以下分批加入一乙醇胺中和，pH 值达 7.5~8.5 时出料（120 目铜网过滤）。

(4) 技术指标

外观	棕色透明黏稠液体
pH 值	7.5~8.5（加蒸馏水稀释到 15%）
不挥发分	77%±2%
水稀释性	蒸馏水无限稀释时允许微具乳光
热贮存稳定性（40℃）	15%水溶液经连续 45d 贮存后电沉积漆膜不返粗

(5) 稀释曲线

与一般溶剂型环氧酯不同，水溶性环氧酯在逐步加水稀释时，其黏度的变化并不是平滑下降，当不挥发分约为 70% 时，黏度出现较低点，继续稀释，黏度反而上升，到不挥发分为 50%~55% 左右时黏度出现最高值（见表 5.3）。

表 5.3　水溶性环氧酯稀释时不挥发分与黏度关系

不挥发分/%	81.5	75.0	70.0	65.0	60.0	55.0	50.0	45.0	40.0	35.0	30.0	25.0	20.0
黏度/s	54.7	36.4	35.4	37.7	43.8	61.8	61.9	59.8	33.9	3.8	1.3	1.1	0.9

利用水溶性 E-20 环氧酯的稀释曲线（见图 5.13），给树脂的过滤和色漆的制造提供了选择合适树脂不挥发分的依据。

（6）水溶性 E-20 环氧酯电沉积铁红底漆

① 原料配比

水溶性 E-20 环氧酯（不挥发分 77%）	40.5kg
铁红（湿法）	10.75kg
硫酸钡（沉淀）	10.75kg
滑石粉（325 目）	4.45kg
蒸馏水	33.35kg

配方中颜料：基料＝1.0：1.2

② 制漆工艺　将配方量的水溶性 E-20 环氧酯、铁红、硫酸钡、滑石粉加入配漆罐中，搅匀。然后在三辊磨或砂磨中研磨至细度 50μm 以下（细度测定中如出现气泡干扰，可滴加少量硅油、磷酸三丁酯或二甲苯进行消泡）。

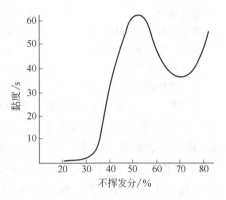

图 5.13　水溶性 E-20 环氧酯的水稀释曲线

③ 漆的技术指标

细度	＜50μm	pH 值（15%）	7.5～8.5
不挥发分	50%±20%		

④ 电沉积漆膜性能指标

外观	铁红色，平整、光洁	耐盐水（3.5%氯化钠水溶液，40℃）24h 无变化	
烘干温度	150℃，1h	耐蒸馏水（40℃，浸泡法）	48h 无变化
抗冲击强度	490.3N•cm	耐热性（温度 47℃±1℃，	
弯曲试验	1mm	湿度 96%±2%）	16 天无变化
附着力（划圈法）	1～2 级		

5.4.4　水溶性醇酸树脂的制备

（1）水溶性醇酸树脂的制备

① 原料配比（质量份）

失水偏苯三甲酸（工业品）	63	1,3-丁二醇（工业品）	72
邻苯二甲酸酐（工业品）	74	丁醇（工业品）	63
甘油-豆油脂肪酸酯	106	氨水（工业品，25%）	适量

② 操作　将失水偏苯三甲酸（工业品）、邻苯二甲酸酐（工业品）甘油-豆油脂肪酸酯、1,3-丁二醇（工业品）加入反应釜中，通入二氧化碳，加热使原料熔化之后，开动搅拌，逐渐升温到 180℃，以熔融法进行酯化反应，待酸值达到 60～65mgKOH/g 时降温，冷却到 130℃加入丁醇溶解，至 60℃以下加入氨水中和，可制得水溶性醇酸树脂，制成色漆可用于喷、刷涂装。

③ 技术指标

外观	棕色透明黏稠液体	水稀释性	加蒸馏水稀释有轻微乳光
pH 值	加水稀释，水溶液 pH 值为 8.0～8.5		

（2）水溶性氨基改性醇酸树脂的制备

水溶性醇酸树脂加入氨基树脂改性，可提高漆膜的硬度、光泽和防腐蚀性能。常用的氨基树脂为六甲氧甲基三聚氰胺缩甲醛树脂（简称为水溶性氨基树脂，或称为 HMMM）。氨基树脂的加入量，通常在 10%～30%之间，根据醇酸树脂油度的不同加以调节。氨基树脂用量过多时漆发脆，附着力、耐光性都不好，因此必须选择适宜的用量。

123

① 配比

蓖麻油（土漂）	40.75kg	二甲苯（工业品）	5.70kg
季戊四醇（工业品）	9.82kg	丁醇（工业品）	12.20kg
甘油（工业品，98％）	5.89kg	异丙醇（工业品）	12.20kg
氧化铅（化学纯）	0.01223kg	一乙醇胺（工业品）	7.95kg
苯二甲酸酐（工业品）	28.45kg		

② 操作　将蓖麻油、甘油、季戊四醇投入反应釜内，通入二氧化碳，在搅拌下升温到120℃，加入氧化铅，继续升温到230℃，保温3h。醇解完后，降温到180℃，停止搅拌，加入苯二甲酸酐及二甲苯，回流冷凝器通入冷水，升温到180℃回流保温酯化。每隔半小时取样测酸值，直至酸值降到80mgKOH/g左右，停止加热，降温减压抽除溶剂，温度降到120℃加入丁醇及异丙醇，继续降温到50～60℃加入一乙醇胺中和，pH值控制在8.0～8.5左右。

③ 技术指标

外观	棕色透明黏稠液体	水稀释性	加蒸馏水稀释有轻微乳光
pH值	加水稀释，水溶液pH值8.0～8.5		

④ 氨基树脂与醇酸树脂的配比　按不挥发分计算，以醇酸树脂42.85份、氨基树脂14.28份配比（氨基树脂占25％）。

⑤ 色漆的配比（草绿色）

水溶性醇酸树脂	42.85kg	炭黑（硬质）	1.00kg
氨基树脂	14.28kg	酞菁蓝（工业品）	0.19kg
中铬黄（工业品）	3.15kg	硫酸钡（沉淀）	6.33kg
深铬黄（工业品）	20.53kg	碳酸钙（重体）	12.64kg
钛白（金红石型）	1.03kg	滑石粉（325目）	12.26kg

经三辊磨研磨，细度达30～40μm。可喷涂施工。

⑥ 漆膜性能

外观	草绿色、平光
烘干条件	150℃，1h
抗冲击强度	无底漆490.3N·cm（涂于白铁皮上）
弯曲	1mm
附着力	1～2级（画圈法）
耐盐水（40℃，3％氯化钠）	有底漆（底漆用水溶性E-20环氧酯铁红底漆）10d面漆无变化
耐蒸馏水（40℃）	浸30d，沿底边起小泡
耐汽油	60d无变化（室温）

（3）水溶性酚醛改性醇酸树脂

以酚醛改性的醇酸树脂，其漆膜有较好防腐蚀性能，但耐久性下降，色深，通常只作底漆或者用于耐候性要求不高的深色面漆方面。用作改性酚醛树脂的有甲酚、二甲酚、叔丁基酚、二酚基丙烷等酚醛树脂，还可用丁醇醚化的酚醛树脂及其他树脂改性的酚醛树脂（如松香改性酚醛树脂、二甲苯甲醛树脂改性酚醛树脂等）。后一类硬树脂的改性有助于提高漆膜的光泽和硬度，但漆膜较脆，"过烘烤性"不佳。

① 酚醛浆的制备

a. 配比

甲酚（245～250℃，间位含量54％以上）		丁醇（工业品）	104.5kg
	312.5kg	甲醛（37％）	342kg
氢氧化钡（工业品）	2kg		

124

b. 操作　将甲酚、甲醛投入反应釜内，开动搅拌，加入氢氧化钡水溶液（按用水1∶1配好）调整反应液的pH值为7.5～8.0。升温到75℃，保温，开始取样测发浑点，当发浑点到48℃时，降温。停止搅拌，立即通入二氧化碳，直至溶液pH值达4.5～5.0时，停止通二氧化碳，加入两倍量的蒸馏水洗涤，静置分去水层。重复洗涤至分出的水层遇二氧化碳无沉淀产生为止。冷却至室温，静置8h，尽量分去上层水，加入丁醇溶解均匀后，进行压滤。测不挥发分，作下步原料。

② 松香改性酚醛树脂的制备

a. 配比　松香44kg；酚醛浆（不挥发分36.4%）60.4kg。

b. 操作　将松香投入反应釜内，升温到160℃，待全部松香熔化后，开动搅拌，降温到140℃，缓缓加入酚醛浆，约在1～2h内加完（在加酚醛浆的同时应注意涨锅的情况）。加完酚醛浆后，升温到180℃立即出料。松香改性酚醛树脂的软化点为120～140℃。

③ 酚醛改性醇酸树脂的制备

a. 配比

亚麻油酸（酸值>180mgKOH/g）	248.2kg	丁醇（工业品）	331kg
松香酚醛树脂（软化点120～140℃）	93.1kg	乙醇（工业品）	389kg
季戊四醇（工业品）	183.5kg	一乙醇胺（工业品）	适量
苯二甲酸酐（工业品）	246kg		

b. 操作　将亚麻油酸、松香酚醛树脂加入反应釜内，从釜底通入二氧化碳，开始加热，待松香酚醛树脂全部熔化后，开动搅拌，升温到200℃保温半小时。继续升温到240℃开始加入季戊四醇，1～1.5h加完。加完季戊四醇后升温到240～250℃保温酯化，经1h取样测酸值，待酸值到10mgKOH/g以下时，降温。当温度降至200℃时加入1/2量苯二甲酸酐（加入速度以不涨锅为限），加完后在190～200℃保温酯化到酸值达(35±2)mgKOH/g，然后再加入余下的苯二甲酸酐，并在180～190℃保温，待酸值降到70～75mgKOH/g时立即降温，降到130℃时加入丁醇稀释，再加入乙醇，经冷却到60℃以下加入一乙醇胺中和。

c. 技术指标

外观	棕色透明黏稠液
pH值	加水稀释后水溶液pH值为7.5～8.5
水稀释性	加蒸馏水4份，树脂1份呈透明，无限稀释有轻微乳光

在树脂里加入颜料，经研磨后制成色漆，以蒸馏水稀释适用于电沉积涂装。此涂料稳定性差，如采取以下措施可以提高其稳定性：Ⅰ. 在酸值降到70左右时，降温到100℃加入20%顺丁烯二酸酐改性亚麻油（加入量约占树脂总量的5%），保温1h，再加入助溶剂；Ⅱ. 中和剂的胺改用叔胺，如用三乙醇胺代替一乙醇胺。

5.4.5　水溶性聚酯树脂

聚酯是由多元酸和多元醇缩聚而成的。由于漆膜的硬度、光泽、"过烘烤性"、不泛黄及耐久性都很好，同时可以完全不用油，而用合成原料制得，因此随着石油化工的发展将提供越来越多的原料。聚酯树脂可分为饱和聚酯和不饱和聚酯两类，作为烘烤漆，不饱和聚酯用得比较普遍。

（1）例1

① 配比

对苯二甲酸二甲酯(工业品)	14.55kg	失水偏苯三酸酐(工业品)	2.92kg
乙二醇(工业品)	3.96kg	均苯四甲酸二酐(工业品)	3.51kg
一缩乙二醇(工业品)	6.76kg	环己酮(工业品)	5250mL
甘油(工业品)	2.76kg	三乙醇胺(工业品)	适量
乙酸锌(化学纯)	0.01875kg		

② 操作　将对苯二甲酸二甲酯、乙二醇、一缩乙二醇、甘油、乙酸锌加入反应釜内，升温到通70℃反应2h，升温到210℃后保温2h。当甲醇分出量达85％～92％（按计算量）时，降温到150℃，加入失水偏苯三酸酐，加完后升温到170℃保温1h后，加入均苯四甲酸二酐。然后在170℃保温，每隔半小时取样测酸值，待酸值降到40～50mgKOH/g时立即降温，降温到130℃以下加入环己酮，在60℃以下加入三乙醇胺中和到pH值为7左右。用水稀释得轻微乳光的水溶液，通常加水稀释到不挥发分含量为40％即可，用于电动机作绝缘漆。

③ 技术指标

外观	浅黄色透明黏稠液	水稀释性	加水稀释透明
pH值	6.5～7.0(水溶液)	漆膜击穿电压	4～5kV之间

（2）例2

① 配比

三羟甲基丙烷(工业品)	42.5g	丁醇(工业品)	15.0g
月桂酸(工业品)	7.5g	六羟甲氧甲基三聚氰胺缩	
己二酸(工业品)	21.0g	甲醛树脂(100％)	10.0g
苯酐(工业品)	29.3g	三乙醇胺(化学纯)	14.0g

② 操作　将配方量的三羟甲基丙烷加入装有分水器的反应瓶中，升温到120℃，开动搅拌。然后加入全部配方量的月桂酸和己二酸，通入二氧化碳，并升温到160℃。保温酯化，待酸值降到40～50mgKOH/g时，加入1/2配方量的苯酐，加完后升温到170℃。保温酯化，当酸值到55～65mgKOH/g时，加入剩下的苯酐，继续升温到200℃，保温酯化到酸值达55～65mgKOH/g，降温冷却，待温度降到110℃时停止通入二氧化碳，加入丁醇混合。100℃时加入六羟甲氧甲基三聚氰胺缩甲醛树脂，并在80～90℃保温40～60min，然后降温到60℃以下加入三乙醇胺中和，并调整pH值到6.5～7.5出料。

③ 技术指标

外观	米黄色透明黏稠液	pH值	水溶液为6.5～7.0
不挥发分	70％	水溶性	无限稀释后透明

5.4.6　水溶性丙烯酸酯树脂

丙烯酸酯树脂以其涂膜色浅、光泽高、保光、保色性优、耐候性佳为主要特点，广泛用于高装饰、高耐候的场合。近年来，由于石油化工的迅速发展，来源丰富、价格低廉的丙烯酸(酯)单体不断出现，为丙烯酸酯类涂料的发展提供了可靠的物质基础。

（1）丙烯酸酯树脂水溶化的途径

使丙烯酸酯树脂水溶化的途径主要有两条。其一是向共聚物分子链中引入带极性的官能性单体，如丙烯酸、甲基丙烯酸、亚甲基丁二酸(衣康酸)、丙烯酸-4-羟乙酯、丙烯酸-β-羧丙酯、丙烯酰胺、甲基丙烯酰胺、丙烯酸缩水甘油酯等。其二是使丙烯酸酯共聚物在碱性介质下部分水解。前者具有较多的实用价值，而后者仅具理论意义。

丙烯酸酯树脂共聚物单体选择十分重要。表5.4列出丙烯酸酯共聚物中常用单体的主要作用。除此之外，还需注意单体彼此间的共聚和均聚能力的大小（即竞聚率）。

表 5.4 常用单体对聚合物的主要作用

单　体　名　称	作　用	单　体　名　称	作　用
丙烯酸 甲基丙烯酸 亚甲基丁二酸	提供水溶性及交联点	丙烯酰胺 丙烯酸-β-羟乙酯 丙烯酸-β-羟丙酯 β-丁氧基羟甲基丙烯酰胺 甲基丙烯酸缩水甘油酯	提供交联点
丙烯酸乙酯 丙烯酸丁酯 丙烯酸-2-乙基己酯 甲基丙烯酸乙酯 甲基丙烯酸丁酯 甲基丙烯酸-2-乙基己酯	提供柔软性	甲基丙烯酸甲酯 丙烯腈 苯乙烯 乙烯基甲苯	提供硬度

溶液聚合是实施丙烯酸类单体共聚，制备水溶性树脂的常用方法。这是因为用此法制得的共聚物分子量比乳液、本体和悬浮聚合法制得的低，极性溶剂在反应过程中有时可起链转移剂的作用，达到调节分子量的目的，同时反应结束后留于共聚物体系中可作助溶剂使用。

水溶性丙烯酸酯热固化主要采用两条技术路线。

① 带羧基、羟基、氨基或环氧基的功能性基团于高温下可彼此反应而交联固化，但固化温度较高（160～180℃）。

② 在水溶性丙烯酸树脂中添加水溶性交联剂，如六甲氧甲基三聚氰胺（HMMM）、水溶性酚醛树脂等，它们在加热时彼此反应交联，可于中温（140℃左右）固化完全。

（2）装饰性水溶性丙烯酸酯树脂及漆

① 原料配比（物质的量的比）

丙烯酸	1.3	丙烯酸-β-羟丙酯	1.2
丙烯酸丁酯	2.5	丁醇	使聚合物固体分为50%
甲基丙烯酸甲酯	0.8	过氧化苯甲酰	为单体量的2%
苯乙烯	1.0		

② 操作工艺　将配方量的丁醇加入反应釜中，升温至丁醇回流时开始滴加单体及引发剂混合物，滴加速度以保持反应温度不超过回流温度为宜。加完后于回流下继续保温2h。减压抽除丁醇（约为总量的50%）。60℃以下加氨水中和至pH值为7.5～8.0，出料。

③ 色漆配制（质量份）

钛白	30	六甲氧甲基三聚氰胺（醚化度＞5）	9.0
群青	0.15	蒸馏水（调整成品漆不挥发分为50%±2%）	
水溶性丙烯酸树脂（100%）	81.9		

④ 制漆工艺　将配方量的水溶性丙烯酸酯树脂、钛白、群青搅匀后于三辊磨研磨至细度20μm以下。加入六甲氧甲基三聚氰胺，用蒸馏水调至漆不挥发分为50%±2%，过滤（120目），装桶。

⑤ 漆膜性能

硬度	＞0.6	耐盐雾（日本盐雾箱）	21周期通过
抗冲击强度	＞392.24N·cm	人工老化（氙灯，45℃±5℃，降雨	
弹性	1mm	2min/60min，RH95%±5%）	360h开始变色
附着力（划圈法）	通过		720h失光24%
光泽（60°）	85～90	天然曝晒　优于烘烤型氨基醇酸（变色），曝晒初	
耐湿热（47℃±1℃，RH96%±2%）		期光泽略有下降，以后逐渐增高	
	21周期通过		

⑥ 注意事项　水溶性丙烯酸树脂漆喷涂漆膜如出现缩边、缩孔弊病，可滴加少量0.1%水性硅油丁醇液加以改善。水溶性丙烯酸树脂漆pH值必须大于7.0，否则漆膜光泽低，一般以7.5～8.0为宜。

5.4.7　水溶性聚丁二烯树脂

近年来，水溶性聚丁二烯树脂发展十分迅速，许多牌号的品种已在工业涂装上获得了实际应用。该类涂料的显著特点是：①原料立足石油化工产品，可少用或不用植物油脂；②水溶性聚丁二烯涂膜快干性、耐水性及抗化学腐蚀都较好，电沉积泳透力高；③价格比环氧酯、聚氨酯系防腐涂料低廉。

在德国、日本等发达国家，水溶性聚丁二烯电沉积涂料已成为阳极电沉积涂料的第三代产品，并获得广泛应用。但水溶性聚丁二烯树脂中仍具有大量的不饱和双键，涂膜易泛黄老化，耐候性差，因而用作底漆比较理想。

(1) 原料

① 配方（质量份）

聚丁二烯树脂(1,2结构70%，$M\approx700$，		顺丁烯二酸酐（工业品＞99%）	15.0
$\eta=0.225$Pa·s)	85.0	氨水	调pH值8.0左右
聚醚(N-204)	5.0	环烷酸铜	0.2
丁醇	20.0		

② 操作工艺　将聚丁二烯树脂、顺丁烯二酸酐、环烷酸铜加入装有搅拌器、二氧化碳导入管、温度计、回流冷凝器的反应釜中，通CO_2及冷却水。缓慢升温至200℃保温，待反应混合物黏度达8～11s时（黏度测定条件为顺酐化物：二甲苯＝8：2，加氏管，25℃），降温。140℃时加入配方量的聚醚并在140℃保温1h，降温。120℃时加入丁醇，搅匀。50℃以下加氨水中和至pH值7.5～8.0。

(2) 配漆

① 铁红电泳漆配方（质量份）

水溶性聚丁二烯树脂	18.7	滑石粉	3.9
铁红	7.4	蒸馏水	适量
硫酸钡	7.4		

② 配漆工艺　将配方量的水溶性聚丁二烯树脂、铁红、硫酸钡、滑石粉搅匀，以少量水调至合适研磨稠度，于三辊磨或砂磨中研至细度50μm以下，加蒸馏水调至不挥发分为50%±2%。

③ 铁红电泳漆技术指标

外观	铁红色黏稠液
不挥发分	50%±2%
pH值（15%，25℃）	7.5～8.0
细度	＜50μm
电沉积性能（10%，20～25℃）	60～100V电沉积3min后水洗，140℃烘烤1h得厚度为20～30μm的平整、光洁漆膜
热贮存稳定性(15%，40℃)	＞1个月
施工稳定性(15%，pH值7.5～9.0)	＞10周期
泳透力（HG 2-1198—79）	13～16cm

④ 电沉积涂膜技术指标

128

漆膜外观	铁红色，漆膜平整	抗冲击强度	490.3N·cm
厚度	20~26μm	打磨性(300 号砂纸)	易打磨，不粘砂纸
固化条件	140℃×1h	耐硝基性	不渗红，不咬底
弹性	3mm	耐盐水(3％，浸泡法，40℃)	>48h
附着力（划格法）	100/100	耐蒸馏水(40℃，浸泡法)	>1 个月

5.4.8　水溶性阳离子树脂

阴极电沉积涂料是由水溶性阳离子树脂、颜（填）料、助溶剂和中和剂经研磨制成的。由于构成漆基的阳离子树脂通常是含氮的聚合物，故形成的漆膜呈碱性，对金属有钝化作用，因此有较好的防腐蚀性能。且漆膜不被金属污染，因此可制成浅色电沉积涂料。

①　原料配比（质量份）

环氧树脂(环氧值 0.20~0.225，羟值		蓖麻油酸(酸值 196mgKOH/g，碘值	
0.32mgKOH/g)	150	170mgI/100g)	50
丙烯酸异丁酯	50	丙烯酰胺	10
甲基丙烯酸甲酯	20	亚麻仁油异丙醇解物	10
二乙醇胺	33	预聚物	
丙烯酸	10		

②　操作工艺　将环氧树脂加入反应釜中，升温至 80~90℃ 熔融，开搅拌，温度升至 100℃ 左右于 30min 内滴完二乙醇胺，在 100℃ 保温半小时。通氮气，加入蓖麻油酸，并升温至 180~190℃ （如有泡沫可加入几滴硅油），待酸值降至 5mgKOH/g 以下，加入含量为 83％ 的预聚物溶液 15 份，在 180℃ 下保温至酸值重新降至 5mgKOH/g 以下，降温至 100℃，停通氮气，加入 50 份异丙醇，在 80℃ 下加入 190 份水溶性酚醛树脂（45％ 水溶液），搅拌 1.5h，固体含量为 74％。取这种尚处于温热的树脂，按每 100 份树脂与 4.6 份乙酸的比例，加入乙酸搅拌均匀后出料。

第6章 涂料施工

6.1 概述

6.1.1 涂料施工的重要性

涂料对被涂物件表面的装饰、保护以及功能性作用是以其在物件表面所形成的涂膜来体现的。使涂料在被涂物件表面形成所需要的涂膜的过程通称涂料施工，也称涂装。涂料虽然作为商品在市场流通，实际是涂膜的半成品，涂料只有通过涂装过程，形成了涂膜，才算是最终产物，才能发挥其作用，具备使用价值。

涂膜的质量直接影响被涂物件的装饰效果和使用价值，而涂膜的质量决定于涂料和涂装的质量。涂料性能的优劣通常用涂膜性能的优劣来评定，劣质的涂料或涂料品种选用不当就不能得到优质的涂膜。优质的涂料如果施工不当、操作失误也不能得到性能优异的涂膜和达到预期理想的装饰或保护效果。正确的涂料施工可以使涂料的性能在涂膜上充分体现，反之则不能使涂料的良好性能发挥出来。而且，涂装技术的改进又能进一步改善涂料形成的涂膜的性能，譬如水溶性涂料采用电泳涂装工艺，则性能明显提高，因而得到推广和发展。因此对涂料而言，涂装是其能否得到优质涂膜并充分发挥作用的关键过程。

6.1.2 涂料施工的基本内容

过去对涂料施工的概念长期停留在用简单的工具如刷子、棉布或铲刀将涂料刷、抹在被涂物件表面，放置干燥，自然成膜就算完成。近年来由于科学技术的发展，涂装工艺也得到不断创新。现代化的涂料施工至少包括以下 3 个内容。

（1）被涂物件底材表面处理　它的目的是为被涂物件表面即底材和涂膜的黏结创造一个良好的条件，同时还能提高和改善涂膜的性能。例如钢铁表面经过磷化、钝化处理，可以大大提高涂膜的防锈蚀性。

（2）涂布　也称涂饰、涂漆，有时也被称作涂装，即是用不同的方法、工具和设备将涂料均匀地涂覆在被涂物件表面。涂布的质量直接影响涂膜的质量和涂装的效果。对不同的被涂物件和不同的涂料应该采用最适宜的涂布方法和设备。

（3）涂膜干燥　或称涂膜固化，即将涂在被涂物件表面的涂料（也称湿涂膜）固化成为固体的、连续的干涂膜，以达到涂饰的目的。

无论对何种被涂物件进行涂装，都包括这三个内容。对于有特殊要求的被涂物件有时增加一些其他的工序，如汽车车身表面涂装，在涂膜干燥后有时增加涂膜的修整、保养和涂保护蜡等工序。

6.2 被涂物件表面处理

6.2.1 表面处理的目的

表面处理是涂装的基础工作，包括表面净化和化学处理，它对整个涂层质量有重大影响。表面处理的目的有以下 3 方面。

① 清除被涂物件表面的各种污垢，使涂层与被涂物件表面很好地附着，并保证涂层具有优良的性能。

② 修整被涂物件表面，去除存在的缺陷，创造涂漆需要的表面粗糙度（或称光洁度），使涂漆时有良好的附着基础。被涂物件表面合适的粗糙度为 4～6 级。

③ 对被涂物件表面进行各种化学处理，以提高涂层的附着力和防腐蚀能力。在现代化涂装中越来越重视针对不同被涂物件材质采用不同处理方法。

表面处理的方法多种多样，要根据所需要得到的涂层标准类型，同时依据被涂物件表面加工后的清洁和光洁程度、污垢的种类和特性以及污染程度等来选择适宜的既保证质量又经济可行的表面处理方法。例如在用不同表面处理的钢铁表面，涂以同样的底漆、面漆（涂膜厚度相同），在相同条件下制成样板，经过 2a 的天然曝晒试验，得到不同的结果，如表 6.1 所示。

表 6.1 不同的表面处理的效果

钢铁表面处理方法	涂层生锈腐蚀情况/%	钢铁表面处理方法	涂层生锈腐蚀情况/%
不经除锈	60	用酸洗除锈	15
手工除锈	20	经喷砂磷化处理	仅有个别锈点

6.2.2 金属的表面处理

金属器件在加工和贮运等过程而使表面存在锈斑、焊渣、油污、机械污物以及旧漆膜等，为了保证涂层的附着力并提高涂层的防锈和防腐蚀能力，表面处理非常重要。表面处理方法有多种，属于表面净化的有除油、除锈、除旧漆；属于化学处理的有磷化、钝化处理。

有色金属耐碱性差，不宜使用强碱性清洗液清洗，一般推荐采用有机溶剂除油、表面活性剂除油，或用由磷酸钠、硅酸钠配制的弱碱性清洗液。

为得到附着良好的表面，可采用手工或机械打磨、喷砂或酸洗方式处理表面，使其具有一定的粗糙度。通常采用表面化学处理在表面形成一层转化膜，不但可提高涂膜结合力，而且可提高涂层防腐蚀性能。

6.2.3 木材的表面处理

木材的性质和构造随树种而有所不同。当涂装木材表面时应注意木材的硬度、纹理、空隙度、水分、颜色以及是否含有树脂、单宁等物质。木材的表面处理有以下几道工序。

（1）木材的干燥　新木材含有很多水分，并从潮湿空气中继续吸收水分，所以在施工之前，要存放在通风良好的地方自然晾干或进入烘房内用低温烘干。木材经干燥处理时，控制含水量在 8%～12%；这样能防止涂层发生开裂、起泡、回黏等弊病。

（2）表面刨平及打磨　用机械或手工进行刨平，然后打磨。首先将两块新砂纸的表面相互摩擦，以除去偶然存在的粗砂粒，然后再进行打磨。打磨的工具可用一小块长软木板

（200cm×5cm×20cm）制成，板面粘上软的法兰绒、羊毛毡、软橡胶、泡沫塑料之类均可，然后裹上砂纸。打磨时用力要均匀一致，打磨完毕后用抹布擦净木屑等杂质。

（3）去除木毛　木材表面虽经打磨，但仔细观察，尚存在很多木毛。若要把这些木毛除去，要先用温水湿润木材表面，再用棉布先逆着纤维纹擦拭木材表面，使木毛竖起，并使之干燥变硬，然后再用120～140号砂纸把它磨掉，如果需要抛光或精细加工的表面，去除木毛的工作要重复两次。

（4）清除木脂　由于树种不同，某些木材常黏附或分泌出木脂、木浆等物质，如果不把它清除，在温度稍高的情况下，这种分泌物就会溢出，影响涂层装饰外观。有时木材表面需要进行染色时，会使涂层表面出现花斑、浮色等缺点。清除木脂的方法是先用铲刀将析出的木脂铲除清洁，然后用下列任何一种方法处理：

① 用热肥皂水加以洗涤、干燥；

② 用稀碳酸钠溶液使木脂皂化，然后用泡沫塑料或海绵蘸热水擦拭洗涤并干燥；

③ 用苯、甲苯、二甲苯、丙酮等擦拭，使木脂溶解，然后再用干布擦拭清洁。

（5）防霉　为了避免木材长时间受潮而出现霉菌，可在未涂装前，先薄涂防霉剂一层。例如用乙基磷酸汞、氯化酚或对甲苯氨基磺酸的溶液来处理，待干透以后，再行涂装。

（6）漂白　如果要求得到浅色的木材表面，除选用优质木材外，亦可用化学漂白方法来处理，如用漂白粉、过氧化氢、草酸、过锰酸钾溶液等漂白剂进行处理。

（7）染色　木器家具等一般采用木材本身较浅的色彩，而不再经过染色工序，但也有些木材表面颜色深浅不一时，需要进行染色，仿造成各种贵重木材的颜色如榛木、桃花心木、梨木等天然色彩。染色时可用水性、油溶性、醇溶性等各种着色剂。经常使用的为水性着色剂，广泛用于木制家具表面着色的有黄钠粉、黑钠粉水溶液。水性染料有碱性、酸性、分散性等有机染料，有时加入少量糊精、骨胶溶液等以增强它的附着力。水性着色剂的水分在木料中的渗透时间较长，并能穿透木料的内层，使着色的颜色较均匀。对于有孔木料，在染色后须用腻子填平。

6.2.4　水泥的表面处理

水泥表面为多孔性并含有水分和盐分的非金属材料，而且充满了疏松的颗粒，因此直接涂装涂料往往会影响附着力，使涂层产生起泡、脱层、泛白、腐蚀等弊病。

（1）新水泥表面　一般不宜立刻涂装，至少要经过2～3个星期的干燥，使水分蒸发、盐分析出之后才能开始涂装，如急需工程，可采用15%～20%硫酸锌溶液（或氯化锌溶液或氨基磺酸溶液）涂刷水泥表面数次，待干后除去析出的粉质和浮粒，亦可用5%～10%的稀盐酸溶液喷淋，再用清水洗涤干燥，此外也可用耐碱的底漆事先进行封闭。

新抹的灰泥表面要把纸筋、石灰、砖屑等突出物用嵌刀刮平，最好用10～20°Be′的氟硅酸镁溶液处理数次，然后涂漆。

（2）旧水泥表面　可用钢丝刷打磨去除浮粒，如果水泥表面有较深的裂缝或凹凸不平之处，先用极稀的氢氧化钠溶液清洗油垢，并用水冲洗干燥，再用胺固化环氧、过氯乙烯、氯化橡胶之类腻子填平，然后进行涂装。

旧墙面如有绿色或黑色霉点，涂装后将会破坏涂面色泽的均匀感，应先把霉点铲除，再用稀的氟硅酸镁或漂白粉水溶液洗刷一遍，待干后再涂装所需的涂料。

6.2.5　塑料的表面处理

各种塑料、玻璃钢等，表面非常光滑，极性小，涂装涂料后极易脱落，影响外观。最近出现的可塑性弹性体还要求涂层有较好的伸长率。现在塑料及玻璃钢制品的品种越来越多，它们的表面需要涂装各种涂料时，应根据质量要求，先作有一定针对性的表面处理。经常使用的方法有如下几种。

（1）打磨处理　在经过除去附着于表面的脱模剂和油脂后，有时可用细砂纸、打磨辊筒等使表面略加粗糙，从而提高表面的力学附着力，另一方面还可打掉塑料表面部分凸出的疤痕。

（2）溶剂处理　软质与硬质聚氯乙烯塑料，可根据其增塑剂的品种、含量和使用范围，先在各种有机溶剂中浸渍数秒钟，以去除其表面游离的增塑剂，然后轻擦干燥。也可用含有少量溶剂如环己酮、乙酸丁酯等的水乳剂来软化表面，以增强附着力。

清除脱模剂、机油和其他污染杂质、灰尘等，通常可使用氯化烃类溶剂，如在三氯乙烯溶剂中浸渍数秒钟，以去除表面的油脂。

（3）化学处理　一般可采用无机酸如铬酸混合液，进行轻微腐蚀，以增强塑料附着力。此外纤维增强聚丁二烯、对苯二甲酸塑料等可用碱处理，也有良好的效果，此处还有化学接枝处理，如聚烯烃能与有机硅的化合物进行接枝共聚。

（4）火焰处理　即用氧化焰使聚烯烃表面氧化，要注意避免底材的热变形。

（5）电处理　包括电晕放电、接触放电、火花放电等方式，用于塑料薄膜的表面处理。

6.2.6　玻璃的表面处理

玻璃制品表面特别光滑，若不彻底清理，则涂装涂料后，附着力不良，甚至有流痕、剥落现象。因此，对于玻璃制品在涂装涂料前，应进行清除油污、汗迹、水分等的表面处理。可用丙酮或去污粉清除玻璃表面的油污，并用清水进行冲洗，待干燥后才可以涂漆。为了使涂膜牢固地附着于玻璃表面，可用人工方法或化学方法将玻璃表面打毛。人工方法打毛玻璃表面是用棉纱蘸研磨剂（或砂轮粉末）涂于玻璃表面，反复涂擦。化学的方法是用氢氟酸轻度腐蚀玻璃表面，直至具有一定的表面粗糙度为止，然后用大量水清洗干燥后涂漆。

6.2.7　纤维的表面处理

涂覆织物、皮革、纸张及其他具有纤维结构的材料时，由于表面均为多孔性材料，涂料不容易渗透到纤维中去，而且容易脱落，需将表面的油脂、污染物等用水及溶剂的混合溶液擦拭去掉。

6.2.8　橡胶的表面处理

橡胶类材料与制品大多数是高弹性体，涂层应具有足够的耐伸缩变化的性能。而不同的橡胶品种对涂漆前的表面处理方法需要区别对待。橡胶的表面经常沾有微量的石蜡、石油或矿物油脂等物质，对涂装后的涂层附着力有一定影响，一般需经少量溶剂乳液擦拭或用浸渍液处理，再用砂纸打毛。

6.3　涂布方法

涂布是涂料施工的核心工序，它对涂料性能的发挥有重要的影响。涂布方法近年来有了很大发展，正朝着机械化、自动化和连续化方向迈进。选用先进的涂布方法和设备可以提高涂层质量、涂料利用率和涂料施工效率，并且改善施工的劳动条件和强度。

涂布方法可分为以下 3 种类型。

（1）手工工具涂漆　这是传统的涂漆方法，现在还在应用。包括刷涂、擦涂、滚筒刷涂、刮涂、丝网涂和气雾罐喷涂等方法。

（2）机动工具涂漆　应用较广，主要是喷枪喷涂，包括空气喷涂、无空气喷涂和热喷涂等方式。

（3）器械设备涂漆　这是近年发展最快的方法，现在已从机械化逐步发展到自动化、连续化和专业化，有的方法已与漆前表面处理和干燥前后工序连接起来，形成专业的涂装工程流水线。这类方法包括浸涂、淋涂、辊涂、抽涂、静电喷涂、自动喷涂、电沉积（电泳）涂漆、自沉积涂漆以及粉末涂料涂漆等。

6.3.1　刷涂法

这是一种使用最早和最简单的涂漆方法，适用于涂装任何形状的物件。除了初干过快的挥发性涂料（硝基漆、过氯乙烯漆、热塑性丙烯酸漆等）外，可适用于各种涂料。刷涂法涂漆很容易渗透金属表面的细孔中，因而可加强对金属表面的附着力。缺点是生产率低、劳动强度大、装饰性能差，有时涂层表面留有刷痕。近年对刷涂用具进行了改革。

（1）凹型刷帚　这种平面凹型刷帚由尼龙纤维丝制作，刷毛由两个部位组成，中间留有空隙，并附有手把，便于涂装，适用于各种砂浆、混凝土墙面涂装，特别是可蘸吸较多的涂料，适合涂刷面积较大的物面。

（2）手泵式涂漆装置　这种背负式涂漆器利用手泵打气，可将罐中的漆沿一个软管压送到刷子上，在刷端装有控制阀，可通过手指控制供漆量的多少。

6.3.2　擦涂法

利用柔软的棉花球裹上纱布制成一个棉团，浸漆后进行手工擦涂，如图 6.1 所示。例如硝基清漆、虫胶清漆等涂饰木器家具时即采用此法。亦可利用废棉纱头、细麻丝等浸漆，擦涂金属或木材表面，如船舶、油罐、管道、管架等装饰性要求不高的表面作底涂层。也可使用弹性好的旧尼龙丝团擦涂。涂料可从尼龙丝缝隙中比较均匀地流出，因尼龙丝团不容易结块，而且耐擦、耐洗，比废棉纱头经久耐用。

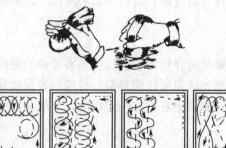

图 6.1　擦涂法示意（方框内为纱团的移动路线）

6.3.3　滚筒刷涂法

房屋建筑用的乳胶漆和船舶漆，可用滚涂法涂饰墙壁。滚筒是一个直径不大的空心圆柱，表面粘有用合成纤维制的长绒毛，圆柱两端装有两个垫圈，中心带孔，弯曲的手柄即由这个孔中通过，使用时先将辊子浸入漆中浸润，然后用力滚涂到所需的表面上。

此外另有一种滚子，可装饰花边、图案，称为滚花辊，如图 6.2 所示。

134

图 6.2　滚花辊辊涂示意

6.3.4　刮涂法

使用金属或非金属刮刀，如硬胶皮片、玻璃钢刮刀、牛角刮刀等用手工涂刮，用于涂刮各种厚浆涂料和腻子。

6.3.5　丝网法

丝网法涂装，可在白铁皮、胶合板、硬纸板上涂饰成多种颜色的套版图案或文字，操作时将已刻印好的丝网（包括手工雕刻、感光膜或漆膜移转法等）平放在欲涂刮的表面，用硬橡胶刮刀将涂料涂刮在丝网表面，使涂料渗透到下面，形成图案或文字。这种方法适用于涂饰文具、日历、产品包装、书籍封皮以及路牌、标志等。

6.3.6　气雾罐喷涂法

将涂料装在含有气体发射剂（如三氯氟甲烷或二氯二氟甲烷的液化气）的金属罐中，使用时漆液随液化气的气化变成雾状从罐中喷出。这种喷涂方法仅适于家庭用小物件和车体的修补等，不适用于大面积的连续生产的产品。

6.3.7　喷涂法

使用压缩空气及喷枪使涂料雾化的施工方法通称喷涂法，如图 6.3 所示。它的特点是喷涂后的涂层质量均匀，生产效率高。缺点是有一部分涂料被挥发损耗，同时由于溶剂的大量蒸发，影响操作者身体健康。

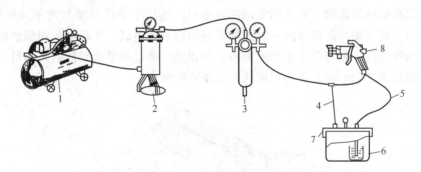

图 6.3　喷涂法示意

1—空压机；2—油水分离器；3—压力表及控制器；4—压力输送管；5—涂料输送管；
6—涂料贮罐；7—密封罐；8—喷枪

6.3.8　浸涂法

将被涂物件全部浸没在盛有涂料的槽中，经短时间的浸渍，从槽内取出，并将多余的漆液重新流回漆槽内。这种方法适用于小型的五金零件、钢质管架、薄片以及结构比较复杂的器材或电气绝缘材料等，如图 6.4 所示。浸涂法的优点是生产效率高、材料消耗量低、操作简单。缺点是仅限于上、下底面一致的颜色，不适用于套色。

浸涂的方法很多，过去用手工浸涂法，批量涂漆有传动浸涂法、回转浸涂法、离心浸涂法、真空浸涂法及浸涂-流涂法等。

6.3.9　淋涂法

用喷嘴将涂料淋在被涂物件上的涂漆方法称为淋涂法。过去对小批量物件，用手工操作，向被涂物件上浇漆，故又俗称浇漆法。现在发展为自动帘幕淋涂法，如图 6.5 所示。

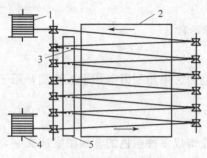 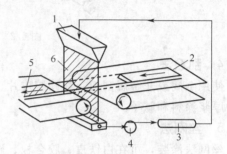

图 6.4　漆包线浸涂法示意
1—漆包线；2—烘炉；3—模孔；
4—铜丝；5—绝缘漆槽

图 6.5　淋涂法示意
1—高位槽；2—被涂物；3—涂料过滤器；
4—期泵；5—已涂漆物；6—漆带

自动帘幕淋涂法是将涂料贮存于高位槽中，当工件通过传送带自帘幕中穿过时，涂料从槽下喷嘴细缝中呈帘幕状不断淋在被涂工件上，形成均匀涂膜。工件淋涂后通过通道，在通道中含有一定的溶液的蒸气，使涂料很快流平，再经烘房干燥。适用于各种平板、自行车前后挡板、金属家具、仪表零件等。特点是可节约涂料，改善涂层外观和厚薄不均匀的现象。

淋涂法使用的涂料要求颜料不易沉淀、浮色，在较长时间与空气接触不易氧化结皮、干燥，在涂料中一般加有一定量的湿润剂、抗氧化剂和消泡剂等。不适宜用于涂装美术涂料，包括皱纹漆、锤纹漆以及含有较多金属颜料配制的涂料的涂装。

6.3.10　辊涂法

辊涂法又称机械滚涂法，系利用专用的辊涂机，适用于平板或带状的平面底材的涂漆，如图 6.6 所示。辊（滚）涂机系由一组数量不等的辊子所组成，托辊一般用钢铁制成，涂漆辊子则通常为橡胶的，相邻两个辊子的旋转方向相反，通过调整两辊间的间隙可控制涂漆漆膜的厚度。辊涂机又分一面涂漆与二面同时涂漆两种结构。

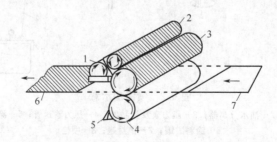

图 6.6　辊涂法示意
1—贮槽及浸涂辊；2—转换辊；3—涂漆辊；4—压力辊；5—刮漆辊；6—已涂板材；7—未涂板材

机械辊涂法适用于连续自动生产，生产效率极高。由于能采用较高黏度的涂料、漆膜较

136

厚，也节省了稀释剂，而且漆膜的厚度能够控制，材料利用率高，漆膜质量也较好，广泛用于金属板、胶合板、硬纸板、皮革、塑料薄膜等平整物面的涂装，有时与印刷并用。这种涂漆方法的缺点是设备投资大，在加工时会在金属板断面切口有损伤，需进行修补。

现在发展的预涂卷材（又称有机涂层钢板、彩色钢板等）的生产工艺就是辊涂法的最新进展。预涂卷材生产线与钢板轧制线连接起来，形成一条钢板轧制后包括卷材引入、前处理、涂漆、干燥和引出成卷（或切成单张）的流水作业线，连续完成了涂装的三个基本工序。

6.3.11 抽涂法

将被涂的材料，通过抽涂机用抽涂方法涂漆，适用于铅笔杆及金属导线等物件。可构成涂漆、干燥生产流水线，连续化生产。操作原理是细长的工件，沿水平方向，通过内装涂料的漆槽下部的三通形抽涂孔，工件出口处有一个橡胶垫圈，其直径稍大于工件，通过此环可将多余的涂料清除掉，从而得到厚薄均匀的涂膜。

6.3.12 电沉积涂漆法

20世纪60年代以来金属物件表面广泛采用水溶性涂料经电沉积涂漆法涂装。

电沉积涂漆通称电泳涂漆，类似电镀工艺，是将物件浸在水溶性涂料的漆槽中，作为一极，通直流电后，涂料立即沉积在工件表面的涂漆方法，如图6.7所示。

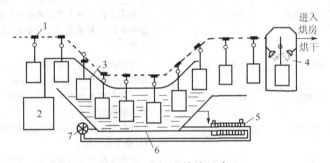

图6.7 电沉积涂漆示意

1—吊钩；2—电源；3—工件；4—喷水冲洗；5—槽液过滤；6—沉积槽；7—循环泵

电泳涂漆采用水溶性涂料，它与一般溶剂型涂料的涂漆工艺相比，具有如下特点。

① 改善劳动条件，消除了有机溶剂中毒和漆雾的飞溅，保证了工人身体健康。

② 水溶性涂料以水为溶剂，价廉易得，消除了火灾危险，保证了安全生产。

③ 易于实现流水线连续机械化操作，减轻了体力劳动，并能提高劳动生产率。

④ 涂装后涂层均匀一致，附着力强，适用于任何形状复杂的工件，消除了凹凸处、棱角处及其他遮蔽部分涂不上漆或涂层过厚的缺陷。

⑤ 在磷化或酸洗除锈处理后的器材，可以不经烘干立即涂装。

⑥ 涂料利用率可高达95%左右，既节约涂料又降低了成本。

当然电泳涂漆还存在着一些不足之处，例如涂层不宜涂得太厚、所需设备复杂、投资较高、耗电量大、贮漆槽内的涂料贮存日久后稳定性不易控制、清洗后的污水带来污染处理的问题等。

以直流电为电源的电泳涂漆现在有阳极电泳和阴极电泳两种方式，当前阴极电泳涂漆方法和涂料发展很快。

此外，还有脉冲电沉积涂漆、无槽电沉积涂漆和交流电沉积涂漆等方式。

6.3.13　自沉积涂漆法

用在酸性条件下长期稳定的水分散性合成树脂乳液为成膜物质制成的涂料（也可加有颜料和填料），可以在酸和氧化剂存在下，依靠涂料自身的化学和物理化学作用，将涂层沉积在金属表面。这种涂料称为自沉积涂料，这种涂漆方法是它的专用方法，称为自沉积涂漆，或称自泳涂漆、化学泳涂。这种方法不用电，在常温下进行。

6.3.14　粉末涂料涂装方法

粉末涂料的涂漆方法近年发展很快，主要方法及比较列于表 6.2。

表 6.2　粉末涂料的主要涂装方法

涂装方法	粉末输送方式	粉末附着方式	说　明
火焰喷涂法	压缩空气输送	熔融附着	粉末涂料在火焰中通过，是半熔融状态，喷射到工件表面
空气喷涂法	压缩空气输送	熔融附着,工件预热	粉末涂料喷涂在预热至粉末熔融点以上的工件表面
流化床法		工件预热	用气流使粉末涂料呈沸腾状态，将预热工件放入，使涂料黏附在工件上
静电喷涂法	压缩空气	静电引力	用静电喷枪将带负电的粉末涂料喷涂到物件表面
静电流化床法		静电引力	用气流使粉末涂料呈沸腾状态，并带上负电，放入带正电的工件，粉末被吸引到工件表面，再加热熔融固化
静电粉末振荡法	机械振荡	静电引力	在高压静电场作用下靠由机械振荡产生的阴极栅的弹性振荡使粉末带电，沿着电场力吸附到接地的工件表面
	静电振荡	静电引力	由静电场强度变化使阴极栅产生弹性振荡，使粉末带电，而吸附到接地的工件表面
静电隧道粉末涂装法	压缩空气	静电引力	空气将带电的粉末涂料吹到在设备中通过的工件，由静电吸附而附着
悬浮分散体法	液体化	黏附	树脂粉末和增塑剂溶剂混合成悬浮分散体，用喷、淋、浸、涂等方法涂布
粉末电泳涂装法	液体化	电泳	将粉末涂料分散在能电沉积涂装的水溶性漆中，用电沉积法涂在工件上
真空吸引法	真空吸引	熔融附着	被涂管道内部处于真空，利用吸引力使粉末涂料吸附、熔融后附着

各种施工方法的比较见表 6.3。

表 6.3　各种施工方法的比较

施工方法	使用的涂料			被涂材料	设备及方法	优 缺 点
	干燥速度	黏　度	品　种			
刷涂法	干性较慢	塑性小	油性漆、酚醛漆、醇酸漆等	一般建筑物,室外大型机械设备	毛刷、辊子	投资低、施工方法简单,适用于大表面涂饰;缺点是装饰性能差、施工效率低
擦涂法	挥发性快	流动性好、黏度小	挥发性涂料,如硝基漆、虫胶漆等	平滑木材表面,如透明漆可显示木材纹理	棉花球	施工简单、不需大量投资,适用于装饰性要求高的器材;缺点是施工效率低、层次多
刮涂法	初期挥发速度不宜太快	塑性不大,涂层厚不易起皱	各种涂料、厚浆涂料、腻子等	比较平的表面或要求厚涂层涂装	金属、玻璃钢、橡胶、竹制的刮刀	施工方法简单,不需很多投资,适用于要求厚涂层的表面;缺点是局限于平的表面或仅要求防护性较高的涂层

138

施工方法	使用的涂料			被涂材料	设备及方法	优 缺 点
	干燥速度	黏 度	品 种			
空气喷涂	挥发快,干燥适宜	黏度小	各种硝基漆、氨基漆、过氯乙烯漆等	各种器材均适用	喷枪、空气压缩机、油水分离器等	施工效率较高,适用于间断生产的各种材料;缺点是消耗溶剂量大,并能引起燃烧和苯中毒
无空气喷涂	具有高沸点溶剂的涂料	高不挥发分,有触变性	厚浆涂料、高不挥发分涂料	室外船舶、桥梁等钢结构材料	高压无空气喷涂设备	施工效率高,获得涂层厚、致密;缺点是装饰性较差
静电喷涂法	施工初期挥发太快的不合适	触变性不大	合成树脂涂料、高不挥发分涂料	中小型设备、汽车、电工器材等	静电喷涂设备	施工效率高,可连续自动化生产,消耗少,占地面积小;缺点是劳动保护差,某些死角不易喷到
浸涂法	干性适当、流平性好,干燥太快不合适	触变性小	各种合成树脂涂料	小型零件、设备和机械部件	浸漆槽、离心及真空设备	设备投资少、施工方法简单、涂料损失少,适用于构造复杂的工件;缺点是流平性不太均匀,有时有流挂现象,溶剂容易挥发
淋涂法	初期挥发快的不太合适	触变性不大	各种合成树脂涂料、透明罩光清漆	铁板、铝板及其他平面材料	整套帘幕、浸淋装置及烘干室等	可连续施工、运转量大、涂层可由双组分配合施工,亦可用光固化涂料配套;缺点是仅能用于平面材料
抽涂法	挥发速度快	黏度小高不挥发分	挥发性涂料,如硝基漆等	圆柱体(如铅笔、电线等)表面	抽涂机	施工效率高,适用于大批量生产;缺点是工件必须定型
辊涂法	挥发性较慢	触变性不大	各种合成树脂涂料、透明罩光清漆	胶合板、镀锌铁、马口铁板	可供印刷用的辊涂机,辊涂机分单面和双面两种	可连续施工、运转量大、涂层均匀,还可以套色;缺点是仅能用于平面材料
电沉积涂漆法	需要烘干	黏度小	各种水溶性电沉积涂料	汽车车身、金属制品以及构件,复杂的机械零件、日用品等	浸漆槽、硅或硒整流器、烘干室、传动装置等	设备投资大、消耗少,适合自动化生产;缺点是需耗用大量水和电,污水要求处理
粉末涂装法	高温塑化干燥	粉末状	粉末涂料	车辆耐化学防腐蚀设备	粉末涂装设备	施工效率高、涂层厚,可以大规模生产;缺点是仅限耐高温的金属设备

6.4 涂膜干燥过程

涂膜干燥,由液态变为固态,黏度逐步增加,性能逐步达到规定的要求。

在涂料施工过程中,长期习惯用简单直观的方法来划分干燥的程度,而不是用性能达到的数据来表示。现在对干燥过程习惯划分为 3 个阶段。

（1）触指干燥或表面干燥　即涂膜从可流动的状态干燥到用手指轻触涂膜，手指上不沾漆，此时涂膜还感到发黏，并且留有指痕。

（2）半硬干燥　涂膜继续干燥达到用手指轻按涂膜，在涂膜上不留有指痕的状态。从触指干燥到半硬干燥中间还有些不同的称呼，如不沾尘干燥、不黏着干燥、指压干燥等，在不同地区或行业中使用。在此阶段，涂膜还不能算完全干燥。

（3）完全干燥　通常认为用手指强压涂膜不留指纹、用手指摩擦涂膜不留伤痕时可称作完全干燥。也有用硬干（涂膜能抗压）、打磨干燥（涂膜干燥到能够打磨）等名词。不同的被涂物件对涂膜的完全干燥有不同的要求，如有的涂膜要求能经受打磨，有的涂膜要干燥到能经受住被涂物件的搬运、码垛堆放，因而它们的完全干燥达到的程度也就不同。一般涂料性能中规定的干燥时间的指标并不能表示涂料施工时对涂膜干燥的实际要求，因此对涂膜的干燥要求要依据被涂物件的条件而定。

标准方法是用测试涂膜的力学性能（如硬度）来判断涂膜的干燥程度，达到规定的指标就可认为涂膜干燥。

6.4.1　自然干燥

自然干燥是最常见的涂膜干燥方式。在室外和室内均可应用，无须干燥设备，将涂布有涂膜的被涂物件放置在常温条件下，湿膜逐步干燥。属于物理性干燥的（塑性溶胶除外）和氧化聚合、引发剂聚合以及部分缩聚反应与氢转移聚合的化学干燥的涂膜都可以用自然干燥方式干燥。这种方式不需要能源和设备，特别适宜室外的大面积涂装；缺点是需要较大的干燥场地，一般干燥时间较长，受自然条件的影响比较大。

自然干燥的速率除由涂料的组成决定外，还与涂膜厚度有关。在溶剂挥发成膜的情况，涂膜厚度是一个重要因素。溶剂开始挥发时，其速率取决于涂膜厚度的一次方；当溶剂挥发、黏度逐渐增加时，溶剂在涂膜中的扩散速率则取决于涂膜厚度的二次方。因此在涂膜较厚时，达到完全干燥的时间将延长，涂膜越厚，完全干燥越慢。

自然干燥的速率还与施工环境条件密切相关，干燥时的气温、湿度、通风和光照都有重要影响，干燥环境的清洁程度影响所涂涂膜的质量。

6.4.2　加热干燥

加热干燥，或称烘干，是现代工业涂装中主要的涂膜干燥方式。一些以缩聚反应和氢转移聚合方式成膜的涂料需要在外加热量的条件下才能干燥，不加热不能干燥，所加热量不足也不能得到完好的涂膜。此外还有一些本来能自然干燥的涂料为了缩短干燥时间也可采用加热干燥的方式，但加热干燥需要消耗能源，设备投资较大。

加热干燥具有如下优点：

① 提高涂层干燥速度，节约时间，提高效率；

② 操作过程和保养时间可以大大地缩短；

③ 可少占用因干燥而堆放的场地；

④ 在密闭环境中，能减少涂层沾染灰尘和碰到外界的杂质玷污；

⑤ 减少有害溶剂蒸气的挥发而改善环境卫生；

⑥ 增强了涂层的物理力学等性能；

⑦ 能够实现流水线生产。

6.4.3　特种方式干燥

（1）光照射固化　光照射固化或称紫外光固化，是加有光敏剂的光固化涂料的干燥方法。通常采用波长为 $300\sim450nm$ 的紫外光。光固化涂料的干燥速度与涂膜厚度、紫外光照射强度和照射距离密切相关，涂膜厚，固化时间延长；照射强度越大，或距离越近，则固化时间越短。光固化多用于平面板材如木材、塑料表面的涂装，特别适合于流水作业线施工。

（2）电子束辐射固化　这是电子束固化涂料的专用干燥方法。用高能量的电子束照射涂膜，引发涂膜内活性基团进行反应而固化干燥。它在常温下进行，不需加热，能固化到涂膜深部，因而可用于不透明涂膜的固化，干燥时间短，可缩短到几秒钟，特别适用于高速流水线生产，不会产生污浊和有害气体；缺点是由于渗透性差，对较薄的涂层有效，有照射盲点，物件凹陷或隐蔽区不易固化透彻，而且照射装置价格高，安全管理要求严格。

（3）高周波固化法　利用高频振荡所产生的微波激发，促使涂料活化而干燥。这种方法的特点是涂层干燥时间仅 $10\sim20s$，电能的利用率可达 70% 以上，但只限于非导体的底材，如塑料、胶合板、木制品、纸张等表面，一般烘烤型涂料均可使用。

采用高周波固化的优点：装置比电子射线固化简单、快速，适合于大规模连续生产，涂层干燥由里及表，固化彻底，对人体无损害。缺点是一次投资较大。

（4）氨蒸气固化法　这是一种特制的氨固化涂料设计的专用干燥方法。在干燥箱（室）内产生或通入氨气，将涂上氨固化涂料的物件放入或通过干燥箱（室），停留一定时间，涂膜中成膜物质与氨交联反应而得到干燥的涂膜。

6.5　涂料施工的程序

通常被涂物件表面涂层由多道作用不同的涂膜组成。在被涂物件表面经过漆前表面处理以后，根据用途需要选用涂料品种和制定施工程序。通常的施工程序为涂底漆、刮腻子、涂中间涂层、打磨、涂面漆和清漆以及抛光上蜡、维护保养。每个程序繁简情况根据需要而定。

6.5.1　涂料施工前准备工作

在涂料施工前首先要对被涂物件涂饰的要求做到心中有数，避免施工完毕后，发现质量不符合工艺规定，造成返工浪费等事故。

在选择涂料品种和配套性时，既要从技术性能方面考虑，也要注意经济效果。应选用既经济又能满足性能要求的品种，一般不要将优质品种降格使用，也不要勉强使用达不到性能指标的品种。因为器材的表面处理、施工操作等在整个涂装工程费用中所占的比例很大，甚至要比涂料本身的费用高一倍以上，所以不要仅仅计较涂料的费用，而忽略考虑涂装施工方面的总经济核算。

（1）涂料性能检查　各种不同包装的涂料在施工前要进行性能检测。一般要核对涂料名称、批号、生产厂家和出厂时间；了解需要的漆前处理方法、施工和干燥方式。双组分漆料应核对其调配比例和适用时间，准备配套使用的稀释剂。对涂料及稀释剂按产品技术条件规定的指标和施工的需要测定其化学性能和物理性能是否合格，最好在需涂装的工件上进行小面积的试涂，以确定施工工艺参数。此外，根据涂料品种的性能，准备好施工中需要采取的必要的安全措施。

（2）充分搅匀涂料　有些涂料贮存日久，漆中的颜料、体质颜料等容易发生沉淀、结块，所以要在涂装前充分搅拌均匀。双组分包装的涂料要根据产品说明书上规定的比例进行调配，充分搅拌，经规定时间的停放使之充分反应，然后使用。

调漆时先将包装桶内大部分漆料倒入另一个容器中，将桶内余下的颜料沉淀充分搅匀之后，再将两部分合在一起充分搅匀，使色泽上下一致，涂料批量大时，可采用机械搅拌装量。

(3) 调整涂料黏度　在涂料中加入适量的稀释剂进行稀释，调整到规定的施工黏度，使用喷涂或浸涂时，涂料的黏度比刷涂低些。

稀释剂（也称为稀料）是稀释涂料用的一种挥发性混合液体，由一种或数种有机溶剂混合组成。优良的稀释剂应符合如下的要求：液体清澈透明，与涂料容易相互混溶；挥发后，不应留有残渣；挥发速度适宜；不易引起分解变质，呈中性，毒性较少等。

稀释剂的品种很多，没有"通用的"稀释剂。选用稀释剂时，要根据涂料中成膜物质的组成加以配套。如果错用了稀释剂，往往会造成涂料中某些组分发生沉淀、析出，或在涂装过程中发生出汗、泛白、干燥速度减慢等弊病，以致涂料成膜之后发生附着力不良、光泽减退、疏松不坚牢等缺点。

(4) 涂料净化过滤　不论使用何种涂料，在使用之前，除充分调和均匀、调整涂料的施工黏度外，还必须用过滤器滤去杂质。因涂料贮存日久，难免包装桶密闭不严，进入杂质或进入空气而使上面结皮等。

小批量施工时，通常用手工方式过滤，使用大批量涂料时可用机械过滤方式。手工过滤常用过滤器，是用80～200目的铜丝网筛制作的金属漏斗。

机械过滤采用泵将涂料压送，经过金属网或其他过滤介质，滤去杂质。

(5) 涂料颜色调整　一般情况下使用所需要的颜色的涂料，施工时不需调整。大批量连续施工所用的涂料，生产厂家应保证供应品种颜色前后一致，涂料颜色调整是个别情况。在以涂料施工为专业的工厂中遇到的情况可能较多。

施工前的涂料颜色调整是以成品涂料调配。必须用同种涂料，尽量用色相接近的涂料调配。配色时要用干膜对比检查。一般采用目测配色，现在朝着用色差仪测定、使用微机控制的配色系统配色的方向发展。

6.5.2　涂底漆

工件经过表面处理以后，第一道工序是涂底漆，这是涂料施工过程中最基础的工作。涂底漆的目的是在被涂物件表面与随后的涂层之间创造良好的结合力，形成涂层的坚实基础，并且提高整个涂层的保护性能。涂底漆是紧接着漆前表面处理进行的，两工序之间的间隔时间应尽可能地缩短。

底漆是涂料中一类重要产品，品种很多。依据被涂物件材质、要求条件以及与中间涂层和面漆的配套适应性，具有各种不同性能的底漆，满足不同的需要。譬如近年广泛使用的阴极电泳底漆的漆膜抗盐雾性能比阳极电泳底漆高很多，不同牌号的阴极电泳底漆在涂膜厚度、防锈性能、干燥性能等方面各具特色。

正确地选择底漆品种及其涂布、干燥工艺，就能起到提高涂层性能、延长涂层寿命的作用。各种不同材质的被涂物件都有专门适用的底漆。用于同一材质的底漆也从通用型向专用型发展。

良好的底漆应与底材有很好的附着力；本身有极好的力学强度；对底材具有良好的保护性能和不起坏的副作用；能为以后的涂层创造良好的基础，不能含有能渗入上层涂膜引起弊病的组分；具有良好的涂布性、干燥性和打磨性，这点在大批量流水线生产中至关重要。

涂底漆的方法通常有刷法、喷涂、浸涂、淋涂或电泳涂装等。涂底漆时一般应注意下列事项。

① 底漆颜料分较高，易发生沉淀，使用前和使用过程要注意充分搅匀。

② 底漆涂膜厚度根据底漆品种确定，并注意控制。涂漆应均匀、完整，不应有露底或流挂现象。

③ 注意遵守干燥的规范。在加热干燥时要防止过烘干。在底漆膜上如涂含有强溶剂的面漆时，底漆膜必定要干透，用烘干型底漆较好。

④ 要在底材表面处理以后严格按照规定的时间及时涂底漆。还要根据底漆品种规定的条件在底漆膜干燥后的规定时间范围内涂下一道漆，既不能提前，也不能超过。

⑤ 一般涂底漆后，要经过打磨再涂下一道漆，以改善漆膜粗糙度，使与下一道漆膜结合更好。近年开发的无需打磨的底漆可省涂底漆后的打磨工序。

6.5.3 涂刮腻子

涂过底漆的工件表面不一定很均匀平整，往往留有细孔、裂缝、针眼以及其他一些凹凸不平的地方。涂刮腻子可将涂层修饰得均匀平整，改善整个涂层的外观。

腻子颜料浓度高，含黏结料较少，刮涂膜较厚，弹性差，虽能改善涂层外观，但容易造成涂层收缩或开裂，以致缩短涂层寿命。刮涂腻子效率低，费工时，一般需刮涂多次，劳动强度大，不适宜流水线生产。目前较多的工业产品涂装多从提高被涂物件的加工精度、改善物件表面外观入手，力争不刮或少刮腻子，用涂中间涂层来消除表面轻微缺陷。

腻子的品种很多，应用于钢铁、金属、木材、混凝土和灰浆等表面分别有不同品种，工厂生产的比施工单位自制的质量好。腻子有自干和烘干两种类型，分别与相应的底漆和面漆配套。性能较好的有环氧腻子、氨基腻子和聚酯腻子等，现在聚酯腻子应用较广。建筑物涂层多用乳胶腻子。

腻子除了必须具有与底漆良好的附着性和必要的力学强度外，更重要的是要具有良好的施工性能。主要是要有良好的涂刮性和填平性；适宜的干燥性，厚层要能干透；收缩性要小；对上层涂料有较小的吸收性；打磨性良好，既坚牢又易打磨；腻子还要有相应的耐久性能。

腻子按使用要求可以分填坑、找平和满涂等不同品种。填坑使用的腻子要求收缩性小、干透性好、涂刮性好；找平用腻子填平砂眼和细纹；满涂用腻子应稠度较小、力学强度要高。

涂刮腻子的方法是填坑时多为手工操作，以木质、玻璃钢、硬胶皮、弹簧钢的刮刀进行涂刮平整，其中以弹簧钢刮刀使用最为方便。局部找平时可用手工刮涂或将腻子用稀释剂调稀后，用大口径喷枪喷涂；大面积涂刮时，可用机械的方法进行。

精细的工程要涂刮好多次腻子，每刮完一次均要求充分干燥，并用砂纸进行干打磨或湿打磨。腻子层一次涂刮不宜过厚，一般应在 0.5mm 以下，否则容易不干或收缩开裂。涂刮多次腻子时应按先局部填孔，再统刮和最后刮稀的程序操作。为增强腻子层，最好采用刮一道腻子涂一道底漆的工艺。

腻子层在烘干时，应有充分的晾干时间，以采取逐步升温烘烤为宜，以防烘得过急而起泡。

6.5.4 涂中间涂层

中间涂层是在底漆与面漆之间的涂层，目前广泛应用二道底漆、封底漆或喷用腻子作为中间涂层。

二道底漆含颜料量比底漆多，比腻子少，它的作用既有底漆性能，又有一定填平能力。喷用腻子具有腻子和二道底漆的作用，颜料含量较二道底漆高，可喷涂在底漆上。封底漆综合腻子与二道底漆的性能，是现代大量流水生产线广泛推行的中间涂层的品种。

涂中间涂层的作用是保护底漆和腻子层，以免被面漆咬起，增加底漆与面漆的层间结合力，消除底涂层的缺陷和过分的粗糙度，增加涂层的丰满度，提高涂层的装饰性和保护性。中间涂层适用于装饰性要求较高的涂层。

中间涂层用的涂料应与所用底漆和面漆配套，具有良好的附着力和打磨性，耐久性应与面漆相适应。涂中间涂层的方法基本与涂底漆相同。

涂中间涂层的厚度，应根据需要而定，一般情况下，干膜厚约 $35\sim40\mu m$。中间涂层干燥后经过湿打磨再涂面漆。

6.5.5 打磨

打磨是施工中一项重要工序。它的功能主要是：清除物件表面上的毛刺、粗颗粒及杂物，获得一定的平整表面；对平滑的涂层或底材表面打磨得到需要的粗糙度，增强涂层间的附着性。所以打磨是提高涂装效果的重要作业之一。原则上每一层涂膜都应当进行打磨。但打磨费工时，劳动强度很大，现在正努力开发不需打磨的涂料和不需要打磨的措施，以便能在流水线生产中减少或去掉打磨工序。

(1) 打磨材料 常用的打磨材料有：浮石、刚玉、金刚砂、硅藻土、滑石粉、木工砂纸、砂布和水砂纸。

(2) 打磨方法

① 干打磨 采用砂纸、浮石、细的滑石粉进行磨光，打磨后要将它打扫干净，此法适用于干硬而脆的或装饰性要求不太高的表面。采用干打磨的缺点是操作过程中容易产生很多粉尘，影响环境卫生。

② 湿打磨 工作效率要比干磨快、质量好。湿打磨法是在砂纸或浮石表面泡蘸清水、肥皂水或含有松香水的乳液进行打磨。浮石可用毡垫包裹，并浇上少量的水或非活性溶剂润湿，对要求精细的表面可取用少量细的浮石粉或硅藻土蘸水均匀地摩擦，打磨后所有的表面再用清水冲洗干净，然后用麂皮擦拭一遍再进行干燥。

③ 机械打磨 它比手工打磨的生产效率高。一般采用电动打磨机具或在抹有磨光膏的电动磨光机上进行操作。操作时必须要在涂层表面完全干燥以后方可进行；打磨时用力要均匀，磨平后应成为一个平滑的表面；湿打磨后必须用清水洗净，然后干燥，最好烘干；打磨后不允许有肉眼可见的大量露底现象。

6.5.6 涂面漆

工件经涂底漆、刮腻子、打磨修平后，涂装面漆，这是完成涂装工艺过程的关键阶段。涂面漆要根据表面的大小和形状选定施工方法，一般要求涂得薄而均匀。除厚涂层外，涂层遮盖力差的亦不应以增加厚度来弥补，而是应当分几次来涂装。涂层的总厚度要根据涂料的层次和具体要求来决定。

以 100％不挥发分计，每千克涂料所涂面积与厚度见表 6.4。

表 6.4 以 100％不挥发分计，每千克涂料所涂面积与厚度

涂层厚度/μm	100.0	50.0	33.3	25.0	20.0	16.7	14.3	12.5	11.1	10.0
涂刷面积/m^2	10	20	30	40	50	60	70	80	90	100

144

涂层厚度（μm）可用下列公式求出。

$$\frac{\text{所耗漆量(kg)} \times \text{不挥发分含量}(\%)}{\text{不挥发分密度} \times \text{涂刷面积}(m^2)} \times 1000$$

或将涂料不挥发分所占容积的比例与涂刷面积的厚度相乘，即得涂层总厚度。

如：涂刷面积为 $50m^2$，不挥发分所占容积的比例为 52%，其涂层厚度从表 6.4 查出为 $20\mu m$，则 $52\% \times 20\mu m = 10.4\mu m$，此 $10.4\mu m$ 即为涂层总厚度。

面漆涂布和干燥方法依据被涂物件的条件和涂料品种而定，应涂在确认无缺陷和干透的中间涂层或底漆上。原则上应在第一道面漆干透后方可涂第二道面漆。

涂面漆时，有时为了增强涂层的光泽、丰满度，可在涂层最后一道面漆中加入一定数量的同类型的清漆，有时再涂一层清漆罩光加以保护。

近年来对于涂装烘干型面漆采用了"湿碰湿"涂漆烘干工艺，改变了过去涂一次烘一次的方法，可节省能源、简化工艺，适应大批量流水线生产的需要。这种工艺的做法是在涂第一道面漆后，晾干数分钟，在涂膜还湿的情况下就涂第二道面漆，然后一起烘干，还可以喷涂三道面漆一起烘干。涂膜状况保持良好，又节能，已获得普遍应用。金属闪光涂料也可采取这种工艺，即两道金属闪光色漆打底，加一道清漆罩光后，一次烘干。

为提高表面装饰性，对于热塑性面漆（如硝基磁漆）可采用"溶剂咬平"技术，即在喷完最后一道面漆干燥之后，用 400 号或 500 号水砂纸打磨，擦洗干净后，喷涂一道用溶解力强而挥发慢的溶剂调配的极稀的面漆，晾干后，可得到更为平整光滑的涂层，减少抛光的工作量。

对于一些丙烯酸面漆，还应用一种"再流平"施工工艺。即使其半固化后，用湿打磨法消除涂膜缺陷，最后在较高温度下使其熔融固化，所以"再流平"工艺又称"烘干、打磨、烘干"工艺。

涂面漆时要特别精心操作。面漆应用细筛网或多层砂布仔细过滤，涂漆和干燥场所应干净无尘，装饰性要求较高时应在具有调温、调湿和空气净化除尘的工作室中进行，晾干和烘干场所也要同样处理，以确保涂装效果。

涂面漆后必须有足够时间干透，被涂物件方能投入使用。

6.5.7 抛光上蜡

抛光上蜡的目的是为了增强最后一层涂料的光泽和保护性，若经常抛光上蜡，可使涂层光亮而且耐水，能延长涂层的寿命。一般适用于装饰性涂层，如家具、轻工产品、冰箱、缝纫机以及轿车等的涂装。但抛光上蜡仅适用于硬度较高的涂层。

抛光上蜡首先是将涂层表面用棉布、呢绒、海绵等浸润砂蜡（磨光剂），进行磨光，然后擦净。大表面的可用机械方法，例如用旋转的擦亮圆盘来抛光。磨光以后，再以擦亮用上光蜡进行抛光，使之表面更富有均匀的光泽。

砂蜡专供各种涂层磨光和擦平表面高低不平之用，可消除涂层的橘皮、污染、泛白、粗粒等弊病。

砂蜡的组成大部分为一种不流动性蜡浆状物，在选择磨料时，不能含有磨损打磨表面的粗大粒子，而且在使用过程中不应使涂层着色。

使用砂蜡之后，涂层表面基本上平坦光滑，但光泽还不太亮，如再涂上光蜡进行擦亮抛光后，能保护涂层的耐水性能。上光蜡的质量主要取决于蜡的性能，较新型的上光蜡是一种含蜡质的乳浊液，由于其分散粒子较细，并且其中还存在着乳化剂或加有少量有机硅成分，所以在抛光时可以帮助分散、去污，因此可得到较光亮的效果。

6.5.8 装饰和保养

（1）装饰 涂层的装饰可采用印花和划条。印花（又称贴印）是利用石印法将带有移形图案或说明的胶纸印在工件的表面（例如缝纫机头、自行车车架等）。先抹一薄层颜色较浅的罩光清漆（例如酯胶清漆），待表面略感发黏时，将印花的胶纸贴上，然后用海绵在纸片背面轻轻地摩擦，使印花的图案胶粘在酯胶清漆的表面，并用清水充分润湿纸片背面，待一段时间后小心地把纸片撕下即可。如发现表面有气泡时，可用细针刺穿小孔，并用湿棉花团轻轻研磨表面，使之平坦。为了使印上的图案固定下来，不再脱落，可再在器材表面喷涂上一层罩光清漆，加以保护。某些装饰性器材，若需要绘画各种图案或彩色线条，可采用长毛的细画笔作人工描绘，或用可移动的划线器进行涂装。

（2）保养 工件表面涂装完毕以后，必须注意涂层的保养，绝对避免摩擦、撞击以及沾染灰尘、油腻、水迹等，根据涂层的性质和使用的气候条件应在 3～15d 以后方能出厂使用。

6.5.9 质量控制与检查

根据被涂物件的要求，制定涂料施工各个工序和最后成品的质量标准。在每一道工序完成后，都要严格检查和控制，以避免影响下一道施工和最后的质量。

（1）漆前表面处理的质量控制

① 工件表面，在涂漆前须仔细修整，气孔、砂眼、矿渣及其他凹陷部分均应填补或磨光。

② 金属表面应先经过除油处理，把脏物除净；除油后要求检查是否尚存部分油脂未除净，另外表面应干燥。

③ 除锈要彻底，应无残锈存在，表面应干燥。酸洗除锈后的金属工件，要求不允许有过度的腐蚀现象和大量的新黄锈；除锈后表面应达到规定的质量标准。应在规定时间内进行下一步操作。

④ 磷化处理的膜层外观应呈灰黄色、结晶细致，无斑点及未磷化到的地方，无氧化物等固体沉积物残留于表面，磷化膜水洗应彻底，并用热风等彻底干燥。

⑤ 阳极氧化膜表面不允许有斑点、机械损伤和未氧化部分。

⑥ 表面清洁和磷酸盐处理之间相隔时间不应超过 24h。

⑦ 磷化及阳极氧化处理与涂漆之间相隔时间不应超过 10d。

⑧ 当用脱漆剂去除旧漆后，要检查是否有蜡质残留在器材表面，并应擦干使之干燥。

（2）涂漆的中间控制

① 涂底漆时要求薄而均匀，要求按工艺规程的规定彻底干燥后，才能涂其他面漆，漆膜不应有露底、针孔、粗粒或气泡。

② 刮腻子每次应刮得较薄，按工艺规程中规定的干燥时间，待彻底干燥后，才能打磨。

③ 干燥后的腻子不允许有收缩、脱落、裂痕、气泡、鼓起、发黏或不易打磨等缺点；打磨后不应有粗糙的打磨纹。

④ 检查涂膜表面时，要在涂膜完全干燥后进行，烘漆应冷却至常温下再进行检查。

⑤ 漆膜表面应光滑平整，不允许有肉眼能看到的机械杂质、刷痕以及色调前后不匀等缺点，光泽应符合工艺规程中所规定的标准。

⑥ 在施工前，必须测定涂漆现场的空气温度及其相对湿度，如果测定结果不符合涂漆

施工工艺规定，不允许进行施工。

⑦ 为了保证施工质量，对整个涂膜厚度均有一定的规定。在施工每一阶段，要使用湿膜或干膜测厚仪进行检查，必须达到所需的厚度，膜厚如果达不到要求，势必影响成品质量。

（3）最终涂膜控制　涂料施工程序全部完成后，要依据预定标准进行全面检查。

① 检查最后所涂面漆的干燥程度。按照规定的干燥期限检查涂膜厚度、硬度和附着力。现在的硬度检查用手持仪器可以在被涂物件上直接测定。

涂膜干透后，应与器材表面能牢固地附着，才能提高使用寿命。有一种非破坏性的测定附着力的方法，最简单的是用有压敏胶的胶带，将它胶粘在涂膜表面，然后用手拉开以检查其附着程度。较科学的方法是用环氧树脂等胶黏剂黏结在涂膜表面，待固化后，采用规定的仪器，拉拨黏结接头来检查。

② 检查最后涂层的颜色、光泽和表面状态。颜色和光泽应符合标准要求。面漆表面应无黏附砂粒或灰尘、光色不均匀、皱纹、气泡、裂痕、脱皮、流挂、斑点、针孔或缩孔等现象。

针孔是出现在涂膜上的一个严重缺陷，日久将向四周蔓延锈蚀。可以采用针孔探测仪进行检查。探测仪的探头是用湿海绵或是用许多细金属丝制成的帚形物，经扫测时会产生火花或由指示灯发出信号。

第7章 涂料性能检测

7.1 概述

按组成，涂料是由不同的化工产品组成的混合物，而不是化合物，更不是纯化工产品。液态涂料中的清漆，大多数是高分子产品的溶液，少数是分散体；色漆则都是固体化工产品（颜料、填料）在溶液或分散液中的分散体。粉末涂料是化工产品的固-固分散体。由涂料形成的涂膜则是以具有黏弹性的无定形高聚物为主体组成的固态混合物。

涂料作为装饰保护材料使用，它属于高聚物材料，但涂料本身是半成品，所形成的涂膜才是高聚物材料；而涂膜又与塑料、橡胶、纤维等高聚物材料不同，不能独立存在，必须黏附在其他被涂物件上才能成为材料。所以涂料和涂膜既具有一般聚合物材料的通性，又有与一般聚合物材料不同的特性。最主要的是涂膜必须适应被涂物件材质性能的要求，与底材结合成为一体。

涂料是为被涂物件服务的材料，应用于被涂物件表面。由于被涂物件是多种多样的，使用条件千变万化，因而涂料与涂膜必须具备被涂物件所要求的性能，也就是以被涂物件的要求作为确定涂料和涂膜性能的依据。因此，涂料的性能表示的是它的使用价值，而且是综合性的、广范围的和长时间的使用价值。涂料的性能虽然是以涂料和涂膜的基本物理和化学性质为依据，但并不是全面的表示，通常提到的涂料的性能只表现了涂料和涂膜的基本性质中的某一部分。

涂料的性能包括涂料产品本身和涂膜的性能。涂料产品本身的性能一般包括以下两个方面。

① 涂料在未使用前应具备的性能　或称涂料原始状态的性能，所表示的是涂料作为商品在贮存过程中的各方面性能和质量情况。

② 涂料使用时应具备的性能　或称涂料施工性能，所表示的是涂料的使用方式、使用条件、形成涂膜所要求的条件以及在形成涂膜过程中涂料的表现等方面的情况。

涂膜的性能即涂膜应具备的性能，也是涂料最主要的性能。涂料产品本身的性能只是为了得到需要的涂膜，而涂膜性能才能表现涂料是否满足了被涂物件的使用要求，亦即涂膜性能表现涂料的装饰、保护和其他作用。涂膜性能包括范围很广，因被涂物件要求而异，主要有装饰方面、与被涂物件附着方面、力学强度方面、抵抗外来介质和大自然侵蚀以及自身老化破坏等各种性能。

涂料的性能分别有适当的名称，例如涂料物理状态方面的有密度、黏度等；涂膜的光学性质方面的有光泽、颜色等；力学性质方面的有硬度、柔韧性等。随着涂料品种的发展，表示涂料性能的具体项目逐渐增加，表征现代的涂料性能的内容逐步接近涂料的实际性质。

7.2 涂料原始状态检测

7.2.1 取样方法

涂料产品的取样系指对色漆、清漆和有关产品取样的方法，其目的是在于得到适当数量的品质一致的测试样品，且具有足够的代表性。取样工作是检测工作的第一步，取样的正确与否直接影响检测结果的准确性。

根据涂料产品的特性和物理性质，可划分为以下几种产品类型。

A 型：单一均匀液相的流体，例如清漆和稀释剂。B 型：两个液相组成的流体，例如乳液。C 型：一个或两个液相与一个或多个固相一起组成的流体，例如色漆和乳胶漆。D 型：黏稠状产品，例如腻子、厚浆涂料。E 型：粉末状产品，例如粉末涂料。

取样方法按 GB 3186—82(89) 的规定，采取随机取样法，对同一生产厂生产的相同包装（桶、罐和袋等）的产品进行取样，取样数应不低于 $S=(n/2)^{1/2}$。其中，S 为取样数；n 为交货产品的桶数。具体操作是：对 A、B、C、D 四类产品，取样混合均匀后，提取两份 $0.2\sim0.4L$ 样品，分别装入样品容器内，容器应留有约 5% 的空隙，盖严，并标志；对 E 类产品，取样混合均匀后，用四分法取出试验所需最低量的四倍，装入容器，盖严，并标志。

7.2.2 透明度

透明度是物质透过光线的能力。透明度可以表明清漆、清油、漆料及稀释剂等是否含有机械杂质和悬浊物。在生产过程中，各种物料的纯净程度、机械杂质的混入、树脂的互容性、催干剂的析出以及水分的渗入等都会影响产品的透明度。外观浑浊而不透明的产品将影响成膜后的光泽和颜色，并且使附着力和对化学介质的抵抗力下降。

透明度检测方法有目测法和仪器法。

① 目测法　其原理是在透射光下目测比较试样的透明度。按 GB/T 1721—89（清漆、清油及稀释剂外观和透明度测定法）的规定，将试样装于容量为 25mL 的比色管内，在透射光下与一系列不同浑浊程度的标准液比较。结果以透明、微浑、浑浊 3 个等级表示，即标准中的 1 级、2 级和 3 级。

② 仪器法　采用光电式浊度计，以消除由于产品色相深浅不同而对目测结果的干扰，并提高测试的准确度。

仪器中光源发出的光由于试管中杂质或悬浮物的影响而产生散射光，经反射罩反射并投射到光敏电阻后被接收。选用折射率近似 1.5 的磨砂有机玻璃棒定为标准浊度 100，用蒸馏水校零，然后就可对试样进行浊度测定，以数字表示。

7.2.3 颜色

主要测定透明液体（清漆、清油、漆料及稀释剂）颜色深浅的程度。颜色的深浅可以综合反映出产品的成分和纯度，也会直接影响其成膜性能及使用范围。通常要求颜色越浅越好，色深的清漆不适宜制造罩光漆，也不适宜用于制造白色或浅色的色漆。颜色的测定不仅是产品的一项质量指标，也是某些原材料和半成品的控制项目。

颜色测定方法有标准色阶法和罗维朋比色法。

① 标准色阶法　其原理是在固定的人工光源的透射光下，利用清漆、清油等透明液体对光的吸收而产生颜色的深浅不同。按 GB/T 1972—92（清漆、清油及稀释剂颜色测定法）的规定，具体操作是将试样装于试管内，放入木制暗箱或比色计中，以目视法将试样与一系列标准色阶溶液（或玻璃颜色标准）进行比较。结果是与铁-钴比色计某号色阶溶液最近似的颜色，即代表该试样的颜色，以号表示，1 号最浅，18 号最深。

② 罗维朋比色法　该方法是 GB/T 1722—92 中的乙法。系将试样装入罗维朋比色计的样品池中，用标有罗维朋色度标单位值的红、黄、蓝三原色滤色片与试样进行目视匹配，当匹配色与试样颜色一致时，以三滤色片的色度标单位值表示试样的颜色。当使用一个或两个滤色片进行目视匹配时，如果滤色片较样品暗，则需在样品池外加中性灰色滤色片，使两者颜色和亮度完全一致。

罗维朋比色法采用 72 片红、黄、蓝三原色滤色片相组合，以数千种组合成的罗维朋色度值定量地表示试样的颜色，从而大大提高了表示颜色的精度和水平，也解决了标准色阶法中试样颜色与色阶号颜色"因色相不同而难以判定"的问题。

7.2.4　密度

测定涂料产品密度的目的主要是控制产品包装容器中固定容积的质量。在生产中可以利用密度测定来发现配料有否差错，投料量是否准确；在检测产品遮盖力时，可了解在施工时单位容积能涂覆的面积等。

密度的测试原理是利用比重瓶（质量/体积杯）在规定的温度下测定液体产品密度。按 GB/T 6750-86（色漆和清漆密度的测定）的规定，具体操作是用蒸馏水校准比重瓶，然后用产品代替蒸馏水，重复同样操作步骤测定密度，结果以 g/mL 表示。

7.2.5　研磨细度

研磨细度是涂料中颜料及体质颜料分散程度的一种量度，即在规定的试验条件下，于刮板细度计上所获得的读数。该读数表示了刮板细度计某处凹槽的深度，在该处用肉眼能清楚地看到被测产品中突出于槽深的固体颗粒，间接表示涂料中颜料聚集体的最大粒径。

研磨细度是色漆重要的内在质量之一，对成膜质量、漆膜的光泽、耐久性、涂料的贮存稳定性等均有很大的影响。细度检测中测得的数值并不是单个的颜料或体质颜料粒子的大小，而是色漆在生产过程中颜料研磨分散后存在的凝聚团的大小。对研磨细度的测量可以评价涂料生产中研磨的合格程度，也可以比较不同研磨程序的合理性以及所使用的研磨设备的效能。

以刮板细度计测定法为例，其原理是利用刮板细度计上的楔形沟槽将涂料刮出一个楔形层，用肉眼辨别湿膜内颗粒出现的显著位置以得出细度读数。具体操作是将试样滴入刮板细度计沟槽的最深部位，用刮刀垂直地把试样刮过槽的整个长度，立即以 150°视角观察，找出判断点的刻度值即为试样的细度，以微米(μm)表示。

7.2.6　黏度

液体的黏度是液体在外力的作用下，其分子间相互作用而产生阻碍分子间相对运动的能力，即液体流动的阻力。这种阻力（或称内摩擦力）通常以对液体施加的外力与产生流动速度梯度的比值来表示，液体的黏度可定义为它的剪切力与剪切速率之比，即动力黏度，其国际单位为帕·秒（Pa·s）。若同时考虑黏度与密度的影响，则采用运动黏度，其定义为动力黏度与液体密度之比，国际单位为平方米每秒(m^2/s)。

黏度是涂料产品的重要指标之一，是测定漆料中聚合物分子量大小的可靠方法。制漆过程中黏度过高，会产生胶化；黏度过低则会使应加的溶剂无法加入，严重影响漆膜性能。同样，在涂料施工时，黏度过高会使施工困难，漆膜流平性差；黏度过低会造成流挂及其他弊病。因此涂料黏度的测定，对于涂料生产过程的控制以及保证最终涂料产品的质量都是必要的。

液体涂料的黏度检测方法很多，分别适用于不同的品种，对透明清漆和低黏度色漆以流出法为主；对透明清漆还可采用落球法和气泡法。对高黏度色漆则通过测定不同剪切速率下的应力的方法来测定黏度。

（1）流出法　其原理是利用试样本身重力流动，测出其流出时间以换算成黏度。按GB/T 1723—93（涂料黏度测定法）的规定，具体操作是用塞棒或手指堵住黏度杯流出孔，倒入试样，测定从流出开始到流柱中断所需时间，结果以时间秒（s）计。该法适用于具有牛顿型或近似牛顿型的液体涂料，如低黏度的清漆和色漆等。

（2）垂直式落球法　其原理是在重力作用下，利用固体球在液体中垂直下降速度的快慢来测定液体的黏度。具体操作是测定钢球通过落球黏度计上、下两刻度线之间的距离所需的时间，结果以时间秒（s）表示。

（3）气泡法　其原理是利用空气气泡在液体中的流动速度来测定涂料产品的黏度。具体操作是将待测试样装入管内，并留有气泡空间，把试管迅速垂直翻转180°，试样自重下流，气泡上升触及管底，测定气泡在规定距离内的上升时间，结果以时间秒（s）表示。

（4）设定剪切速率法　其原理是用圆筒、圆盘或桨叶在涂料试样中旋转，使其产生回转流动，测定使其达到固定剪切速率时需要的应力，从而换算成黏度。按GB/T 9751—88（涂料在高剪切速率下黏度的测定）的规定，具体操作是试样被置于两个同心圆筒之间，在环形空隙中流动，指针指示的读数乘以转子系数，即得出黏度，结果以Pa·s表示。

7.2.7　不挥发分含量

不挥发分指物料在规定的试验条件下挥发后而得到的残余物。一种是将涂料在一定温度下加热焙烘，干燥后剩余物质量与试样质量的比值；另一种是由涂布成膜的一定体积的液体涂料经规定条件固化后所得干涂层的体积，产品的不挥发分含量不是绝对的，而是依赖于试验所采用的加热温度和时间，由于溶剂的滞留、热分解和低分子量组分的挥发，使所得的不挥发物含量仅是相对值而非真值。

不挥发分是涂料生产中正常的质量控制项目之一，它的含量高低对形成的涂膜质量和涂料使用价值有着直接关系。当黏度一定时，通过不挥发分的测定，可以定量地确定涂料成膜物质含量的多少，正常的涂料产品黏度和不挥发分总是稳定在一定的范围内。

不挥发分含量测定方法有重量法和容量法。

（1）重量法　其原理是利用加热焙烘方法以除去试样中的蒸发成分。按GB/T 1725—89（涂料固体含量测定法）的规定，具体操作是将少量试样置于预先称重和干燥过的容器内，涂布均匀，在一定温度下焙烘，称重、恒重，结果以比例的形式表示。

（2）容量法　其原理是利用加热熔烘方法以除去涂膜中的蒸发成分。按GB/T 9272—88（液态涂料内不挥发分容量的测定）的规定，具体操作是先测定涂漆圆片的质量和体积，再测定涂漆圆片在一定温度和时间烘干后的质量和体积，这两个体积之比就是该涂料的不挥发分容量，结果以体积分数表示。

7.2.8 容器中状态及贮存稳定性

涂料产品从制成到使用往往需经一段时间，理想的涂料产品在容器中贮存应该不发生质量变化。但由于涂料品种不同、生产控制水平不同或贮存保管不善等原因，往往在容器中产品的物理性状发生变化，严重的可能影响使用，特别是氧化干燥型涂料。为了保证使用时不发生问题，在购进一批涂料产品时，应该抽样检测产品在容器中的状态，并进行在特定条件下的贮存试验，以检查其质量的变化，即贮存稳定性的检查。

（1）容器中状态检查　容器中状态的检查通常在涂料取样过程中进行。在取样时应先检查容器是否完整，标志是否清晰，封口是否严密。打开封盖后对液体涂料要检查的项目有：结皮情况、分层现象、颜料上浮、沉淀结块等。样品经搅拌后有沉淀的应易搅起、颜色应上下一致、产品呈均匀状态者为合格。

（2）贮存稳定性检查　贮存稳定性是指涂料产品在正常的包装状态和贮存条件下，经过一定的贮存期限后，产品的物理性能或化学性能所能达到原规定使用要求的程度。对贮存稳定性的检测按国家标准"GB/T 6753.3—86 涂料贮存稳定性试验方法"进行，见表 7.1。

表 7.1　GB/T 6753.3—86 涂料贮存稳定性试验方法

方法名称	自 然 环 境 条 件 贮 存	人 工 加 速 条 件 贮 存
试验条件	温度:23℃±2℃。时间:6～12月	温度:50℃±2℃。时间:30d
操作简介	将待试样品取 3 份分别装入容积为 0.4L 的标准的压盖式金属漆罐中,1 罐作原始试样在贮存前检查,2 罐进行贮存性试验	
检查项目	结皮、腐蚀和腐败味,分为 6 个等级;漆膜上颗粒、胶块及刷痕,评定标准分 6 个等级;沉降程度检查;黏度变化检查	
结果表示	通过/不通过	

另外也可用仪器来测量产品的沉降速度和沉淀物性质，如测力仪。测量沉降速度可将一个收集盘浸入液体中，随着时间的推移，固体粒子不断地沉积在盘中，可记录质量和时间的关系，以判断沉淀的趋势。测量沉淀物时可将试样罐放在测力仪的平台上，平台以 15mm/min 速度向上缓缓移动，这时仪器的探头就逐渐压入沉淀物中，根据探头在插入沉淀物时得出的阻力及深度，可判断沉淀物的硬度及厚度，从测量到的穿透力计算，试样可被重新分散和搅起的沉淀物特性，有以下数据可参考。

小于 1N 很软	易再分散	4～6N 硬	再分散困难
1～2N 软	再分散好	大于 6N 很硬	不能再分散
2～4N 较硬	但可以再分散		

7.2.9 结皮性

氧化干燥型清漆和色漆在贮存中的结皮倾向是贮存稳定性的一个检测项目，但有时把它单列出来，专门进行检测。涂料产品结皮不但会改变涂料组分中的颜基比，影响成膜性能，还会引起涂料的其他各种弊病，造成施工质量的下降。因此，必须努力避免和防止，至少应控制结皮的形成速度和结皮的性质。

结皮性测定主要是两个方面，一个是测定涂料在密闭桶内结皮生成的可能性；另一个是测定在开桶后的使用过程中结皮形成的速度。

（1）密闭试验　推荐使用 125mL 的广口磨口玻璃瓶或 0.33L 的漆罐，试样装入玻璃瓶的量为 95mL±2mL，漆罐内试样应离罐顶 15mm。广口瓶盖紧后在 23℃±2℃ 条件下避光贮存 48h，然后开盖检查，观察有无结皮现象。以 48h 为一个周期，连续检查三个周期，每个周期之间保持 5min 换气时间，如三个周期仍无结皮则确认为无结皮现象。另外也可将漆罐在常温自然环境中避光贮存一年，到时开盖检查，看是否有结皮现象。

（2）敞罐试验　试样装入漆罐深度的一半，敞盖并时时观察，直到结皮为止。试验时最好用一种已知性质的样品同时敞盖存放，以便在不同阶段比较这两者的结皮情况。

7.3　涂料施工性能检测

7.3.1　使用量

使用量是指涂料在正常施工情况下，在单位面积上制成一定厚度的涂膜所需的质量，以 g/m^2 表示。使用量的测定，可作为设计和施工单位估算涂料用料计划的参考。它与涂料中着色颜料的多少无关，但受产品的密度影响较大。

按 GB/T 1758—89（涂料使用量测定法）的规定，检测操作是先称出漆刷及盛有试样的容器的质量，用刷涂法制完板后，再称出漆刷及剩余试样和容器的质量，或者先称出马口铁板的质量，用喷涂法制板，干燥 24h 后再称重，结果以克每平方米（g/m^2）表示。

7.3.2　施工性

施工性指涂料施工的难易程度。液体涂料施工性良好一般是指涂料易施涂（刷、喷、浸或刮涂等），得到的涂膜流平性良好，重涂性好，不出现流挂、起皱、缩边、渗色或咬底等现象，干性适中、易打磨。由于施工性考查是根据实际施工的结果，因此在评定时存在着主观因素，应同时采用标准样品比较。

按 GB/T 6753.6—86（涂料产品的大面积刷涂试验）的规定，具体操作是用刷子蘸漆制板，同时对商定的标准样也制一块参照板。结果与标准样品就刷痕消失、流挂、收缩以及镶边边缘处流失、起皱、发花等现象进行比较。

7.3.3　流平性

流平性是指涂料在施工后，其涂膜由不规则、不平整的表面流展成平坦而光滑表面的能力。涂料在刷涂时可以理解为漆膜上刷痕消失的过程，喷涂时则可以理解为漆雾粒痕消失的程度。涂膜的流平是重力、表面张力和剪切力的综合效果，这与涂料的组成、性能和施工方式等有关。

测试原理是观察刷涂或喷涂后的涂膜在干燥过程中自行铺展并消除表面不规则形状的能力。按 GB/T 1750—89（涂料流平性测定法）的规定，具体操作是将涂料刷涂或喷涂于马口铁板上，使之形成平滑均匀的涂膜表面。结果以刷纹消失和形成平滑漆膜表面所需时间（min）表示。

7.3.4　流挂性

在垂直面施工时，从涂装至固化这段时间内，由于湿膜向下移动，造成漆膜厚薄不匀，下部形成厚边的现象称为流挂。流挂可由整个垂直面上涂料下坠而形成似幕帘状的漆膜外观，称为帘状流挂；也可由局部裂缝、钉眼或小孔处的过量涂料造成不规则的细条状下坠，称为流注或泪状流挂。通过流挂性测定，可检验涂料配方是否合理，施工方法是否正确。

测试方法是观察 10 条不同膜厚的涂层在干燥过程中有否下坠而并拢的倾向。按 GB/T 9264—88（色漆流挂性的测定）的规定，具体操作是用刮涂器将涂料涂于玻璃板或测试纸上，立即垂直放置，使湿膜呈横向水平，保持上薄下厚。没有流坠在一起的最后一道涂层的厚度，就是施工时不产生流挂的最大厚度。

7.3.5 干燥时间

涂料由液态涂膜变成固态涂膜的全部转变过程称为干燥。依据干燥的变化过程，习惯上分为表面干燥、实际干燥和完全干燥三个阶段。由于涂料的完全干燥所需时间较长，故一般只测定表面干燥（表干）和实际干燥（实干）两项。

根据国标 GB/T 1728—79(89)，涂料的干燥程度分为表面干燥和实际干燥两个阶段。表面干燥时间测定方法有吹棉球法、指触法和小玻璃球法；实际干燥时间测定方法有压滤纸法、压棉球法、刀片法、厚层干燥法和无印痕试验法。

（1）表面干燥测定法　以吹棉球法为例，按 GB/T 1728—89（漆膜、腻子膜干燥时间测定法）的规定，操作方法是在漆膜表面上放一个脱脂棉球，用嘴沿水平方向轻吹棉球，如能吹走而膜面不留有棉丝，即认为表面干燥。记录达到表面干燥所需的最长时间，或按规定的表干时间判定合格或不合格。

（2）实际干燥测定法　以压滤纸法为例，按 GB/T 1728—89（漆膜、腻子膜干燥时间测定法）的规定，操作方法是在漆膜上用干燥试验器（干燥砝码，重 200g）压上一片滤纸或一个脱脂棉球，经 30s 后移去试验器，将样板翻转，滤纸能自由落下或漆膜上无棉球痕迹及失光现象，即认为实际干燥。记录达到实际干燥所需的最长时间，或按规定的实干时间判定合格或不合格。

（3）仪器测定法　涂料的干燥和涂膜的形成是一个进行得很缓慢和连续的过程，为了能观察到干燥过程中各个阶段的变化，可以采用各种自动干燥时间测定仪，如纸带法、轮箍法、齿轮法、落砂法、划针法等。

以划针法的划圈形为例，其原理是利用钟表电机带动一个有划针的旋转臂，并作顺时针方向转动，以在漆膜上划出一个 ϕ10cm 的圆形轨迹。结果表示是当漆膜被划针划开呈菱形时，则表干开始；当裂开的漆膜终止，划针轨迹保持在该膜表面上时，则透干开始，直至轨迹消失而达到实干。

7.3.6 涂膜厚度

在涂料生产、检验和施工过程中，漆膜厚度是一项很重要的控制指标。涂料某些物理性能的测定及耐久性等某些专用性能的试验，均需要把涂料制成试板，在一定的膜厚下进行比较；在施工应用中，如果涂装的漆膜厚薄不匀或厚度未达到规定要求，会对涂层性能产生很大的影响。

目前测定漆膜厚度有各种仪器和方法，选用时应考虑测定漆膜的场合（实验室或现场）、底材（金属、木材、玻璃）、表面状况（平整、粗糙、平面、曲面）和漆膜状态（湿、干）等因素，这样才能合理使用测试仪器和提高测试的精确度。

（1）湿膜厚度的测定　测定湿膜厚度主要是为了核对涂料施工时的涂布率以及保证施工后涂膜的总干膜厚度。湿膜的测量必须在漆膜制备后立即进行，以免由于挥发性溶剂的蒸发而使漆膜发生收缩现象。

以轮规法为例，其原理是由三个轮同轴组成一个整体，直径为 50mm，厚度为 11mm，中间轮与外侧两个轮偏心，具有高度差，轮外侧有刻度，以指示不同间隙的读数。按 GB/T

13452.2—92（色漆和清漆漆膜厚度的测定）的规定，测试操作是把轮规垂直压在被测试表面上，从最大读数开始滚动到零点，湿膜首先与中间偏心轮接触的位置即为湿膜厚度，以微米（μm）表示。

（2）干膜厚度的测定　干膜厚度的测量目前已有多种仪器和方法，常用的有非破坏性仪器测量法（磁性测量法、涡流测量法、β射线反向散射法）和机械法（杠杆千分尺法、指示表法、显微镜法）。

非破坏性仪器测量法以电磁式测量法为代表，其原理是利用电磁场磁阻原理，以流入钢铁底材的磁通量大小来测定涂层厚度。具体操作是仪器经置零和调校后，将测头置于被试漆膜上即可测得涂层厚度，结果以微米（μm）表示。

机械法以显微镜法为代表，其原理是从漆膜到底材切割出一个 V 形缺口，测量斜边的宽度，就能按比例得到漆膜厚度。具体操作是选择一定角度的刀具，将涂层作一个 V 形缺口直至底材，然后从带有标尺的显微镜中可直接读出每一涂层的实际厚度，结果以 μm 表示。

7.3.7　遮盖力

将色漆均匀地涂刷在物体表面上，使其底色不再呈现的能力称为遮盖力。漆膜对底材的遮盖能力，主要取决于漆膜中的颜料对光的散射和吸收的程度，也取决于颜料和漆料两者折射率之差。对于一定类型的颜料，为了获得理想的遮盖力，颜料颗粒的大小和它在漆料中的分散程度也很重要。同样质量的涂料产品，遮盖力高的，在相同的施工条件下就可比遮盖力低的产品涂装更多的面积。

测试原理是以遮盖住单位面积所需的最小用漆量来测定色漆的遮盖力。按 GB/T 1726—89（涂料遮盖力测定法）的规定，具体操作是用漆刷将涂料均匀、快速地涂刷在黑白格玻璃板上，至看不见黑白格为止，将所用的涂料量称重，再按公式计算得遮盖力，或者将涂料薄薄地分层喷涂在规定尺寸的玻璃板上，然后放在黑白格木板上，至看不见黑白格为止。将喷漆后的玻璃板称重，再按公式计算得遮盖力，结果以 g/m^2 表示。

7.3.8　混合性和使用寿命

系指多组分涂料按规定比例混合的均匀程度及混合后可使用的最长时间。多组分涂料的混合性和使用寿命是它的特有的重要的施工性能。组分混合后最好能很快混合均匀，不需要很长的熟化时间；混合好的涂料要有较长的使用寿命，即涂料在使用期间性能不发生变化，如变稠、胶化等，以保证所得涂膜质量一致。

（1）混合性　将组分按产品规定的比例在容器中混合，用玻璃棒进行搅拌，如果很容易混成均匀的液体，则认为混合性"合格"。

（2）使用寿命　将组分按产品规定的比例在容器中混合成均匀液体后，按规定的使用寿命条件放置，达到规定的最低时间后，检查其搅拌难易程度、黏度变化和凝胶情况；并将涂制样板放置一定时间后与标准样板作对比，检查漆膜外观有无变化或缺陷产生。如果不发生异常现象，则认为使用寿命"合格"。

7.3.9　涂装适应性

系指产品施涂于底材上，而不致引起不良效果的性能。底材可以是未涂漆的、经特殊处理过的、涂过漆的或涂过漆并经老化的底材。试验可在实验室或施工现场进行，以评定施涂的色漆或色漆体系相互之间的适应性。

按 ISO 4627：1981（色漆和清漆——产品与待涂表面适应性的评价试验方法）规定的

方法，以规定的涂布率（或漆膜厚度）将待试产品或产品体系施涂于标准板和规定的底材上，干燥（或烘烤）至规定时间，与涂过漆的标准板比较漆膜外观的不均匀性、颜色、光泽以及附着力等项目。

7.3.10 打磨性

系指漆膜或腻子层经用砂纸或浮石等研磨材料干磨或湿磨后，产生平滑无光表面的难易程度。这是漆膜的一项实用性能，特别对底漆和腻子是一项重要的性能指标。

（1）手工法　用水砂纸在漆膜上均匀地摩擦，可以是干磨或沾水湿磨。在打磨过程中，要求漆膜不应有过硬或过软的现象，也不应有发热、粘砂纸或引起漆膜局部破坏的现象。

（2）仪器法　按 GB/T 1770—89（底漆、腻子膜打磨性测定法）的规定，在仪器的磨头上，装上规定型号的水砂纸，加一定的负荷，待磨样板置于磁性工作台上，磨头经一定的往复次数打磨后，观察样板表面现象，以其中两块现象相似的样板来评定结果，判断表面是否均匀平滑无光，是否有磨不掉的微粒或发热变软等。

7.4　漆膜性能检测

7.4.1　试样涂膜制备方法

涂膜性能检测是涂料检测中最重要的部分。涂膜的性能检测结果基本反映了产品的质量水平和它的功能水平。涂膜性能检测的内容主要包括 4 个方面：①基本物理性能的检测，其中有表观及光学性质、力学性能和应用性能（如重涂性、打磨性等）；②耐物理变化性能的检测，如对光、热、声、电等的抵抗能力的检测；③耐化学性能的检测，主要是检查涂膜对各种化学品的抵抗性能和防腐蚀（锈蚀）性能；④耐久性能的检测。这些检测项目主要是对涂在底材上的涂膜进行的。

要使涂膜检测的结果准确可靠，就需要制备符合要求的标准涂膜。按照产品标准的规定，在指定的底材上制得具有一定厚度的均匀涂膜是涂膜检测的基础。制得的涂膜要能真实地反映涂膜的本质，即使有缺陷也要反映出来，但又不能由于外部的原因，如制备的环境，而使涂膜本质有所改变。

要制得均匀的涂膜样板，需要注意底板的选择与处理、制备方法与条件等。底板的材质根据产品标准选定，表面处理要达到要求。制备涂膜时，涂料的黏度、制备方法、环境温度和湿度、干燥条件和时间等，都要严格遵守规定的要求。

各国对涂膜制备均制定有标准方法，我国国家标准 GB/T 1727—92《漆膜一般制备法》规定了制备一般涂膜的材料、底板的表面处理、制板方法、涂膜的干燥和状态调节、恒温恒湿条件以及涂膜厚度等。制板方法有刷涂法、喷涂法、浸涂法、刮涂法、均匀漆膜制备法（旋转器涂漆法）和浇注法，其中旋转涂漆器和漆膜制备器（或称刮涂器）是常用的制备仪器。

旋转涂漆器由调速电机、限时开关、样板固定架及收集过量试样的圆盘盛漆器组成。刮涂器法采用的仪器称为刮涂器或漆膜涂布器，后来又发展了槽棒式刮涂器。为使刮涂器的操作平稳、均匀，以消除人为的操作误差，现在发展成由电机带动方式的自动漆膜涂布器，以使刮涂的漆膜更为均匀一致。

7.4.2 光学性能检测

7.4.2.1 涂膜的外观

用于检测涂膜样板干燥后的表面状态，通常在日光下肉眼观察，可以检查出涂膜有无缺陷，如刷痕、颗粒、起泡、起皱、缩孔等。由于制备样板通常是在室内标准状况下进行，操作又比较仔细，所得结果比较准确，但与实际施工条件的涂膜的外观是有差距的。

一般是采用目测的方法，通过与标准样板对比观察涂膜表面有无缺陷现象。

7.4.2.2 光泽

表面的一种光学特性，以其反射光的能力来表示。漆膜的光泽可分为有光、半光和无（平）光。常用 60°角的光泽计测光泽，但为提高分辨能力，对于高光泽漆膜（60°角光泽＞70）可用 20°角测量；对于低光泽漆膜（60°角光泽＜30）可用 85°角测量。

光线照射在平滑表面上，一部分反射，一部分透入物体内部产生折射。光反射的规律是入射角等于反射角。反射光的光强与入射光光强的比值称为反射率。光投射到平整表面上的反射称为镜面反射。涂膜的光泽就是涂膜表面将照射在其上的光线向一定方向反射出去的能力，也称镜面光泽度。反射的光量越大，则其光泽越高。

光泽的测定基本上采用两大类仪器，即光电光泽计和投影光泽计，目前以前者为主。其原理是光源所发射的光线经透镜变成平行光线以一定的角度（如 45°）投射到被测表面上，由被测表面以同样的角度反射的光线经透镜聚集到光电池上，产生的光电流借助于检流计就可得到光泽的读数。光电池所接受的光通量大小取决于样板的反射能力。

具体操作是按 GB 1743—89（漆膜光泽测定法）的规定，打开光电光泽计的电源开关，按下量程选择开关，拉动样板架，放入标准板校对，然后放入样板测试，结果以光泽单位表示。

漆膜表面反射光的强弱，不但取决于漆膜表面的平整和粗糙度，还取决于漆膜表面对投射光的反射量和透过量的多少。在同一个漆膜表面上，以不同入射角投射的光，会出现不同的反光强度。因此在测量漆膜的光泽时，必须先固定光的入射角度。属于 70% 以上的高光泽漆膜则应使用 20°的光电光泽计测定；相反，对于低于 30% 的低光泽漆膜，则以采用 85°的光电光泽计更为理想。因此目前光电光泽计主要是多角光泽计（0°、20°、45°、60°、75°、85°）和变角光泽计（20°～85°之间均可测定），一台仪器有多种用途，从而增加了测试的范围。

光电光泽计虽有一定的科学性，但若漆膜有擦痕、波纹或橘皮等症状，就会产生漫反射，使反射光不易集中在光电池接受器上，另外漆膜颜色的不同也会产生与人们视觉不一致的光泽度。因此可选用投影光泽计。

7.4.2.3 鲜映性

鲜映性是指涂膜表面反映影像（或投影）的清晰程度，以 DOI 值表示。它能表征与涂膜装饰性相关的一些性能（如光泽、平滑度、丰满度等）的综合指标，测定性能实际上也是涂膜的散射和漫反射的综合效应。鲜映性可用来对飞机、汽车、精密仪器、家用电器，特别是高级轿车车身等的涂膜的装饰性进行等级评定。

鲜映性测定仪的关键装置是一系列标准的鲜映性数码板，以数码表示等级，分为 0.1、0.2、0.3、0.4、0.5、0.6、0.7、0.8、0.9、1.0、1.2、1.5、2.0 共十三个等级，称为 DOI 值。每个 DOI 值旁印有几个数字，随着 DOI 值升高，数字越来越小，用肉眼越来越不宜辨认。观察被测表面并读取可清晰地看到的 DOI 值旁的数字，即为相应的鲜映性。

测试原理是将数码板上的数码通过光的照射及被测表面的反射映照在观测孔中，通过测量者的肉眼观测，读出鲜映性级别 DOI 值，达到测量涂膜表面装饰性能指标的目的。DOI 值越高鲜映性越好。具体操作是把标准反射板放在桌上，将涂膜鲜映仪仪器底部的测量窗口对准标准反射板放好，然后按下电源开关，从目镜筒观察映照在标准反射板上的数码板，确认可清晰地读取数码板上 DOI 值为 1.0 的数字。将仪器置于被测物体表面，使测量窗口与被测面对好，按动电源开关，从目镜筒中观察被映照的数码，读取可看清楚的 DOI 值数字（数字要清晰）。

7.4.2.4 雾影

雾影系高光泽漆膜由于光线照射而产生的漫反射现象。雾影只有在高光泽下产生，且光泽必须在 90 以上（用 20°法测定）。雾影值最高可达 1000，但评价涂料时，雾影值在 250 以下就足够了，故仪器测试范围为 0～250。涂料厂生产的产品其雾影值应定在 20 以下，否则漆膜雾影很大，将严重影响高光泽漆膜的外观，尤其浅色漆影响更为显著。

测试原理是利用漆膜表面接近 20°反射光两侧（±0.9°）处接收的散射光，以测出漆膜的反射雾影。具体操作是首先用光泽和雾影标准板校正仪器，然后把试板放在样品升降台上，紧贴测试孔，液晶显示屏上就能同时显示出该漆膜的 20°光泽值和雾影值，结果以 0～250 的数值表示。

7.4.2.5 颜色

颜色是一种视觉，是不同波长的光刺激人的眼睛之后，在大脑中所引起的反映。涂膜的颜色是当光照到涂膜上时，经过吸收、反射、折射等作用后，其表面反射或投射出来，进入人们眼睛的颜色。决定涂膜颜色的是照射光源、涂膜性质和人眼。

测定涂膜颜色一般方法是按标准的规定将试样与标准样同时制板，在相同的条件下施工、干燥后，在天然散射光线下目测检查，如试样与标准样颜色无显著区别，即认为符合技术容差范围。也可以将试样制板后，与标准色卡进行比较，或在比色箱 CBB 标准光源 D_{65} 的人造日光照射下比较，以适合用户的需要。

按 GB 9761—88（色漆和清漆　色漆的目视比色）的规定，具体操作是使用自然日光或比色箱，将试板并排放置，使相应的边互相接触或重叠，判定各种颜色。

7.4.2.6 白度

白度是在某种程度上白色涂膜接近于理想白色的属性。白色涂膜的白度不仅表现了颜色的特征，同时也反映了所使用的白色颜料的优劣。白度越高，则遮盖力也越强，其他性能也相应地得到提高。

在涂料的检验中，漆膜的白度一般用目测法或白度计进行评定。

7.4.2.7 明度

明度是颜色的三属性之一，明度是物体反射光的量度。明度表示物体表面相对明暗的特性；在同样照明条件下，以白板作为基础，明度是对物体表面的视觉特性给予的分度。与不同颜色对比，白色涂膜反射光的能力最强。明度高的白色涂膜或彩色涂膜表示它反射了大部分投射在涂膜上的光。

明度的测定是使用光谱光度仪，按 GB 3979—83（物体色的测量方法）光谱光度测定法，则出 Y_c 值，查出明度值。或用漫射日光或 D_{65} 人造光源，按 45°/0°条件观察，对照色卡，用相应数字表示结果。

7.4.3 力学性能检测

涂膜作为保护性材料必须具备一定的强度，它的力学性能是非常重要的。涂膜的力学性

158

能关联性很强，每个性能的检测有很多方法，分别从不同的角度来表示其性能，在选用时要根据产品情况和施工需要来确定。

7.4.3.1 硬度

硬度为漆膜抵抗诸如碰撞、压陷、擦划等力学作用的能力，也可以理解为漆膜表面对作用其上的另一个硬度较大的物体所表现的阻力。这个阻力可以通过一定质量的负荷，作用在比较小的接触面积上，测定漆膜抵抗包括碰撞、压陷或擦划等造成的变形的能力而表现出来。

硬度的测试方法较多，目前常用的主要有 3 种：摆杆阻尼硬度法、划痕硬度法和压痕硬度法。三种方法表达涂膜的不同类型的阻力，各代表不同的应力-应变曲线。

摆杆阻尼硬度法的主要原理是通过摆杆横杆下面嵌入的两个钢球接触涂膜样板，在摆杆以一定周期摆动时，摆杆的固定质量对涂膜压迫，而使涂膜产生抗力，根据摆杆的摇摆规定振幅所需要的时间判定涂膜的硬度，摆动衰减周期时间长的涂膜硬度高。

按 GB/T 1730—93（漆膜硬度的测定摆杆阻尼试验）的规定，具体操作是将测试样板涂膜朝上，放置在水平工作台上，然后使摆杆慢慢降落到试板上。将摆杆偏转并松开，测定摆杆从 5°～2°（双摆）或者 6°～3°（K 摆）或者 12°～4°（P 摆）的时间，结果以样板的摆动时间与空白玻璃板上的摆动时间之比表示。

7.4.3.2 耐冲击性

漆膜在重锤冲击下发生快速形变而不出现开裂或从金属底材上脱落的能力。它表现了被试验涂膜的柔韧性和对底材的附着力。

耐冲击性的测试是以一定质量的重锤落在涂膜样板上，记录使涂膜经受伸长变形而不引起破坏的最大高度。按 GB/T 1732—93（漆膜耐冲击测定法）的规定，具体操作是将试板漆膜朝上平放在冲击试验仪铁台上，重锤借控制装置固定在滑筒的某一高度，按压控制钮，重锤即自由地落于冲头上。取出试板，记录高度，检查试板有无裂纹、皱纹及剥落等现象，以 cm 或 N·cm 表示结果。

7.4.3.3 柔韧性

漆膜随其底材一起变形而不发生损坏的能力。当涂于底材上的涂膜受到外力作用而弯曲时，所表现的弹性、塑性和附着力等的综合性能称为柔韧性。涂膜的柔韧性由涂料的组成所决定，它与检测时涂层变形的时间和速度有关。

柔韧性测定是通过涂膜与底材共同受力弯曲，检查其破裂伸长情况，其中也包括了涂膜与底材的界面作用。按 GB/T 1731—93（漆膜柔韧性测定法）的规定，测试方法是用双手将试板漆膜朝上，紧压于柔韧性测定器规定直径的轴棒上，利用两个大拇指的力量，在 2～3s 内绕轴棒弯曲试板，弯曲时两个大拇指应对称于轴棒中心线。弯曲后，检查漆膜是否产生网纹、裂纹及剥落等破坏现象，结果以毫米（mm）表示。

7.4.3.4 杯突试验

杯突试验是评价色漆、清漆及有关产品的涂层在标准条件下使之逐渐变形后，其抗开裂或抗与金属底材分离的性能。杯突试验所使用的仪器头部有一个球形冲头，恒速地推向涂漆试板背部，以观察正面漆膜是否开裂，漆膜破坏时冲头压入的最小深度即为杯突指数。

杯突试验是利用静态负荷下的冲击来测试金属底材上涂层的延展性（形变能力）。按 GB/T 9753—88（色漆和清漆　杯突试验）的规定，其操作是在杯突试验机上，将试板固定，涂层面向外，冲头以（0.2±0.1）mm/s恒速顶推试板，直至涂层开裂，结果以毫米（mm）表示。

7.4.3.5 附着力

系指漆膜与被涂漆物面之间（通过物理和化学作用）结合的坚牢程度。被涂面可以是裸露底材也可以是涂漆底材。

以划圈法为例，按GB/T 1720—89（漆膜附着力测定法）的规定，测试操作是在划圈法附着力测定仪上，将样板用螺栓固定，调整回转半径为5.25mm，使转针的尖端接触到漆膜，如划痕未露底板，应酌加砝码。按顺时针方向以80～100r/min的转速均匀摇动摇柄，圆滚线划痕标准图长为7.5cm±0.5cm。取出样板，观察漆膜损坏的程度，结果以1～7级表示。

7.4.3.6 耐磨性

耐磨性是指涂层对摩擦机械作用的抵抗能力。实际上是漆膜的硬度、附着力和内聚力综合效应的体现，与底材种类、表面处理及漆膜在干燥过程中的温度和湿度有关。

测试原理是观察漆膜在一定的负载下经规定的磨转次数后的失重。目前一般是采用砂粒或砂轮等磨料来测定漆膜的耐磨程度，常用的有以下几种：①落砂法；②喷射法；③橡胶砂轮法。

以橡胶砂轮法为例，按GB/T 1768—89（漆膜耐磨性测定法）的规定，具体操作是将样板固定于漆膜耐磨仪工作转盘上，加压臂上加所需的质量和经整新的橡胶砂轮，加上平衡砝码，放下吸尘嘴。开启总开关、吸尘器开关、转盘开关。把样板先磨50转，称重。然后重新磨至规定的转数，称重，计算损耗量，结果以漆膜的失重量（g）表示。

7.4.3.7 抗石击性

又称石凿试验，专用于检测汽车涂膜，它模仿汽车行驶过程中砂石冲击汽车涂层以说明涂膜抵抗砂石高速冲击的能力。实际上是冲击、摩擦和附着力的综合性能检验项目。

测试原理是将规定形状和质量的冲击物以一定速度击向涂膜样板，根据样板受击损伤的斑点数目、大小及深度来评定涂膜的抗石击性。

按ASTM D 3170—87(1996)涂层抗石击性试验方法的规定，具体操作是在石子冲击试验仪上，把直径为4～5mm的钢砂用压缩空气吹动喷打在被测样板上。每次喷砂500g，在10s内以2MPa的压力冲向试板，重复2次。然后贴上胶带纸拉掉松动的涂膜，将涂膜破坏情况与标准图片对比，取其就近的编号，即为该涂膜的抗石击性结果，0级最好，10级最差。

7.4.3.8 磨光性

指漆膜经特制的磨光剂磨光后，呈现平坦、光亮表面的性质。一般以光泽度（%）表示。目前主要用于硝基漆、过氯乙烯漆等。

按GB/T 1769—79(89)漆膜磨光性测定法的规定，测试操作是将样板用夹具固定在漆膜磨光仪磨台上，调整计数器，放下磨头，开启电源。当磨头往复运动停止后，取下样板，涂覆上光蜡，揩光，测光泽，结果以光泽度（%）表示。

7.4.3.9 回黏性

漆膜的回黏性是指漆膜干燥后，因受一定温度和湿度的影响而发生黏附的现象。

按GB/T 1762—80(89)漆膜回黏性测定法的规定，具体操作是将滤纸片光面朝下置于漆膜上，放入调温调湿箱，将在温度40℃±1℃、相对湿度80%±2%条件下预热的回黏性测定器放在滤纸片的正中，关上调温调湿箱。5min 内升到温度 40℃±1℃、相对湿度 80%±2%，在此条件下保持 10min。迅速垂直向上拿掉测定器，取出样板观察漆膜情况，结果以级表示。

7.4.3.10 耐码垛性

耐码垛性指单层涂膜或复合涂膜体系在规定条件下充分干燥后，在两个涂膜表面或一个涂膜表面与另一种物质表面在受压的条件下接触放置时涂膜的损坏能力，或称耐叠置性、堆积耐压性。因为涂漆后的被涂物件经常是多个码放在一起，涂膜承受相当大的压力，涂膜不能因此发生粘连或破损，这是实际过程中对涂膜性能的要求。

耐码垛性测定是模仿涂漆物件相互堆起来。按 GB/T 9280—88（色漆和清漆　耐码垛性试验）的规定，将样板以 90°±2°角相互交叠，试板表面紧密接触，放于耐码垛性试验仪底座上，将规定砝码放在压柱上，然后将所有质量慢慢地放置两个试板的接触面上，完全覆盖试板所接触的正方形，保持至规定时间，结果以压力（Pa）表示。

7.4.4 涂膜耐物化性能检测

涂膜在使用过程中除了受外力作用外，光、热、电的作用也会使涂膜的强度、外观等发生变化。根据产品需要，检测涂膜对这些因素的抵抗力。

7.4.4.1 保光性

指涂膜在经受光线照射下能保持其原来光泽的能力。

按 GB/T 9754—88（色漆和清漆不含金属颜料的色漆漆膜的 20°、60°和 85°镜面光泽的测定）的规定，具体操作是将被测涂膜样板遮盖住一部分，在日光或人造光源下照射一定时间后，用光电光泽仪测定未照射和被照射部分的光泽，计算其比值。保光性＝照射后的光泽/照射前的光泽，失光率小于 5% 为 0 级；5%～20% 为 1 级；21%～50% 为 2 级；51%～80% 为 3 级；大于 80% 为 4 级。

7.4.4.2 保色性

指涂膜在经受光线照射下能保持其原来颜色的能力。通常的检测方法也是比较被照射涂膜与未照射涂膜在颜色上的差别。

保色性测定是采用目测法和仪器测定法测定，以漆膜颜色变化的程度判定保色性。按 GB/T 9761（色漆和清漆　色漆的目视比色）的方法，具体操作是将色差仪放于样板上，通过选择开关，可测定相关的数据，保色性＝照射后的颜色/照射前的颜色。

7.4.4.3 耐黄变性

含有油脂的涂料的涂膜在使用过程中经常会发生黄变，甚至有的白漆标准样板在阴暗处存放过程中也会逐渐地产生黄变现象。原因大都是涂料中所含油类干燥过程和继续氧化时生成的分解物质带有黄色，在浅色漆上比较容易觉察。

测试原理是仪器带有 3 个或 4 个滤光器，其滤光器能使测量值与三刺激值间有一定的线性关系。按 GB 11186.2—89（涂膜颜色的测量方法）的规定，具体操作是将样板放入色差仪适当的位置，通过选择开关，分别测 X 值、Y 值、Z 值，泛黄程度值 $D=(1.28X-1.06Z)/Y$。

7.4.4.4 耐热性

指漆膜对高温的抵抗能力。由于许多涂料产品被使用在温度较高的场所，因此耐热性是这些产品上的涂膜的重要的技术指标。若涂层不耐热，就会产生气泡、变色、开裂、脱落等现象，使漆膜起不到应有的保护作用。测定漆膜耐热性的方法一般采用鼓风恒温烘箱或高温炉，在达到产品标准规定的温度和时间后，对漆膜表面状况进行检查。

按 GB 1735—79(89) 漆膜耐热性测定法的规定，具体操作是将三块制好的涂漆样板放置已调节至按产品标准规定温度的鼓风恒温烘箱或高温炉内，待达到规定时间后，取出样板，冷至 25℃±1℃，与预先留下的样板对比，检查其有无起层、皱皮、鼓泡、开裂、变色等现象，结果以合格或不合格表示。

7.4.4.5 耐寒性

耐寒性指漆膜对低温的抵抗能力。特别是用于检测水性涂料，在寒冷的气温环境条件下，涂膜能否保持原有的力学性能。通常的检测方法是将涂膜样板按照产品标准规定放入低温箱中保持一定时间，取出观察涂膜变化情况。

测试操作是将涂膜样板按产品规定放入低温箱中，如−40℃或−60℃保持一定时间，取出观察涂膜变化。结果以涂膜是否有变色、失光、开裂等现象表示。

7.4.4.6 耐温变性

指涂膜经受高温和低温急速变化情况下，抵抗被破坏的能力。通常的检测方法是在高温保持一定时间后，再在低温放置一定时间，如此经过若干次循环，最后观察涂膜变化情况。

按 GB/T 9154—88（建筑涂料 涂层耐冻融循环性测定法）的规定，具体操作是在烘箱中高温如 60℃保持一定时间后，再在低温箱中低温如−20℃放置一定时间，如此经若干次循环，最后观察涂膜是否有变色、失光等现象。

7.4.5 涂膜耐化学及耐腐蚀性能检测

7.4.5.1 耐水性

漆膜对水的作用的抵抗能力，即在规定的条件下，将涂漆试板浸泡在水中，观察其有无发白、失光、起泡、脱落等现象以及恢复原状态的难易程度。

漆膜耐水性的好坏与树脂中所含的极性基团、颜料中的水溶盐、涂膜中的各种添加剂等因素有关，也受被涂物的表面处理及涂膜的干燥条件等因素所影响。

测试原理是涂料在使用过程中往往与潮湿的空气或水分直接接触，随着漆膜的膨胀与透水，漆膜就会出现各种破坏现象，直接影响到涂料的使用寿命。按 GB/T 1733—93（漆膜耐水性测定法）的规定，具体操作是样板投试前先用 1∶1 的石蜡和松香混合物封边，将三块样板放入玻璃水槽的水中，并使每块试板的长度的 2/3 浸泡于水中。常温为 23℃±2℃；沸水应保持沸腾状态。观察样板是否有失光、变色、起泡、起皱、脱落、生锈等现象。

7.4.5.2 耐盐水性

耐盐水性是漆膜对盐水侵蚀的抵抗能力。可用耐盐水性试验判断涂膜防护性能。

测试原理是涂膜在盐水中不仅受到水的浸泡发生溶胀，同时又受到溶液中氯离子的渗透而引起强烈腐蚀，因此涂膜除了可能出现耐水性的起泡、变色等现象外，还会产生许多锈点和锈蚀等破坏。按 GB/T 1763—89（漆膜耐化学试剂性测定法）的规定，具体操作是样板投试前先用 1∶1 的石蜡和松香混合物封边，将三块样板放入水中，并使每块试板的长度的 2/3 浸泡于 3% 的盐水中。常温为 25℃±1℃；加温耐盐水为 40℃±1℃。观察样板是否有失光、变色、发白、起泡、软化、脱落、生锈等现象以及恢复原状态的程度。

7.4.5.3 耐石油制品性

耐石油制品性是漆膜对石油制品（汽油、润滑油、溶剂等）侵蚀的抵抗能力。

测试原理是现代工业产品经常会接触到各种石油制品，如汽油、润滑油、变压器油等。这些物件的涂膜必须具有对这些石油制品侵蚀作用的抵抗能力。按 GB/T 1734—93（漆膜耐汽油性测定法）的规定，具体操作是将三块样板放入油中，并使每块试板的长度的 2/3 浸泡于汽油中。常温为 25℃±1℃。分为浸汽油和浇汽油两种方法，观察涂膜有无变色、失光、发白、起泡、软化、脱落等现象以及恢复原状态的难易程度。

7.4.5.4　耐化学试剂性

耐化学试剂性是漆膜对酸碱盐及其他化学药品的抵抗能力。

测试方法是在规定的温度和时间内，观察涂膜受介质侵蚀情况。按 GB/T 1763—89（漆膜耐化学试剂性测定法）的规定，具体操作是将三块样板放入温度为 25℃±1℃ 介质中，并使每块试板的长度的 2/3 浸泡于介质中，观察漆膜是否有失光、变色、起泡、斑点、脱落等现象。

7.4.5.5　耐溶剂性

耐溶剂性是漆膜对有机溶剂侵蚀的抵抗能力。

测试方法是在规定的温度和时间内，观察涂膜受介质侵蚀情况。按 GB/T 9274—88（色漆和清漆　耐液体介质的测定）的规定，具体操作是将三块样板放入温度为 23℃±2℃ 介质中，并使每块试板的长度的 2/3 浸泡于介质中，观察漆膜是否有失光、变色、起泡、斑点、脱落等现象。

7.4.5.6　耐家用化学品性

耐家用化学品性又称污染试验或耐洗涤性，即漆膜经受皂液、合成洗涤剂液的清洗（以除去其表面的尘埃、油烟等污物）而保持原性能的能力。涂膜接触到这类物品，如果被玷污留有痕迹或受到侵蚀，都将影响到装饰和保护作用。

按 GB/T 9274—88（色漆和清漆　耐液体介质的测定）的规定，具体操作是将点滴法分为覆盖法和敞开法。将测试液体滴在制好的试验样板涂膜表面，在规定的 23℃±2℃ 下，在规定时间内，样板应不受干扰。达到标准规定时间后，用水或溶剂清洗，立即检查涂膜变化情况，结果以级表示。

7.4.5.7　耐化工气体性

即漆膜在干燥过程中抵抗工业废气和酸雾等化工气体作用而不出现失光、丝纹、网纹或起皱等现象的能力。

在工业大气的环境中，空气中含有大量的工业废气和酸雾等化工气体，尤其在化工厂及其临近地区所使用的设备、构件、管道、建筑物等，危害更为严重。为此在这些地区所使用的涂料不仅要具有一定的耐候性，更需要有较高的抵抗这些化工气体腐蚀性的能力。

耐化工气体性测试是用 SO_2 或 NH_3 进行耐化工气体的腐蚀试验，以便模仿化工厂的室外环境条件，使测试结果与实际应用更为一致。按 ISO 3231—1993（抵抗含 SO_2 潮湿大气的测定法）的规定，具体操作是控制气密箱中一定的温度和湿度，通过调节通入适量的 SO_2 气体，到规定的时间后，观察漆膜表面是否有失光、丝纹、网纹或起皱。

7.4.6　涂膜耐候性能检测

7.4.6.1　耐人工老化性

这漆膜在人工老化试验机中暴露而逐渐发生的性能变化。人工加速老化是基于大量的天然曝晒试验的结果，从中找出规律，找出气候因素与漆膜破坏之间的关系，以便在实验室内人为地创造出模拟这些因素的条件并给予一定的加速性，以克服天然曝晒试验需时过长的不足。

测定原理是太阳光谱中紫外光能量虽只占太阳总能量的 4%，但许多材料正是在紫外线区域内遭到破坏。因此采用紫外线碳弧灯、阳光碳弧、氙（气）灯、高压水银灯以及组合光源等类型，通过调节温度、湿度及通氧量来达到与天然曝晒相似的结果。按 GB 1865—1997（色漆和清漆 人工气候老化和人工辐射暴露）的规定，具体操作是在人工老化机中，工作室温度为 45℃±2℃；相对湿度为 70％±5％；降雨周期为每小时降雨 12min，把样板放进样板夹具架，插到气候箱转鼓上，按人工气候箱的操作规程开动机器，按试验条件进行试验，按《GB/T 1766—1995 色漆和清漆涂层老化的评级方法》进行检查、评级。

7.4.6.2 耐湿热性

这漆膜对高温高湿环境作用的抵抗能力。湿热试验也是检测涂膜耐腐蚀性的一种方法，一般与盐雾试验同时进行。

按 GB/T 1740—89（漆膜耐湿热性测定法）的规定，具体操作是在调温调湿箱中，将样板垂直悬挂于样板架上，样板正面不相接触。放入预先调到温度为 47℃±11℃、相对湿度为 96％±2％ 的调温调湿箱中。当回升到规定的温度和湿度时，开始计算时间。结果以级表示。

由于湿热试验中最主要的影响因素是温度和湿度，因此在每次试验中需特别注意这两个因素的控制，以免影响试验结果。对于样板的评定主要观察涂膜有无起泡、生锈和脱落，按其损坏程度进行评级。

7.4.6.3 耐盐雾性

漆膜对盐雾侵蚀的抵抗能力。盐雾试验是目前普遍用来检验涂膜耐腐蚀性的方法。大气中的盐雾是由悬浮的氯化物的微小液滴所组成的弥散系统，它是由于海水的浪花和海浪击岸时泼散成的微小水滴经气流输送过程所形成。一般在沿海或近海地区大气中都充满着盐雾。由于盐雾中的氯化物，如氯化钠、氯化镁具有在很低相对湿度下吸潮的性能和氯离子具有很大的腐蚀性，因此盐雾对沿海或近海地区的金属材料及其保护层具有强烈的腐蚀作用。

测试过程中要使溶液的成分更接近天然海水，以模拟真实海洋大气的腐蚀条件，采用一定压力的空气通过试验箱内的喷嘴把盐水喷成雾状而沉降在试验板上。按 GB/T 1771—91（色漆和清漆耐中性盐雾性能的测定）的规定，具体操作是在盐雾试验箱中，配制氯化钠的浓度为 $(50±10)g/L$，pH 值为 6.5～7.2，经 24h 周期后计算每个收集器收集的溶液，每 $80cm^2$ 的面积应为 1～2mL/h，温度为 35℃±2℃。观察样板的破坏现象，如起泡、生锈、附着力的降低、由划痕处腐蚀的蔓延等。

目前我国国家标准《GB/T 1771—91 色漆和清漆耐中性盐雾性能的测定》等效采用国际标准《ISO 7253—1984》，与美国 ASTM B 117—73(1979) 标准也完全相同。

为提高盐雾的试验效果，美国标准 ASTM G 43—75(80) 采用了如下的方法：①乙酸盐雾试验，即将纯氯化钠盐水的 pH 值调整至酸性（pH 值在 3.1～3.3 之间）；②氯化铜改性的乙酸盐雾试验，即除了用乙酸调节成酸性外，再加入适量的 $CuCl_2·2H_2O$。这两种方法的目的就是试图克服以往盐雾试验存在的可靠性和重现性问题，并大大加速腐蚀的速度。

7.4.6.4 抗霉菌性

这漆膜抵抗霉菌在其上生长的能力。一般适于霉菌生长的温度是 15～35℃，最适宜的温度是 25～30℃，当温度低于 0℃ 或高于 40℃ 时，霉菌实际上不生长。适于霉菌生长的相对湿度是 80％ 以上，超过 95％ 生长最为旺盛，低于 75％ 时霉菌不生长，但并不死亡，所以最适宜于霉菌生长的气候条件是温度 30℃ 与相对湿度 95％～100％。

测试原理是霉菌对涂料的破坏作用首先是霉菌在漆膜上的生长引起漆膜表面的斑点、起泡；同时由于霉菌在新陈代谢过程中所产生的有机酸，能引起漆膜表面颜料的水解，从而透入底层，导致漆膜破坏并失去作用。按 GB/T 1741—89（漆膜耐霉菌测定法）的规定，具体操作是防霉试验方法一般有悬挂法和培养皿法，对于大件成品还可采用局部法。其操作均为将实干后的样板平放于无机盐培养基上，用喷雾器将悬浮液均匀细密地喷在样板上，放入保温箱中培养。3d 或 7d 后检查试样生霉程度，14d 后总检查，按标准评级。

第8章　涂料工厂设计简介

8.1　概述

工厂设计是指对一个确定的生产工艺，提供建筑和装备的详细筹划，即对一个完整的工艺生产系统以及为其服务的公用工程、辅助设施所做的安排。

设计是一门综合性的应用科学，所涉及的学科和专业非常广泛，以至于一部完整的工程设计，没有各方面的专业人员配合工作是难以完成的。因此，了解一定的设计知识，掌握一些基本的设计技能，不但是专业设计人员所必须的，对于从事科研、生产和基本建设的工程技术人员来说也是很必要的。

本章的目的在于介绍涂料工厂设计的一般概念，充实和完善涂料工艺的知识内容。

8.1.1　工厂设计的任务和内容

8.1.1.1　工厂设计的任务

工厂设计的任务是要解决包括新建、改建和扩建项目的所有工程问题。这些问题涉及国家的政策、法令、规范、规定（如城市建设规划、环境保护、安全卫生等）；涉及工艺技术方案和工程技术方案（如工艺流程、设备选型、建筑结构和公用设施等）；涉及经济评价（如成本及投资、效益分析等）。工厂设计所包括的内容有的需要专业设计工程师去完成，有的则需要经济师和会计师去完成。工厂设计是一项综合性很强的经济技术工作，除了设计部门内部各专业之间的密切配合外，还需要具备必要的外部条件（如设计基础资料，工艺基础设计或专利技术以及设备订货资料等）才能使工厂设计顺利进行。

基本建设项目通过工厂设计取得各种设计文件。设计文件是工厂设计的文字成果，是项目建设的主要依据。工厂设计的全部内容都体现在各设计阶段的设计文件之中。

8.1.1.2　设计阶段和设计程序

工厂设计一般按初步设计和施工图设计两个阶段进行。对于复杂工程或者需要一次规划分期建设的某些工程，可以在初步设计之前进行总体规划设计。对于缺乏经验的某些工程，可在施工图之前进行技术设计。总体规划设计与技术设计都是根据工程具体情况为解决某些特殊问题而增加的，并不单独形成设计阶段。对于涂料工厂的企业技术改造，预先进行总体规划，而后再分批分期实施尤为重要，这样做可以避免总体上顾此失彼，布局上不合理等弊端。初步设计以批准的设计任务书为依据；施工图设计以批准的初步设计为依据。

设计程序大致按以下的模式进行：①根据批准的可行性研究报告（设计任务书）和招标文件的要求，设计部门编制投标文件参加投标；②中标后签订承包合同；③按照合同规定，全面开展工程设计；④在基础工程设计的过程中进行设备的询价采购；⑤由建设项目的主管部门或委托单位对基础工程设计主要文件予以审查确认；⑥按照订货最终设备图纸和其他有关设计条件完成工程详细设计。

设计工作是逐步深化的，一阶段的设计是以前一阶段设计为依据，同时，又是后一阶段设计的前提。设计程序反映了设计工作的客观规律，坚持设计程序，是提高设计质量、加快设计进度的保证。

8.1.2 设计前期工作

8.1.2.1 项目建议书

通常所说的基本建设项目是指为完成计划确定的建设任务而兴建的工程，它由一个或若干个互相有内在联系的单项工程所组成，建成后经济上可以独立经营，行政上可以统一管理。

项目的提出应根据国民经济和社会发展的长期规划、行业或部门发展规划以及地区和城市发展规划的要求，或者根据资源和市场需求，经过研究提出项目的建议，这种建议往往要以书面提出，即项目建议书。为了使项目的提出建立在科学的基础上，常常在项目建议书阶段就开展预可行性研究，对项目的建议作出初步的论证。

项目建议书是建设项目正式开展前期工作的依据，是对建设项目的轮廓设想，当项目建议书批准之后，建设项目才能列入基本建设的长期计划。

项目建议书的主要内容：建设项目提出的必要性和依据；产品方案、建设规模和建设地点的初步设想；资源情况、建设条件、协作关系和引进国别、厂商的初步分析；投资估算和资金筹措设想；项目的进度设想；经济效果和社会效益的初步估计。

8.1.2.2 可行性研究

（1）可行性研究的任务及作用　现代工厂的建设是从可行性研究开始的。通过可行性研究，可以预测项目建成后的经济效果，提出可行还是不可行的结论，为领导机关决定拟建项目是否建设以及如何建设提供依据。只有进行可行性研究，才能选出投资省、产品质量好、销路广、利润大的最佳建设方案。

可行性研究是项目决策期最重要的工作。可行性研究是编制设计任务书的依据，是进行整个项目工程设计的基础。如果建设项目需要引进国外技术，可行性研究可作为对外谈判签订合同的依据。可行性研究还可以作为项目筹措建设资金向银行申请贷款的依据。

（2）可行性研究的内容和做法　可行性研究的具体内容视项目的具体情况而定，但至少包括以下 6 个方面的内容。

① 市场研究　通过市场调查，预测产品的销售方向和市场可能接受的产品价格，制定具体的产品方案。

② 工艺技术的研究　进行各种工艺路线的比较，研究主要设备的选型。

③ 工程条件的研究　包括原料、燃料、动力的供应来源和建厂地区自然条件的研究。

④ 劳动力的来源　包括人员培训、生产组织以及项目实施计划等。

⑤ 环境保护措施。

⑥ 资金、成本和经济效果的研究　资金筹措及贷款的偿还，生产成本的分析，对拟建项目进行综合性的经济评价。

可行性研究的做法是由浅入深的，研究深度取决于需要和可能。根据联合国工业发展组织出版的《工业可行性研究手册》，可行性研究可分机会研究、初步可行性研究、可行性研究三个阶段进行。

（3）可行性研究报告　可行性研究报告是可行性研究的文字成果。化工工程项目可行性研究报告的内容如下。

① 总论　概述工程项目的依据、研究范围、目的和要求。简要说明工程项目的主要研究过程、研究论据和结论性意见以及存在的问题。

② 需求预测　国内外需求情况、市场预测及产品销售规划。

③ 工厂规模和生产技术方案　产品方案及工厂规模。生产技术方案包括原料路线的选择、技术路线的选择及主要设备的选用。

④ 主要物料供应规划　包括原料、燃料供需情况和动力供需情况。

⑤ 建厂地区条件和厂址选择　可供选择的地区、位置、环境、建厂条件及厂址方案综合比较，提出推荐厂址的意见。

⑥ 工程技术方案　包括公用工程、辅助生产设施、服务性工程、生活福利工程、总图运输、土建工程等方案。

⑦ 环境保护　建设地点环境的状况、污染物的情况、环境保护和"三废"治理措施，工厂建成后对环境影响的估计。

⑧ 工厂组成劳动定员及人员培训　全厂生产、管理的体制，机构的设置和全厂定员，说明人员的来源和培训计划。

⑨ 项目实施规划　安排建设计划，初步确定建设周期和正式投产时间。

⑩ 总投资估算和资金筹措。

⑪ 产品成本估算。

⑫ 财务、经济评价及社会效益评价　包括偿还贷款能力计算分析、现金流通、效益静态分析、效益动态分析、不确定因素分析以及其他经济效果指标分析。

⑬ 评价结论　综合上述分析，对工程项目的建设方案从技术角度和经济角度并从国家角度和企业角度作出简要评价结论。

8.1.2.3　设计任务书

设计任务书（又称计划任务书）是建设项目的决策文件。建设项目经过可行性研究，如果是得出可行的结论，就要对项目进行进一步的分析研究，审核建厂的必要性、利弊条件和项目指标的可靠性，使建设项目的最终决策建立在科学的基础上。设计任务书把可行性研究的主要成果概括了进去，因此，设计任务书的批准标志着建设项目的成立。

设计任务书由主管部门组织编写（通常委托设计单位代编），它的深度应能满足开展设计的要求。

设计任务书的主要内容与可行性研究报告相当，对于国内一般建设项目报批设计任务书，对于涉外建设项目（如引进、合资等）报批可行性研究报告。在基建程序中，可行性研究与设计任务书同属一个阶段。

8.1.2.4　厂址选择

厂址选择泛指建设地点的选择，建设项目可以是一个独立完整的工厂，也可以是一个车间、一套装置。无论是新建、扩建还是改建工程，总是要把建设项目妥善地安置在拟定地点的一个恰当位置，这就是厂址选择的主要任务。厂址选择的正确与否，不但关系到企业经营效果，而且对所在地区的经济发展、人民生活、城市面貌都发生影响。所以厂址选择是一项非常重要的工作。厂址选择工作是在主管部门领导下，组织有关方面人员参加的选厂小组，往往与设计任务书的编制同时进行。选厂结果应写成厂址选择报告，作为设计任务书的附件。

厂址选择要认真贯彻国家的建设方针，服从城市建设规划，注意节约用地和环境保护，处理好生产与生活、近期与远期等各方面的关系。

涂料工厂厂址选择一般有以下几个要求。

① 厂址应靠近原料、燃料供应地区及产品销售地区，使产品的生产和分配费用最低。

② 厂址应具有方便而经济的运输条件。

③ 厂址应具备充分的水、电、汽供应条件。

④ 厂址附近最好已具有一定的公用事业基础，以便利用原有的生活福利设施。因此，涂料工厂宜设置在城镇的边缘地带并靠近其他企业以利协作。

⑤ 厂址的地形应能满足工厂总图布置的要求，并有适当的发展余地，地势力求平坦，略有坡度，地质条件较好。

⑥ 自然条件有利于"三废"治理与综合利用。

⑦ 贯彻执行国家及地方的建设方针和政策法规。

⑧ 下列情况不宜建厂：

a. 地下有开采价值的矿藏地区；

b. 泄洪区（山洪冲击区，水库下游等）；

c. 地震强度在九级以及九级以上者；

d. 地下有流砂层、不稳定的断层、滑坡、泥石流区以及岩溶地区；

e. 重要军事目标或国家机密设施周围（在一定范围内）；

f. 名胜古迹风景区。

由于厂址的布置受到一些条件的约束，如地理位置、地形地质、气象、附近建筑物和构筑物的影响、界区边缘条件（公用工程相辅助设施的参数等）以及政府法令、法规等，所以厂址布置不可能理想化。就涂料工厂来说，由于原料费约占工厂成本 90% 左右，从经济观点来看，原料供应、产品销售以及运输条件乃是涂料工厂厂址选择的关键问题，应优先予以考虑。

8.1.2.5 环境影响预评价

环境影响评价也称为环境质量预评价，是指预测某一建设项目的开发，对未来环境的影响（包括对自然环境和社会环境的影响）。

环境影响预评价的成果文件是环境影响报告书和环境影响报告表。

编制环境影响报告书和环境影响报告表的目的是在项目可行性研究阶段，即对项目可能对环境造成的近期和远期影响，拟采取的防治措施进行评价，论证和选择技术上可行，经济、布局上合理，对环境的有害影响较小的最佳方案，为领导部门决策提供科学依据。

各级人民政府环境保护部门对建设项目的环境保护要实行统一的监督管理，其中包括对设计任务书（可行性研究报告）的审查、环境影响报告书或环境影响报告表的审批、初步设计中环境保护篇章的审查等。

未经批准环境影响报告书或环境影响报告表的建设项目，计划部门不办理设计任务书的审批手续，土地管理部门不办理征地手续，银行不予贷款；凡环境保护设计篇章未经环境保护部门审查的建设项目，有关部门不办理施工执照，物资部门不供应材料、设备；凡没有取得"环境保护设施验收合格证"的建设项目，工商行政管理部门不办理营业执照。设计人员必须了解：

①凡从事对环境影响的建设项目都必须执行环境影响报告书的审批制度；

②建设项目的初步设计，必须有环境保护篇章；

③防治污染及其他公害的设施，必须与主体工程同时设计、同时施工、同时投产使用（即所谓"三同时"制度）；

④建设项目建成后，其污染物的排放必须达到国家或地方规定的标准和符合环境保护的有关法规。

环境影响报告书或环境影响报告表由建设单位负责提出。开展环境影响预评价的工作应由持有《建设项目环境影响评价资格证书》的单位承担。其具体内容和要求应参照《建设项目环境保护管理办法》的规定执行。

8.1.2.6 设计基础资料

任何一个工程建设项目都是具体的，即受到一些条件的约束，这些约束条件便是设计的最基本依据，如气象、水文、地质、动力供应、交通运输条件等，只有依据项目的具体条件进行设计，才能达到预期的效果。作为建设项目约束条件的原始资料和技术数据，就是设计基础资料。收集设计基础资料是设计前期工作中的一项重要任务。作为建设项目的筹建单位，在委托设计的时候就要为此作好准备。下面是以工厂设计为对象的设计基础资料参考提纲。设计人员在工作之前应根据工程具体情况拟出所需资料的具体纲目进行收集。这些资料往往不是现成的，有时需要到各有关部门调查访问索取，因而，难以一次收集齐备，应根据工作的进展情况分期进行。下面介绍涂料工厂设计基础资料。

（1）正式文件

①已批准的项目建议书、可行性研究报告（设计任务书）及选厂报告或关于建设项目的其他正式文件。

②工程协议文件（包括原料供应、产品销售、给排水、供电、供汽、交通运输、公安消防、环境保护等）。

③设计协议书或设计合同。

④新产品、新工艺的试验研究报告和鉴定文件。

⑤环境影响报告书、环境影响报告表及其批准文件。

（2）工艺基础资料

①具体品种的工艺配方及技术操作规程。

②原料、半成品及成品的技术规格、检验标准以及它们的包装形式、规格。

③特殊物料的物化数据。

④"三废"排放量及组成（尽可能采用实测数据）。

（3）厂址自然条件 地形地貌包括区域位置地形图［比例(1∶10000)～(1∶25000)］；厂区地形图［比例(1∶500)～(1∶1000)］。

①气象资料 包括气温、气压、湿度、蒸发量、风、雨、雪、雷电等。

②工程地质 包括土壤性质、地耐力、下沉性、地下水位；特殊的地质现象如滑坡、断层、流砂、泥石流等；地震资料；现有建构筑物及隐藏工程情况。

③水文地质 包括：洪水（历史最高洪水水位，多年最高洪水水位，最大和最小流量及多年平均流量等）；水源（地面水的水质、水量及水温。地下水含水层层数、厚度、深度、水质、水温等）。

170

（4）公用工程

① 给排水 包括自设水源地的位置、地形及地质勘测资料；原有水源需了解水源地的规模、净化能力和输水能力，水管接点标高、压力、埋管深度，给排水管网情况，水质分析等；排水地点、排水系统及净化系统的能力；地方卫生机关对排水的要求。

② 供电 包括供电路线的电压等级，变电所容量接线地点、敷设方式及至工厂距离；变电所母线侧最大短路容量。

③ 供汽 包括热源地点、蒸汽参数及供应量。

（5）交通运输 铁路接轨点位置、标高、距离，调车站调运能力及线路货运能力等；公路等级、路面宽度及负荷能力等；水运码头的能力和水运情况，自建专用码头的地点与工厂距离及造价。

（6）区域经济 居民点位置，人口及劳动力来源；当地文化福利设施；农业及生活资料供应情况；城市规划。

（7）产品成本估算资料 原料、成品及副产品价格（包括包装费及运费）；水、电、汽价格；平均工资及附加费；车间经费、企业管理费组成及比例；税率。

（8）工程概算资料 土地征购及青苗赔偿等费用指标；冬季、雨季施工费及大型临时设施费等指标；公用工程（铁路、公路等）当地指标；土建单位估价指标；当地工资等级及定额；设备及材料差价；地方有关政策规定。

（9）施工条件 当地建筑标准及常用标准图；当地建筑材料供应的品种、数量、价格、运输条件等；当地施工单位的施工力量、技术水平、施工机具装备水平；施工用电及用水来源、施工场地及运输条件。

（10）其他专业性基础资料。

8.1.3 设计文件的编制

设计文件是设计工作的主要成果。设计文件通常经主管部门指定或委托或筹建单位进行招标，由经过国家设计资格认证持有设计证书的设计单位进行编制。

设计文件的编制按设计阶段进行，各个设计阶段对设计文件的深度要求有所不同。设计任务书（可行性研究报告）批准之后，设计基础资料基本具备，即可开展初步设计。初步设计批准之后即可开展施工图设计。涂料工厂一般以小型企业居多，进行企业改造总是逐步进行的，若没有一个全盘的规划，就会顾此失彼，造成生产上的不平衡，布局上的不合理。因此，常常需要在初步设计之前进行规划设计。规划设计的任务主要是根据国民经济发展的需要和市场信息以及其他因素的综合分析，确定项目的总建设规模、总生产流程、总平面布置、总定员、总投资估算和总建设进度。规划设计的内容基本上可参考初步设计并可适当缩简。

8.1.3.1 初步设计

（1）初步设计阶段的主要任务及要求 初步设计的主要任务是根据设计任务书（可行性研究报告）或规划设计确定工程的设计原则、标准和设计方案，如工艺流程、生产方法、工厂（或车间）组成、水电汽的供应方式和用量、主要设备和仪表的选型、总图及贮运方案等。编制初步设计文件与概算。

初步设计的深度要满足主要设备订货、主要材料预安排、编制施工图、编制施工组织设计、征购土地、施工准备和生产准备的需要。设计概算要满足控制基建投资、计划安排和贷款的要求。

初步设计要认真贯彻国家现行技术经济政策，严格执行各种规范规定，做好环境保护、职业卫生与安全防火的工作，技术上既要先进又要成熟，注意各项经济指标的合理性。

（2）初步设计内容　初步设计由说明书、概算书、设备材料表及图纸四部分组成。以工厂为单位编制的说明书一般包括下列内容，车间或装置的初步设计可适当简化。

① 总论　包括设计依据、设计范围、设计原则、工厂组成、建设规模、产品方案和产品规格；主要原材料的规格、数量及来源；生产方法、厂址概况、公用工程及辅助工程；节能措施、环境保护及综合利用、职业安全卫生；工厂的机械化自动化水平、工作制度及劳动定员；综合技术经济指标、存在问题及解决意见等。

② 工艺　按车间（装置）阐述设计规模、生产方法、车间（装置）组成、生产制度；确定工艺流程以及主要设备的选择与计算；原材料、动力消耗定额及消耗量；厂房布置、岗位定员；车间成本估算、生产控制分析、"三废"排放量及有害物质含量等。

③ 自动控制及生产检验　包括工程自动控制水平、环境特征、仪表选型、动力供应、检验项目及检验仪器的选型。

④ 总图运输　简述厂区各建筑物、构筑物的总平面布置、竖向布置方案和全厂性运输方案。列出占地面积、建筑系数、场地利用系数、货物运输量等主要技术经济指标和土石方工程平衡表以及厂区绿化方案。

⑤ 公用工程　包括给排水、供电、供热及采暖通风的设计原则和设计方案。

⑥ 辅助工程　包括液体原料、固体原料仓库及全厂设备、材料仓库；空压站、冷冻站及冷、暖库；机、电、仪修、中央化验室、试验场等。分别按照具体设计内容阐述。

⑦ 建筑结构　阐述全厂各建筑物的建筑、结构设计原则，编制建筑物和构筑物一览表，进行"三材"（钢材、木材、水泥）估算。

⑧ 外部工艺及供热管道　主要阐述全厂各街区之间及车间之间的外部管道的特征，包括介质的性质、流量、流速、温度、压力、压降、管道材料及保温、保冷等。确定管道走向和布置。

⑨ 环境保护及职业安全卫生　主要说明工厂（或车间）环境状况，废气（包括粉尘、烟尘）、废水、废渣及噪声的来源、数量、有害成分及危害性，以及设计采用的排放标准和环境质量标准。说明"三废"治理方案、劳动保护措施及技术经济效果对企业建成后环境质量状况预评价等。

⑩ 消防　根据国家有关消防的法令、规范、标准及规定，论述消防系统服务对象的生产性质、生产规模、火灾危险性及对消防的要求，列出危险物品一览表（包括物品名称、闪点、燃点、爆炸极限、液体密度、蒸气密度、沸点等）。对灭火器材的选择及计算、消防站的组成、消防车辆的配置等加以说明。不独立设置消防站的小型涂料工厂或车间可以简化。

⑪ 行政管理设施及生活区　这部分设计往往委托城市建筑设计部门设计，这时，总体设计单位应向被委托单位提供详尽的设计依据。无论是委托设计或自行设计，说明书中都要列出居住建筑和公共建筑的指标（如建筑面积、单位造价、建筑平面系数等）以及投资估算。

以上各项概括了初步设计的基本内容，具体的编写内容和章节划分依工程的具体情况而定。

8.1.3.2　施工图设计

施工图设计的任务是将初步设计的内容具体化，为工程的施工提供各类图纸。施工图设计的主要依据是批准的初步设计及审批意见。凡涉及初步设计的主要内容，如总平面布置、主要工艺流程、主要设备、建筑面积、建筑标准、总定员、总概算等方面的修改，须经原设计审批部门的批准。

施工图设计开展之前，要充分地做好准备工作，其中包括落实初步设计中的遗留问题和进一步核对各种资料、数据，制订施工图工艺方案和技术统一措施，准备好非工艺专业设计条件，只有做好施工图设计的准备工作，才能顺利开展施工图设计。

施工图的深度要满足施工的需要，注意各专业图纸的协调性和完整性。

施工图设计是工程的详细设计，它是一项细致复杂的工作，往往要涉及工艺、布置、管道、自控、设备、机修、总图、土建、水道、消防、电气、热工、暖通、外管、防腐、保温、模型、概算等许多专业，需要各专业的密切配合才能完成，例如，土建专业必须根据工艺布置等专业提出的厂房布置方案和设备荷重等条件才能开展建筑设计和结构计算，要待各专业提出全部预埋件、预留孔条件才能最终完成土建全部施工详图。反之，管道等专业只有土建返回正式的建筑平剖面图，才能绘制详细的管道安装图和其他施工图。这种专业之间的条件关系在其他专业之间都要发生。由此可见，专业的协作对设计质量和设计进度影响很大。实践证明，没有很好的专业协作就不可能做出一部好的设计。

图纸是工程的语言，施工图设计的成果都体现在各类图纸上。施工图力求做到完整、正确、清楚、易懂，以满足施工安装的需要。为此，施工图必须按照现行的施工图编制规定编制。

8.2 涂料工厂总体设计

涂料工厂总体设计指的是从化工原料开始经过树脂合成、漆料炼制直到制漆生产全过程的各个生产装置、公用工程及辅助设施，即一个完整的生产单位的总体安排。组成这个生产单位的各部分有着非常密切的关系，不把这些关系处理好，就不能做出一部较好的设计，即使单项设计做得很好，也常常由于外部配套工程没有跟上而不能发挥应有的效果，甚至不能正常投产。例如，设计了一座多层的色漆厂房，需要将各种溶剂和漆料输送到顶层高位槽备用，但没有配备具有足够输送能力的罐区泵房，那么，这座色漆厂房就不能很好地投入生产。

涂料生产具有许多特点，诸如物料的运输量大、生产的火灾危险以及对环境保护的影响等。正因为如此，设计人员在着手总体设计时就要对这些带有全局性的问题采取有效措施。

8.2.1 涂料工厂一般组成

现代涂料制造工程正在向着连续化、自动化方向发展，但是，由于涂料生产具有品种多、批量小的特点，客观上限制了涂料生产连续化、自动化的程度和使用范围，在相当长的时间里还需保留传统的具有灵活性特征的间歇生产方式。

漆料生产和色漆生产构成了涂料生产最基本的部分（见图 8.1）。由于涂料品种的复杂性，各个涂料工厂的具体组成也不可能完全相同。尽管如此，就一般涂料生产来说，工厂的组成是相似的，了解工厂的组成，有助于人们做好总体设计，也可以避免设计漏项。

（1）主要生产装置　植物油的精制（俗称漂油）；催干剂及其他助剂的制备；化工原料的预处理；热炼（聚合油及油基漆料的生产）；高温合成树脂的制备；低温合成树脂的制备；

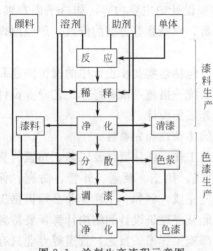

图 8.1　涂料生产流程示意图

乳胶制备；挥发性漆生产（硝基及过氯乙烯）；水性漆生产（乳胶漆及水溶性漆）；沥青漆生产；油基漆生产（包括磁漆、调和漆、厚漆及腻子）；合成树脂漆生产；混合稀料制备；废溶剂回收；"三废"一级处理；中试车间或试验场（特种漆生产）。

（2）辅助设施　化工原料库（包括固体、液体及危险品库）；溶剂、树脂漆料罐区及泵房；冷库及暖房；颜料库；成品库；杂品库（备品备件、劳保用品、包装材料等）；制罐；维修（机、电、仪、土木及防腐）；空桶回收（清洗及修补）。

（3）公用工程　水泵房及供水系统；总变电所及供电系统；锅炉房及供热外管；冷冻站；空压站；运输（包括站台、码头、车辆、船只及车库等）；消防；"三废"二级处理。

（4）行政管理及生活设施　办公室及会议室；医疗站及救护站；中央试验室（包括分析、检验及涂料施工应用）；食堂；浴室；警卫及值班宿舍；其他设施。

8.2.2　物料的贮运

涂料生产的特点之一就是流程短、物料周转量大。以年产 1000t 普通民用漆车间为例，其原料、半成品、成品的数量大致如表 8.1 所示。

从表 8.1 可知，涂料车间原料、半成品及成品的总周转量可达产量的 3～4 倍。为此，物料贮存需要的仓库面积至少占生产装置总建筑面积的 20% 左右，还需要足够的露天堆场用于临时堆放物料。可见，涂料工厂总体设计必须合理安排物料的贮存与运输。物料的贮运是涂料生产中劳动强度大、劳动条件差、用人多的薄弱环节，对涂料生产的成本影响较大。如果忽视物料的贮运问题，或者对物料的贮运安排不当，就会造成生产的紊乱和环境的恶化，严重影响厂容厂貌。

表 8.1　年产 1000t 涂料物料周转量

项　　　目	数量/(t/a)
原料	
植物油	260
溶剂	330
颜料及填充料	300
化工原料	180
半成品	
漆料	420
色浆	600
其他半成品	340
马口铁	180
成品	
涂料	1000
总计	3610

8.2.2.1　物料的贮存

涂料生产大约使用 200 多种颜料，50～100 种油、树脂、基料及溶剂，物料性质相差很大。物料的贮存应按生产的需要和物料的性质以及物料周转时间综合考虑，选择适当的场所（即仓库）存放物料，使物料有秩序地运入，安全的贮存，准确而有效地把物料转运给生产岗位。在符合一定的安全要求的前提下，原料及中间物料的贮存应尽量靠近生产装置以减少物料输送的费用。

（1）固体物料的贮存　涂料用固体物料主要以颜料、填充料等粉料为主，大多数系袋装或桶装，在仓库中一般为垛堆存放或货架存放，只有那些散装的粉料才采用料仓。这种料仓常与气流输送系统以及自动称量系统配套设计。固体物料仓库的设计要注意防潮，要有良好的通风，保持适当的温湿度。垛堆之间或货架之间保持一定的距离，以便叉车或其他器械的进出。仓库主要通道宽度一般不小于 2m。各色颜料要分隔堆放。估计仓库面积时，仓库的堆放系数一般可取 0.4～0.8t/m²。

在色漆生产中，颜料及填充料约占色漆产量的 30％，一座年产 10000t 的色漆车间，其颜填料的年用量可达 3000t。如果仓库离生产车间较远，就会增加运输的费用。所以，对于色漆制造来说，应尽可能将固体物料的仓库与生产装置毗邻，甚至可以与成品仓库和生产装置布置在一个建筑物内成为制漆联合厂房。

当原料仓库与生产车间毗邻布置时，物料可以采用集装袋的形式。这种集装袋根据生产的需要，预先在颜料工厂定量集装，而后运往涂料制造厂备用。使用时，定量集装袋通过电动吊车从仓库直接运往车间拌和罐上方，再将集装袋下口解开，物料即下落到罐中。粉料集装袋在仓库中存放在规定的位置上，全部操作可用电子计算机控制。这种方案避免了拆袋和计量产生的粉尘，因而操作岗位比较清洁。

（2）液体物料的贮存　液体物料的贮存方式决定于液体物料的危险性。液体物料的闪点≤45℃称为易燃液体；闪点＞45℃称为可燃液体。对于易燃液体和可燃液体的贮存要遵照国家有关规范。

液体物料以贮罐存放和桶装存放最为常见。液体贮罐可采取地下、半地下和地上三种方式布置。地上贮罐的优点：投资低；立式与卧式任选；泵的吸入口处于注液状态下，有利于泵的运行；贮罐的维修、更换都很方便。缺点：由于受到防火规范的限制，贮罐间距较大，占地面积亦大；对于有温度要求的物料，其热损失较大。地下贮罐的优点：防火间距可以缩小；热损失小。缺点：投资大；维修、更换困难；泵和管线的设置也较复杂；排污和排水都不便。因此，通常情况下，尽可能采用地上贮罐。对于闪点＜28℃的易燃液体最好采取地下或半地下式。贮罐之间的防火距离要符合表 8.2 的规定。

表 8.2　甲类、乙类、丙类液体贮罐之间的防火距离　　　　单位：m

液体类别	单罐容量/m³	固 定 顶 罐			浮顶贮罐	卧式贮罐
		地上式	半地下式	地下式		
甲类和乙类	≤1000	0.75D	0.5D	0.4D	0.4D	≥0.8
	＞1000	0.6D				
丙类	不论容量大小	0.4D	不限	不限		

注：1. D 为相邻立式贮罐中较大罐的直径（m）；矩形贮罐的直径为长边与短边之和的一半。

2. 不同液体，不同形式贮罐之间的防火间距，应采用本表规定的较大值。

3. 两排卧罐间的防火间距不应小于 3m。

4. 设有充氮保护设备的液体贮罐之间的防火间距，可按浮顶贮罐的间距确定。

5. 单罐容量不超过 1000m³ 的甲类、乙类液体的地上式固定贮罐之间的防火间距，如采用固定冷却消防方式时，其防火间距可不小于 0.6D。

6. 同时装有液下喷射泡沫灭火设备、固定冷却水设备和扑救防火堤内液体火灾的泡沫灭火设备时，贮罐之间的间距可适当减少，但地上贮罐不宜小于 0.4D。

7. 闪点超过 120℃ 的液体，且贮罐容量大于 1000m³ 时，其贮罐之间的防火间距可为 5m，小于 1000m³ 时，其贮罐之间的防火间距可为 2m。

液体贮罐可成组布置，其单罐容量为 50m³（易燃液体），每组最大容量为 300m³（易燃液体），可燃液体可以为易燃液体容量的 5 倍。地上和半地下的易燃、可燃液体贮罐或贮罐组应设防火堤、分隔堤。堤内有效容积应为其中最大贮罐地上部分的容积。易燃液体贮罐应设液面计、呼吸阀。当无呼吸阀时，应设带有阻火器的放空管。全厂液体仓库总贮存量：易燃液体不超过 5000m³；可燃液体不超过 25000m³。桶装液体原料仓库的设计应符合表 8.3

的要求。桶装仓库的地面应采用撞击不产生火花的材料建造。闪点低于 28℃的桶装易燃液体不宜露天存放，当必须露天存放或在敞开式建筑物存放时应有冷却设施和遮阳设施。室内液体贮罐原则上不应超过一昼夜生产用量。对于易燃液体允许存量为 $30m^3$，可燃液体存量允许 $150m^3$。涂料成品及黏稠液体贮存，适宜温度为 $20\sim25℃$，为便于输送，对于一些高黏稠桶装液体需在单独隔开的暖库中化开，暖库的温度一般在 50℃左右。

表 8.3　库房的耐火等级、层数和占地面积

贮存物品类别	耐火等级	最多允许层数	最大允许占地面积/m²						
			单层库房		多层库房		高层库房		库房的地下室、半地下室
			每座库房	防火墙间	每座库房	防火墙间	每座库房	防火墙间	防火墙间
甲	一级	1	180	60					
	一级和二级	1	750	250					
乙	一级和二级	3	2000	500	900	300			
	三级	1	500	250					
	一级和二级	5	2800	700	1500	500			
	三级	1	900	300					
丙	一级和二级	5	4000	1000	2100	700			150
	三级	1	1200	400					
	一级和二级	不限	6000	1500	3000	1000	2800	700	300
	三级	3	2100	700	1200	400			
丁	一级和二级	不限	不限	3000	不限	1500	4000	1000	500
	三级	3	3000	1000	1500	500			
	四级	1	2100	700					
戊	一级和二级	不限	不限	不限	不限	2000	6000	1500	1000
	三级	3	3000	1000	2100	700			
	四级	1	2100	700					

注：1. 高层库房、高架仓库和筒仓的耐火等级不应低于二级，贮存特殊贵重物品的库房，其耐火等级宜为一级。

2. 独立建造的硝酸铵库房、电石库房、聚乙烯库房、尿素库房、配煤库房以及车站、码头、机场内的中转仓库，其占地面积可按本表的规定增加 1 倍，但耐火等级不应低于二级。

3. 装有自动灭火设备的库房，其占地面积可按本表及注 2 的规定增加 1 倍。

4. 石油库内桶装油品库房面积可按《石油库设计规范》执行。

　　化学品仓库和危险品仓库应为单层建筑，其建筑物耐火等级不宜低于二级，化学品的总贮存量不应超过 500t，仓库总建筑面积不大于 2000m² 。危险品仓库总贮存量不应超过 20t，并且采取有效的安全隔离措施。

8.2.2.2　物料的运输

　　物料运输作业就是用合理的时间周期把一定量的物料从工厂的一处转移到另一处（不仅要移动一定距离，还要提升到一定高度），以保证生产的正常进行。一个有效的运输系统应能满足如下基本要求：最低的操作费用；货物能够迅速周转；劳动效率高，劳动环境好；建筑物空间得到充分利用；有利于质量管理和生产控制；安全可靠。

　　涂料车间的运输包括各生产装置之间、生产装置与辅助设施之间、生产装置内各工序之间的物料输送以及厂外向工厂运送原料和成品的发货等。输送的对象主要有散装及桶装液体、桶装及袋装的固体粉料等。输送方案必须根据物料性质和输送目的分别对待。

176

（1）固体物料的输送　为了设计有效的运输系统，设计人员不但要对物料的性质、运输路线进行仔细地分析，还要对常用的运输机械设备有所了解。由于运输方式相同，把桶装液体物料也列入固体物料运输范畴。涂料工业常用的装卸运输机械如下。

① 无轨运输　手推车、各种叉车、卡车及罐车。

② 装卸机械　各种皮带运输机、滚式运输机及溜槽、汽车起重机。

③ 提升与起重机械　电梯、单轨吊车及桥式吊车。

④ 松散物料的运输机械　机械提升机（斗式提升机、螺旋输送机）、气力输送系统。

⑤ 有轨运输　机车、缆车。

运输设备的选用要根据工厂规模、厂房结构、品种、物料性质、厂外协作关系等多种因素来确定。大型运输设备及装卸机械多用于站台、码头、仓库以及车间外部作业。车间的运输机械推荐使用手动或电动小型机械，既经济又灵活。这些机械设备常有叉车、单轨吊、载货电梯。各种规格的手动车辆通常被认为是在半径为 60m 范围内进行物料运输作业的主要设备，尤其在 15m 内进行短距离搬运作业，其优越性更加突出，且特别适用于易燃易爆场所和间歇操作的生产车间。

对于运输距离超过 15m 的作业，使用机动叉车更为有效。常用的有蓄电池叉车、内燃机叉车。这种叉车载重量为 1～2t，最大提升高度为 3m，最小转弯半径 2m，可以爬坡。结合各种配件还可进行起重、旋转、倾翻各种作业，不仅用于涂料生产还可供仓库堆垛、拆垛使用。机动车需要的操作空间比手动的大，要适当加大通道面积。在易燃易爆车间使用机动车要有可靠的防爆措施。但是，机动车的载运能力和速度都比手动车大，用途就更广泛。

在多层建筑厂房里，常使用载货电梯作为物料的起重设备。电梯载重量为 2～3t，轿箱尺寸为 2m×3m 或 2.5m×3.5m，单开门或双开门。使用时，可将叉车连同货物一并送到高层，亦可单将货物及托板放进电梯，待至目的层，再用叉车运出。散装物料及有挥发性气体的敞开容器（如敞口活动罐等）不宜进入电梯，以免发生危险。

单轨吊是一种使用非常灵活的提升机械。它是电梯和叉车不可缺少的一种辅助运载提升器具，常用于厂房内漆浆的运送、加料和包装容器的周转等。

（2）液体物料的输送　液体以管道输送为主。小批量桶装液体可按照固体物料运送方式，利用叉车、提升机械运送。液体管道输送有三种方式。

① 重力输送　高位贮罐中的液体可借重力自流输送，多用于物料的中转、计量、投料等，在工艺流程中最常采用。但高黏度物料由于流动速度很慢，采用重力自流将增加操作工时，这时，辅以泵送为好。

② 压送和吸送　利用压缩气体（空气或惰性气体）或真空进行液体的输送都属这类方式，其中包括酸蛋、空气升液器、蒸汽喷射器、压力贮罐及真空罐等。这些器械结构简单、操作方便、常用于输送强腐蚀性介质，也用于树脂和清漆生产，可直接利用生产装置中原有的真空系统，非常方便。当使用蒸汽喷射器提升液体时，被提液体必须是允许被蒸汽混合而稀释的物料。

③ 泵送　泵送是涂料生产中应用最广的输送方式。涂料车间几乎所有液体都可以利用不同类型的泵进行输送，但不是每种泵都能适应任何输送条件。为了操作可靠、方便检修并减少动力消耗，设计者要对泵进行选择，同时要设计合理的管道系统。

涂料工厂使用多种类型的泵，除了离心泵、漩涡泵、往复泵等普通泵外，还使用了一些具有特殊性能的泵，这是由于涂料生产所处理的物料具有许多特点，如溶剂的渗透性和易燃、易爆；漆料、树脂的黏稠和结皮；乳液的不稳定性以及色浆的磨蚀性等对泵的性能提出了更高的要求。在涂料工厂使用最多的泵是齿轮泵、隔膜泵和螺杆泵。齿轮泵是一种容积式转子泵，常用于输送油料、漆料、树脂和色浆；隔膜泵由于介质与泵的内件不接触，适合输送易燃、易爆、贵重、腐蚀和含有固体颗粒的液体；螺杆泵适用于输送高黏度物料及膏状物料。尤其具有低剪力的隔膜泵和单螺杆泵（亦称莫诺泵）最适于输送乳液。泵的选择不仅要考虑介质的性质，还要结合工艺要求根据泵性能确定适当的转速，核算泵的功率，配备适合的电机。

8.2.3 安全防火与环境保护

安全防火与环境保护是一项涉及国家政策、法令的重要工作，往往是设计审查的重点之一，在涂料工厂的总体设计中应予以足够的重视。严格按照国家规范、规定办事。

8.2.3.1 涂料生产的安全防火

（1）涂料生产的危险性及其防范原则　涂料工厂的火灾事故是屡见不鲜的，爆炸事故也并非绝无仅有。涂料生产的危险性来自物料本身和环境因素。物料本身是一种潜在的危险，如单体的聚合、溶剂的挥发、树脂堵塞管道、固体粉尘的飞扬以及各种化工原料的氧化反应等；环境条件是事故的诱发因素，如明火、静电火花、雷击、温度、压力失控以及突然断电引起的过热等。人为的因素也会引起事故，如设计不合理、施工质量差、管理不善等。

火灾或爆炸，一般来说都遵循一些基本规律。对于燃烧，必须具备的条件：可燃物质、氧化剂、着火源。对于爆炸，必须具备的条件：①存在易燃气体、易燃液体的蒸气或薄雾；②易燃物质与空气相混合，其浓度在爆炸极限以内；③存在足以点燃爆炸性混合物的火花、电弧或过热。一切防火防爆措施都是着眼于限制或清除造成燃烧或爆炸的基本条件，以达到安全生产的目的。下面叙述最基本的防范原则。

①　消灭火灾的根源　改进生产工艺，尽可能使用比较安全的物料，采取较低的温度和压力，将危险性物料限制在密闭的容器内并尽量防止泄漏，总之，把引起火灾爆炸危险的环境因素限制在安全范围之内。工艺布置也要尽量限制和缩小危险的范围。

②　限制火灾蔓延　火灾万一发生，就要设法使火灾缩小在一定区域之内，使它不致蔓延开来造成二次灾害，如根据建筑防火规范的要求设置防火墙、安全门、防火卷帘等。

③　安全疏散　及时将人员和物品从火灾区域疏散到安全地带是保证人身安全和减少损失的重要措施。在建筑设计中要考虑必要的通道、消防梯、安全出入口和一定的防火间距。

④　灭火措施　对于火灾危险必须采取"以防为主，以消为辅"的方针，把火灾的可能性减到最低。但是，仅仅有了预防措施是不够的，还要采取有效的灭火措施，才能在万一发生火灾之后及时予以扑灭，使损失尽量减少。

（2）涂料生产中静电的防止　涂料生产使用大量的高绝缘易燃物质，这些物质在一定的条件下产生和积聚静电，发生静电火花放电的可能性较大。静电火花放电能引起许多危险，如快速输送的易燃液体（例如有机溶剂）会由于静电火花放电而引起燃烧或爆炸；甚至在倒装易燃低沸点液体时，也会由于静电而引起火灾；带有静电的固体粉料黏附在料斗、管道、容器的表面而不能自行脱落；工人长时间在高压静电场下工作会发生被电击现象。由于精神上的紧张常常会引起其他二次安全事故。所以，设计中要采取适当的措施防止静电事故的发生。

①　最可能产生静电危险的部位和环境

a. 由于快速输送的易燃液体（如甲苯、二甲苯、200 号溶剂油等）在管道中积累了静电，从管道流出，带电的液体与管口边缘或受器的进口边缘之间。

b. 带电液体介质附近有悬空金属物体时（如大贮罐中的浮标、探尺、插入管等）由于感应的原因在金属物突出部位形成强电场，这些悬挂物与容器壁之间。

c. 粉料输送过程中（如气流输送）积累了静电之后，经过管道的突然膨大部位，特别是粉体密度急速增加的部位，粉体与管壁之间。

d. 带静电的人接近接地导体或一个接地导体接近一个带静电压很高的介质，它们两者之间。

e. 至少包含一种绝缘介质的物体在紧密接触之后又迅速分离时，如双辊机的轧片操作等。

f. 当环境湿度小于60%，特别是小于40%时，一切含有绝缘介质，只要有紧密接触而又迅速分离的过程，带相反符号电荷的物质之间以及带静电物体与接地导体之间。

② 防止静电危险的主要措施

a. 接地　有三种情况。ⓐ一个本来就带有静电，但与地绝缘的导体，接地之后，静电荷必然向大地泄放，直到与大地等电位，可以说消除了静电危险。ⓑ一个本不带电，但与地绝缘的导体，一旦被带电体（例如带电云层）感应后即形成偶极状态，导体的近端与远端分别带有不同电荷，这时，便有两个静电潜在危险，一个是带电体与导体近端之间；另一个是导体远端与大地之间都可能发生放电。ⓒ带电高绝缘体接地，把一个带有静电的高绝缘材料直接用导线接地是不能有效地导走静电的。综上所述，接地并不是防止静电的惟一措施，只有同时采取了其他一些相应措施才能有效防止静电。尽管如此，接地仍然是一项必不可少的措施，凡是静电危险的场合，把所有导体如泵、釜、容器、管道等进行电气连接并接地，接地总电阻一般不应超过10Ω。这样，可以避免由于感应而引起的远端电荷的静电放电，尤其在防爆场所是很重要的。

b. 限制流速　输送易燃液体的管道流速最大应不超过4～5m/s，可燃气体不超过6～8m/s。通常苯类液体应不超过1m/s，汽油及同类性质液体应不超过2～3m/s。降低流速不宜单纯采取加大管径的办法，因为大口径管道远离管壁的中心位置电压最高，流体在出口处最容易发生静电危害。如果限制流速不能满足流量要求时，可采取多管的办法，必须采用大口径管道时，须在管道出口之前安装静电消除器。

c. 增加空气湿度　将室内空气湿度提高到65%～70%，静电的危害将大大降低。因为高湿度空气可以降低物质的表面电阻并能导走静电。

d. 采用防静电剂　在高绝缘介质中添加防静电剂或在绝缘体上涂抗静电物质，如在汽油中加0.05%的油酸镁，在传动皮带上涂50%的甘油水溶液或炭黑和甘油的混合物等。防静电剂的原理是基于降低绝缘物质的体积电阻和表面电阻，使它们在产生静电后可以在一瞬间自行逸散，达到防静电的目的。

e. 其他　对任何有静电潜在危险的场所，都不能铺设绝缘地板或绝缘材料的墙壁和天花板。向贮罐输送易燃液体的管路应插到液面之下，严禁采用自由降落方式以防产生静电。

（3）灭火措施　适用于涂料行业的灭火措施有以下几种。

① 专业消防站　对于大、中型涂料工厂应设立专业消防站。消防站的布点应能使消防人员接到火警后，5min内消防车能到达厂区最远点的生产装置。

② 消防给水　消防给水用于：直接灭火、混合泡沫、冷却降温。低压消防给水的压力应保证消防用水量达到最大时，管网最不利点消火栓的压力不应小于147.09kPa，并保证最

不利点消火栓的出水量供应 2 支口径 19mm 水枪的用水量。易燃、可燃液体罐区的防火用水量应按冷却水供应强度和泡沫灭火用水量由计算而得。固定喷淋冷却设备的供水强度可采用 5L/(m²·min)，对于贮罐，采用固定喷淋冷却时，给水强度可采用如下指标。

　　a. 燃烧着油罐　不小于 0.65L/(s·m)（油罐周长）。

　　b. 燃烧油罐直径 1.5 倍范围内的相邻油罐　不小于 0.5L/(s·m)（油罐周长）。

　　c. 半地下罐与地上罐　给水强度相同，地下罐可不给水。

　　值得注意的是，钢结构是不耐烧的。对于火灾危险性较大的钢结构厂房或框架应设有喷水降温装置以确保安全。

8.2.3.2　环境保护

　　随着生产的发展，各种有害排出物将越来越多，环境的污染也就日趋严重。尤其工业生产排出的有害气体、液体和固体（统称"三废"）以及噪声等对人民生活和生产本身的危害更为显著，是污染环境的主要根源。认真治理工业"三废"是环境保护的根本措施，是关系到保护人民健康、为子孙后代造福的大事。

　　对于基本建设，无论是新建工程或是改建、扩建工程，都要求做到"三废"治理设施与主体工程同时设计、同时施工、同时投产；必须排放的工业"三废"要达到国家排放标准。

　　环境保护设计的任务，主要是弄清工程项目建设前的环境状况，了解污染源的基本情况（包括废气、烟尘、废水、废渣及噪声的来源、数量或强度、有害成分及危害性），提出治理措施，对项目建成后的环境质量进行预评价。环境保护设计的中心是"三废"治理的技术方案及其治理的效果。

　　下面简单介绍涂料工厂的"三废"来源和处理途径。

　　（1）废水　涂料生产的废水主要来源：化学反应、洗涤、冷却。除了间接冷却水可认为不受污染外，其余各种水或多或少都受到一定污染，属于有害废水。化学反应水主要来自树脂生产，其成分和排放量随品种的不同而不同，情况比较复杂。洗涤水也与品种关系较大，对于水性漆生产排出的洗涤水常含有漆皮、砂石杂质，固体含量可达 5%～15%；溶剂型漆生产排出的洗涤水常为碱液；而冲洗地坪的水往往含有一些颜料。

　　治理涂料生产废水的基本原则是清污分流，即将清水与污水分开，综合治理。高浓度大量污水应首先进行化学回收，而后再进行残液处理；高浓度少量污水，一般采取掺入燃料中烧掉。切忌将各种污水随意混合或稀释，给污水处理造成困难。废水的化学处理一般属于一级处理，其目的是降低有害成分的浓度；废水的二级处理通常采用生化处理，使排水有害成分浓度达到允许的排放标准。在涂料工厂中一般无须采取三级处理。

　　（2）废气

　　① 烟气　烟气是油类或树脂在高温热炼时裂解的产物，它不仅危害工人的身体健康，而且容易发生火灾。处理烟气的方法如下。

　　a. 焚烧　将烟气引至炉膛通过火焰将其可燃物质烧尽。

　　b. 吸收　烟气与液体（通常采用水或柴油作吸收剂）充分接触，使烟气吸收，排出的液体经处理后排放或作燃料，部分不凝性气体排入大气，或用硅胶、氧化铝凝胶吸收。

　　c. 冷凝　将烟气在列管式冷却器中充分冷却，使一部分有害物质冷凝下来再予焚烧，气体排入大气。当然，处理烟气的根本方法还是改变生产工艺，将熔融法热炼改为溶剂法，可以根本消除烟气的危害。

　　② 挥发性气体　挥发性气体主要指敞开设备或在备料、卸料及成品罐装等过程中散发

出来的有机溶剂蒸气。实测表明，当设备敞开操作时，厂房空气中含甲苯浓度高达600mg/m³，二甲苯300~1000mg/m³，远远超过国家允许的车间卫生标准100mg/m³，而密闭操作时一般不超过卫生标准。治理有机溶剂蒸气的方法通常有吸附回收法、直接燃烧法及催化燃烧法三种，其中以吸附回收法较适用于涂料生产。

（3）废渣　涂料生产的废渣主要有生产中排出的各种废包装、纸袋、漆皮等垃圾，若不及时加以处理就会堆积如山，造成公害。处理这些垃圾最彻底的办法是焚烧。一些小型企业单独设置焚烧装置有困难，则应及时清扫集中，由厂外协作处理。

（4）粉尘　涂料生产的粉尘主要是在装卸、搬运、拆包和投料的过程中飞扬出来的颜料和填料，尤其是色漆制造中的备料拌和岗位，粉尘最为严重，有些颜料粉尘还有一定毒性，不但把环境污染成五颜六色，而且会损害工人身心健康。因此，治理备料及拌和岗位的粉尘是设计的重点。

粉尘的治理方法有全密封操作、脉冲袋式除尘和打浆输送等。

（5）废溶剂回收　在溶剂型涂料生产过程中，对于树脂、清漆生产中废溶剂的回收利用早已被人们所注意，并已成功地用于生产之中，例如氨基树脂生产中废丁醇的重复利用，聚酯漆包线清漆生产中乙二醇的回收等。而来自设备、管道冲刷的废溶剂，特别是色漆生产中的洗罐溶剂都长期没有引起人们的足够重视，因为这些废溶剂成分复杂，甚至带色，处理比较麻烦。随着环境保护和节约能源的客观要求越来越高，再也不容许任意排放废溶剂。因此，废溶剂回收已成为现代涂料生产中必不可少的辅助生产设施。

通常的废溶剂回收是分批间歇处理的，冲刷设备管道产生的废溶剂先收集在废溶剂贮罐中，而后抽入废溶剂处理装置的蒸馏釜中，再用低压蒸汽进行真空蒸馏。蒸出的溶剂蒸气在冷凝器中冷凝，冷凝液通过分离器，回收溶剂进入受器，分离出的水排入生化处理。蒸出的混合溶剂可以用来调配低档漆，也可以当作洗涤剂重复使用。

（6）噪声　噪声使人感到烦躁、讨厌和疲劳。长期在噪声环境中工作会产生慢性噪声性耳聋，能引起神经系统心血管系统疾病。因此，噪声也是一种环境污染。根据《工业企业噪声卫生标准》的规定，工业企业的生产车间和作业场所的工作地点的噪声标准为85dB（A）。现有企业经过努力暂时达不到标准时，可适当放宽，但不得超过90dB（A）。对每天接触噪声不到8h的工种，根据企业种类和条件，噪声标准可以放宽到115dB以下。

涂料生产使用较多的传动设备，如密闭式砂磨可达84~88dB，开启式砂磨可达86dB，球磨机可达102dB，机械灌装工序可达98dB，车间风机可达90dB。因此，对涂料生产的噪声要采取一定措施。球磨机的噪声最大，通常可采取减振和隔声等措施加以治理。如以石球、石壁代替钢球、钢壁，在筒壁外表覆盖橡皮板或沥青毛毡，再包上金属或木制外套并使球磨机安装在减振基座上，可使噪声降低10~15dB。由于球磨机生产为间歇操作，正常运转时，操作人员完全可以离开现场，所以，可以将球磨机单独布置在球磨机室，与车间其他部位隔开，基本上可以消除噪声的危害。其他设备只要选型得当，制造精密或装上消音器，一般都不会超过噪声卫生标准。

治理"三废"的根本措施乃是工艺上的改革，在产品结构中扩大水性漆的生产，减少溶剂型漆的生产（特别是挥发性漆的生产），尽可能使"三废"不外排或少外排。

8.2.4　总平面布置

总平面布置（即总图布置）在工程设计中居重要地位，因为总平面布置的好坏将给工厂带来永久性的影响，常常是设计审查的主要对象。工艺设计人员在进行车间（装置）单体设计的同时要协助总图专业设计人员布置好总平面图。总平面布置的设计步骤往往在单体设计之前就要有一个大致的总平面规划，待各个单体设计完成后再进行调整完成。

8.2.4.1 涂料车间总平面布置基本原则

（1）仓库 原材料及成品仓库既要靠近运输干线（如铁路、公路、水路等），还要尽可能靠近生产装置，甚至可将某些仓库，如颜料仓库与生产装置合并在一起（要采取一定安全措施）。

（2）运输 生产装置的外部运输应顺着生产流程，缩短距离，避免往返交叉。

（3）安全防火 根据国家规范的要求，按照建筑物耐火等级和生产火灾危险类别保持各个生产装置间的防火距离，厂房的耐火等级、层数和面积应满足表8.4的要求。各厂房的防火间距按表8.5的规定。对于联合厂房，要根据火灾危险性设置必要的防火墙和自动防火门。易燃、可燃液体贮罐总容量不大于200m³，与耐火等级为一级、二级的建构筑物最小距离应为10m。易燃、易爆装置及危险品仓库都应布置在厂区的外围。生产区域要设有可以环行的消防车道，工厂的主要出入口不应少于两个，且应尽量位于不同方位。

（4）环境保护 散发有害气体、粉尘和有爆炸、燃烧危险的建筑物和构筑物，应布置在主导风向的下风侧，若有困难，至少是夏季主导风向的下风侧，而行政管理及生活设施应尽可能布置在主导风向的上风侧。

（5）建筑系数和场地利用系数 适当减少建筑系数，提高场地利用系数，使厂区空旷，便于物料周转和临时堆放，也便于进行绿化、美化厂容。化工厂的建筑系数应为22%～28%，利用系数为50%～55%。

$$建筑系数=\frac{厂区建筑物和构筑物、露天堆置仓库及露天操作场地占地面积之和}{厂区占地面积}×100\%$$

利用系数＝建筑系数＋[（铁路、道路、人行道、地上和地下工程管线、露天堆场、建筑物、构筑物、散水坡占地面积之和）/厂区占地面积]×100%

表8.4 厂房的耐火等级、层数和占地面积

生产类别	耐火等级	最多允许层数	防火区最大允许占地面积/m²			
			单层厂房	多层厂房	高层厂房	厂房的地下室、半地下室
甲	一级	除生产必须采用多层者外,宜采用单层	4000	3000		
	二级		3000	2000		
乙	一级	不限	5000	4000	2000	
	二级	6	4000	3000	1500	
丙	一级	不限	不限	6000	3000	500
	二级	不限	8000	4000	2000	500
	三级	2	3000	2000		
丁	一级和二级	不限	不限	不限	4000	1000
	三级	3	4000	2000		
	四级	1	1000			
戊	一级和二级	不限	不限	不限	6000	1000
	三级	3	5000	3000		
	四级	1	1500			

182

表 8.5　厂房的防火间距　　　　　　　　　　　　　　　　　　　　　　单位：m

耐 火 等 级	一级和二级	三 级	四 级
一级和二级	10	12	14
三级	12	14	16
四级	14	16	18

（6）扩建余地　留有适当扩建余地也是涂料生产特点所决定的。因为涂料品种受市场销售的影响较大，工厂为了适应消费者的需要，必须不断更新产品品种，增加产量。扩建余地主要就是为了这种需要而预留的。

（7）公用工程　水、电、气、风、冷等动力工程设施要就近负荷中心布置以减少能量的损耗。

在总平面布置的各项原则之中，运输与安全尤为重要，应引起充分的注意。

8.2.4.2　总平面布置举例

总平面布置受多种因素的影响，特别受厂址自然条件的限制，要布置一个非常理想的总

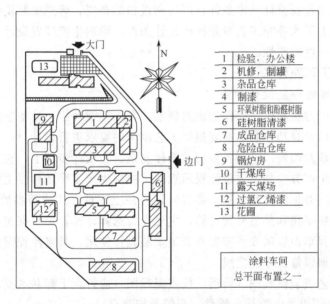

1	检验，办公楼
2	机修，制罐
3	杂品仓库
4	制漆
5	环氧树脂和酚醛树脂
6	硅树脂清漆
7	成品仓库
8	危险品仓库
9	锅炉房
10	干煤库
11	露天煤场
12	过氯乙烯漆
13	花圃

涂料车间
总平面布置之一

图 8.2　单元装置总平面布置图

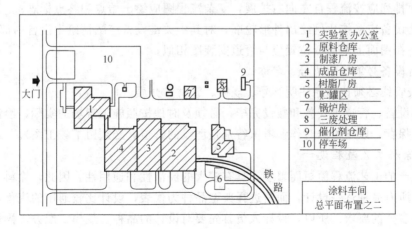

1	实验室 办公室
2	原料仓库
3	制漆厂房
4	成品仓库
5	树脂厂房
6	贮罐区
7	锅炉房
8	三废处理
9	催化剂仓库
10	停车场

涂料车间
总平面布置之二

图 8.3　联合厂房总平面布置图

183

图几乎是不可能的，必须抓住生产中的主要矛盾统筹规划，做到布局基本合理。

下面列举两个总平面布置实例。图 8.2 是以单元装置进行布置的，各建筑物保持一定的防火距离，注意风向的影响，人、货流分开，厂区安排了环行车道。图 8.3 是以联合装置进行布置的，全厂以制漆厂房为中心，厂房内有较完善的防火措施，这种方案厂区空旷，环境较好，是现代涂料工厂设计的普遍形式。

8.3 涂料生产装置设计

涂料生产装置是指按照某一特定的生产工艺生产某一种涂料产品或半成品时，所需配备的主要设备、辅助设备、管道、自控、电气、通风、消防、上下水等在内的全部设施。它是一种有机的结合，目的是通过主要生产设备来完成规定的工艺，把产品制造出来。

涂料生产装置设计的主要任务是确定生产方法和工艺生产流程；进行物料衡算和热量衡算；设备选择并提出设备设计技术条件；厂房和设备的布置；管道安装设计以及对自控、电气、通风、消防、上下水等非工艺专业提出设计条件。涂料生产装置设计既遵循工程设计的一般规律，又具有一些特殊性。

8.3.1 涂料生产工艺流程特点

8.3.1.1 工艺流程的一般设计方法

工艺流程是生产方法和生产操作过程的概括。在工程设计中，设备选择、设备布置、材质选择、管道配置以及自动控制等都要根据工艺流程的要求进行设计。

工艺流程设计涉及面较广，与各方面关系较复杂。在设计步骤上，它最先开始，最终完成。通常是先根据生产方法画出方框流程示意图，注出生产工序名称或主要设备名称，以箭头示出物料流向，同时标注物料名称（必要时还可注上温度、压力等参数）；而后按照方框流程示意图进行物料平衡和热量平衡计算，主要设备选择计算；再根据初步确定的设备外形和设备台数绘出流程草图以供设备布置和管道安装设计使用；最终流程图要待全部管道安装图完成后，对流程加以修正才能完成。

一张完整的工艺安装流程图（管道、仪表流程图）应符合下列基本要求：

① 必须绘出全部设备、管线、管件、阀门及控制点；
② 图面排列应按流程自左向右扩展，复杂流程图应绘出始点和终点标志；
③ 工艺设备应略按比例绘出外形轮廓，对其中关键设备应酌情绘出设备内部结构；
④ 设备在图面上的高低位置应与管道安装图相似；
⑤ 每台设备必须注明位号、名称；
⑥ 每段管线必须按顺序注明管号、规格、管材和介质。

待全部设备、管道等安装和敷设完毕，必须及时地按照施工现场的实际，绘制竣工图作为技术档案保存，以备检修时作参考（特别是埋设的管道，必须留下竣工图）。

8.3.1.2 涂料工艺流程设计

涂料生产的工艺流程简短而繁多，具有较大的灵活性和通用性。因此，涂料工艺流程往往不是按照所有品种逐一设计，而是选择典型品种为代表，设计比较通用的流程，以适应涂料生产品种多变的要求。所以，设计人员首要对设计的品种、规模、配方、操作规程等设计基础资料进行充分研究，找出有代表性的典型品种，并以此为依据进行工艺流程设计。作

184

为设计用的典型品种及典型配方应具备：①品种和配方成熟可靠；②物料介质有代表性；③该品种的产量在产品方案结构中最大，对整个设计能力有较大影响。

总之，以典型品种设计的装置可以用来生产其所代表的同类产品。这种做法不仅仅是简化设计的需要，客观上也符合涂料生产的特殊性。对涂料生产常见的化工单元操作来说，具有许多共同点。从工程的角度对涂料生产常见的工艺流程加以概括是很必要的，它可以使工程设计人员把主要注意力集中到那些工程问题上以求装备设计的最佳化。

（1）合成树脂工艺流程的分析　合成树脂的制造在当今的涂料生产中越来越重要。目前，大部分涂料用树脂都可以由涂料工厂自行制造。涂料工厂自行制造的合成树脂，无论什么品种，它们的生产装置一般都由 4 部分组成：反应釜、加热与冷却系统、辅助系统（包括备料、计量、冷凝、分离、稀释、过滤、蒸馏等）及生产控制系统，其基本流程如图 8.4 所示。

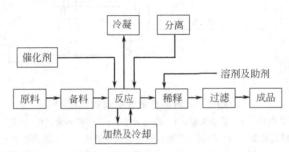

图 8.4　合成树脂基本流程

（2）制漆工艺流程的基本模式　这里所指的制漆是色漆制造，而清漆制造可归于树脂生产。制漆工艺的关键是颜料在漆料中的分散。根据分散基本理论，颜料在漆料中的分散大致经过三个过程。

① 润湿　颜料周围的空气由漆料所取代。

② 解聚　借助机械作用力使颜料聚集体粒子破碎。

③ 稳定化　已润湿的颜料分散到液体漆料中并形成均匀永久的分散体。

按照颜料在漆料中的分散过程，制漆工艺流程的基本模式见图 8.5。

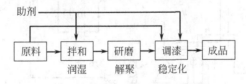

图 8.5　制漆工艺流程基本模式

影响制漆流程设计的主要因素如下。

① 分散方式即研磨设备的选择　不同的涂料品种采用不同的研磨设备，将构成不同的生产流程。

② 贮运和计量方式　各种物料（如粉料、溶剂、助剂、漆料、树脂、色浆等）的贮运方式和计量方式。

③ 生产规模、品种和色线的划分　大规模单一品种的生产可采用机械化、自动化程度较高的生产流程，而小批量、多品种的生产，宜采取简单机械生产流程。

图 8.6～图 8.8 都是常见的制漆流程。一种是以砂磨分散为主，用管道输送的流程；另

一种是以三辊磨、球磨为主，用活动罐操作的流程；还有一种是轧片工艺，以色片分散的制漆流程。制漆流程具有很大的灵活性，与习惯操作有着密切的关系，往往同一个品种在不同的厂家存在截然不同的工艺方式，也就形成不同的生产流程。

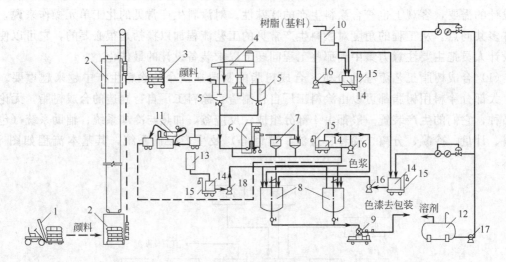

图 8.6　研磨分散管道输送制漆

1—电动叉车；2—载货电梯；3—手动叉车；4—高速分散机；5—拌和罐；6—砂磨机；7—砂磨中间罐；
8—调漆罐；9—连续过滤器；10—树脂高位槽；11—卧式砂磨机；12—溶剂贮槽；13—催干剂贮槽；
14—计量罐；15—磅秤；16—色浆泵；17—溶剂泵；18—催干剂泵

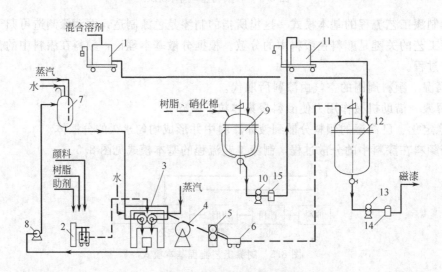

图 8.7　活动罐制漆流程

1—漆料贮槽；2—溶剂贮槽；3—重拌和机；4—高速搅拌机；5—磅秤；6—砂磨机；7—球磨机；
8—三辊机；9—上浆机；10—调漆机；11—催干剂贮槽；12—液压升降机；13—颜料；
14—成品过滤器；15—基料过滤器

8.3.2　物料衡算与热量衡算

工艺计算主要包括物料衡算、热量衡算、设备计算、管道计算。通过这些计算可得到原料及动力消耗量、设备的规格及数量、管径大小及管道阻力等。

工艺计算要有可靠的依据，作为设计依据的资料应包括如下内容。

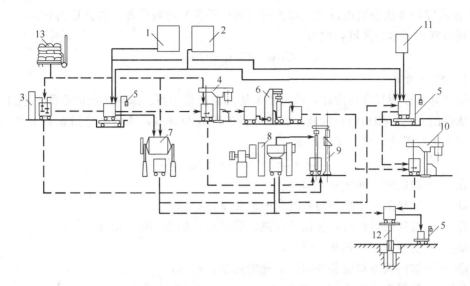

图 8.8　挥发性漆（轧片工艺）制漆流程

1—稀料计量槽；2—重拌和机；3—轧片机；4—卸片机；5—切片机；6—料车；7—热水槽；
8—热水泵；9—基料溶解罐；10—基料泵；11—基料计量槽；12—调漆罐；13—成品泵

①　生产规模及成品的规格和物化性质　涂料生产装置的规模通常以单位时间产量为单位，亦可以单位时间产品容量为单位。设计规模应比额定规模留有一定余量。

②　年工作日及生产班次　涂料厂年工作日推荐 300d，色漆制造宜 1 班或 2 班生产；树脂漆料生产班次视操作周期而定，宜 2 班或 3 班操作。

③　生产方法、步骤、反应原理（列出主、副反应方程式）和控制条件。

④　原料、中间物料的规格和物化性质　物料的密度、黏度、热性质以及安全数据最为重要，应尽可能收集齐备。

⑤　各生产步骤的产率及损耗率　普通涂料生产总损耗率约 1%～5%，漆料生产可取 1%～1.5%，色漆生产可取 1.5%～2%，色浆的损耗率 1.5%～3%。

⑥　每批投料量（间歇生产）或单位时间进料量（连续生产）。

⑦　设备利用系数　即设备扣除清洗、换色等非生产时间的实际运转时间系数。

⑧　间歇生产的操作周期　对于涂料生产来说，备料、计量、出料等辅助工作对整个操作周期影响较大，尽管提高反应速度、缩短反应时间是强化生产的重要途径，但是，由于涂料生产的复杂性和对质量的苛刻要求，往往不如缩短辅助工作的时间效果明显。

8.3.2.1　物料衡算

物料衡算是基于物质不灭定律，即进出装置（设备）的物料总量必须相等。通过物料衡算可以得到原料消耗量、中间物料及产品生成量以及各个加工步骤的损耗，从而为设备选择和装置的设计提供了依据。进行物料衡算，首先要确定好计算对象和计算基准。计算对象可以是全厂、全车间（装置），也可以是某设备；计算基准可以是单位时间的物料数量（如每年、每天、每小时），也可以是单位批次内的物料数量（如间歇生产每批投料量）。对于普通涂料生产装置来说，全流程的物料衡算可以按下面的步骤进行。

①　制漆物料衡算，根据产品规模和产品配方算出原料及半成品消耗量；

②　漆料（树脂）物料衡算，根据制漆物料衡算所得漆料（树脂）量及漆料（树脂）配方算出原料及半成品消耗量；

③ 按同样的方法分别进行漂油和助剂（如催干剂）物料衡算，得到原料量。

物料衡算的基本公式可归纳为

$$G_{原料} = G_{产品} + G_{损失}$$

8.3.2.2 热量衡算

热量衡算基于能量守衡定律，即进出系统的总能量相等。涂料生产的全部工艺过程总是要发生能量的变化，如树脂合成就要发生热量的吸收和释放，色漆的分散就要消耗电能等。工艺过程的热量平衡，可用下式表示。

$$Q_1 + Q_2 + Q_3 = Q_4 + Q_5 + Q_6$$

式中　Q_1 ——物料带入的热量，kJ/h；

　　　Q_2 ——加热剂或冷却剂与系统交换的热量，kJ/h；

　　　Q_3 ——过程的热效应，包括反应热、溶解热、稀释热等，kJ/h；

　　　Q_4 ——物料带出的热量，kJ/h；

　　　Q_5 ——加热或冷却设备各部件所耗的热量，kJ/h；

　　　Q_6 ——热损失，kJ/h。

进行热平衡计算的目的就是求出系统的热负荷 Q_2，以便算出设备的传热面积和加热剂或冷却剂的消耗量。

8.3.3 设备选择

设备选择的任务就是确定工艺设备的规格及数量。对于定型设备，主要是选择型号，确定数量；对非定型设备则要提出设备设计的条件以便进行设备设计。设备选择工作的结果是完成设备一览表。

设备选择要注意各工序之间关键设备的能力平衡。工艺流程中的每台设备，原则上都有一个选择问题，但对生产能力起决定作用的设备只有少数几台，这就是关键设备。例如在树脂生产中，起决定作用的是反应釜、热煤炉等；在制漆生产中起决定作用的是各种研磨、分散设备。设备选择计算首先要着眼各工序间关键设备的能力平衡，其余设备再作相应的配套。所以，设备选择计算往往不是按流程顺序进行的，而是从关键设备入手，逐步选择。

设备选择必须留有适当余地。因此，涂料生产设备一定要注意它的通用性与灵活性，不仅在设备数量上，而且在设备的适应性方面留有余地。

8.3.3.1 树脂设备的选择

树脂设备是涂料生产的关键设备，现代树脂设备向大型化方向发展，设备大型化之后不仅生产效率大大提高，更重要的是产品质量有所改善，操作亦更加稳定。但是，随着设备大型化，对设备设计要求更高了，如传热问题、搅拌问题、控制问题以及相应的输送计量问题等都要妥善解决。由于品种与批量的关系，各种规格的中小型树脂反应设备仍不可缺少，因此，树脂设备的设计与制造已逐步形成系列，系列化设备具有较大的灵活性与通用性。如果是多品种生产或者没有十分特殊的要求应尽量选用系列设备。在选择树脂反应设备时要进行一些计算。

（1）反应釜容积的计算

$$V_a = \frac{V_c \tau}{24 N \phi}$$

式中　V_a ——反应釜容积，m³；

　　　V_c ——每昼夜处理的物料量，m³；

τ——每批操作周期（包括备料、反应、出料、清洗等全部周期），h；

N——反应釜台数；

ϕ——装料系数（多泡沫或沸腾液体 $\phi=0.5\sim0.65$；有搅拌，漩涡不大，起泡不多则 $\phi=0.7\sim0.75$；无搅拌，反应平静则 $\phi=0.8\sim0.85$，亦可以根据生产实践经验确定）。

反应釜容积与反应釜台数两者必须先确定一个才能求得另一个。可以先确定反应釜台数（比如品种的需要），再按上式求得反应釜容积，也可以先确定反应釜容积，求得反应釜台数。对于单一品种的生产，可以先算出反应釜总容积，再根据厂房布置和设备供应情况算出所需某种规格反应釜的台数。如果给定条件中要求考虑设备利用系数（或设备能力富裕系数）则上式中应予计入。

（2）搅拌器的选择　搅拌在反应釜中的作用是多样的，如易混液体的混合、传热、悬浮和固体的溶解等。然而，在合成树脂反应釜中，改善传热乃是搅拌的主要功能，搅拌的好坏直接影响化学反应的进行。

涂料行业使用多种形式的搅拌器，但就液体流动来划分，基本上可分为：径向流动、轴向流动和混合流动。

在涂料生产中，推进式搅拌器只用于稀物料的混合，齿片式高速搅拌多用于颜料的分散，而使用最广泛的是涡轮式搅拌器以及这种搅拌器的各种变形，这是由于涡轮搅拌器兼顾了前两种搅拌器的优点。

（3）反应釜的传热问题　在涂料工业中，大部分的聚合物都是在带搅拌的反应釜中生产的，许多聚合反应都是放热反应，要维持一定的反应温度，就必须及时移去热量。搅拌釜的传热问题就成为树脂装置设计中十分重要的问题。

反应釜的传热方式主要依靠夹套，辅以内冷、外冷、溶剂蒸发、回流冷却和直接加入冷物料（溶剂或油料等）等方法。

反应釜夹套的传热面积按照传热方程式计算，可参考化工过程、聚合过程与设备等有关内容。

反应釜夹套传热面积随反应釜容积的增加而相对减少，这就不得不采取增设盘管的办法来增加传热面积。但是，那些不允许增加盘管的场合（如乳液聚合釜一般不宜增设内盘管），那么，传热面积的增加就要受到限制。提高平均温差虽然可以提高传热速率，但制备低温水要增加冷冻设施。温差过大，反应釜内温度不均匀，造成局部过冷，对反应也不利，因此，增加温差也受到一定限制。

提高夹套釜传热系数的方法除了加强搅拌之外，还有以下两种方法。

① 扰流喷嘴　这种方法主要用于搪玻璃反应釜，它主要是在冷却水进夹套的入口处，增设一种喷嘴，造成射流。采用扰流喷嘴之后，可使搪玻璃夹套釜的总传热系数从 $0.75\sim0.84MJ/(m^2\cdot h\cdot ℃)$ 提高到 $1.26\sim2.09MJ/(m^2\cdot h\cdot ℃)$ 以上。

② 在反应釜夹套内设置螺旋导流板或采用半管夹套　这样可使冷却水在夹套中的流速提高到 $1.5\sim2m/s$，则夹套侧的膜系数可从一般的 $2.09MJ/(m^2\cdot h\cdot ℃)$ 提高到 $8.37\sim12.56MJ/(m^2\cdot h\cdot ℃)$。可使总传热系数提高 $30\%\sim60\%$。

8.3.3.2　制漆设备的选择

制漆设备的选择比树脂设备的选择有更大的灵活性，设备的形式与规格宜多样化，设备的能力要富裕。设计者应结合工程具体情况合理地确定作为设计依据的各种原始数据，如年工作日、生产班次、操作周期、设备利用率（或设备能力后备系数）及设备的台时定额等。设备选择工作要做到选型合理、能力平衡、余地适当。

（1）生产系统的划分　以通用色漆车间为例，生产系统的划分如下。

① 砂磨系统　砂磨系统可按品种分为油基性漆与合成树脂漆系统。基本色线可分为白（40%）、黑（10%）、红（35%）、绿（15%），其余的颜色在相近的色线中生产。当然，根据需要还可以再分细一点。

② 球磨系统　球磨机在普通色漆车间主要用来生产各种底漆和蓝色浆、黑色浆，若无特殊需要，可不再进一步分线生产。

③ 三辊系统　三辊机在普通色漆车间可承担厚漆、腻子的生产任务，亦可混色生产。色漆车间配备 1～2 台单辊机是很有必要的，不合格的某些成品可以用单辊机进行过滤返工。

（2）常用研磨分散设备的生产能力

① 球磨机　球磨机的生产能力是由研磨分散时间决定的，当基料占球磨机体积 20%、球占 30%（真体积）、空间占 50% 时，分散效率最理想，其分散时间按下式计算。

$$\lg t = a + 0.018(E + 20)$$

式中　t——分散需要的时间，h；

　　　a——常数（与漆浆性质有关）；

$E + 20$——漆浆总体积（占球磨机体积的比例），%。

　　　E——充满球间空隙后多余的漆浆量；

　　　20——当球充满球磨 50% 时，球间空隙漆浆量。

此式可计算增加漆浆量所增加的分散时间。

球磨机的功率计算式（在最佳转速时）如下。

$$P = \frac{\rho' L(3.3 - 0.3)R^3}{1000R^{\frac{1}{2}}}$$

式中　ρ'——球与漆浆平均密度；

　　　L——球磨机有效长度；

　　　R——球磨机半径。

② 三辊机　三辊机的生产能力计算式如下。

$$Q_m = 0.00047 DLxRPM(1 + n)Ca$$

式中　Q_m——体积流速；

　　　L——辊筒有效长度；

　　　x——辊筒间距（后辊与中辊之间）；

　　　D——辊筒直径；

　　　n——中辊与后辊速比；

　　　C——中辊带走的漆浆量（进料量的分数值），$C = [n^2(n+3)]/(n+1)^3$；

　　　a——前辊带走的漆浆量（前辊与中辊间漆量的分数值）；

RPM——后辊转速。

三辊机所需功率计算式如下。

$$P = \frac{(7.0 \times 10^{-9} LD^{\frac{8}{3}} n^{\frac{1}{3}} RPM^{\frac{5}{3}} \rho^{\frac{1}{3}} \eta^{\frac{2}{3}})}{x^{\frac{1}{3}}}$$

式中　L——辊筒有效长度；

D——辊筒直径；

n——中辊与后辊的速比；

RPM——后辊转速；

ρ——漆浆密度；

η——漆浆黏度，

x——后辊与中辊的间距及中辊与前辊间距之和。

③ 砂磨机　砂磨机的平均生产能力（Q）可按下式估计。

$$Q=6S$$

式中　S——砂磨机容量。

砂磨机的功率可按下式估计。

$$P=5.5S^{\frac{1}{2}}$$

④ 高速分散机　高速分散机系指高速叶片式搅拌设备，对于超细易分散颜料（如金红石型钛白），在有助剂存在下可一次分散成漆，对于分散细度要求不高的品种，该设备具有操作简便、生产能力大等优点。但在多数情况下高速分散机用于预混合操作，为砂磨供色浆。

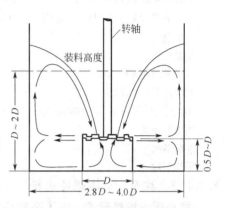

图 8.9　高速分散最佳操作条件图

高速分散机的效率与设备的几何尺寸关系较大。高速分散机最佳操作条件如图 8.9 和表 8.6 所示。

表 8.6　高速分散钛白颜料的最佳操作条件

变　量	实验室设备	生产设备[①]	变　量	实验室设备	生产设备
搅拌叶片直径/mm	76.2	D	周边速度/(m/min)	1158	1158
容器直径/mm	215.9	2.8D	漆料固体分/%	25～35	25～35
漆浆高度/mm	152.4	2.0D	色浆 PVC[②]/%	42～46	42～46
搅拌叶片离容器底高度/mm	45.7	0.6D	分散时间/min	12	10～15
搅拌转速/(r/min)	4900	147000/D			

① D 是将直径作为一个基准参数。

② PVC 为颜料体积分数。

高速分散机的理论功率计算式如下。

$$P=KD^2V^2$$

式中　$K=f(\eta\rho)$，常数由物料性质决定；

η——物料黏度；

ρ——物料密度；

D——搅拌叶片直径；

V——圆周速度。

经验指出，搅拌叶片的周边速度为 20～25m/s。

以上介绍的是常用研磨分散设备理论生产能力与功率计算式。这些计算式都没有考虑分散物料的质量要求，因此，设计应选取实际操作数据。表 8.7 列出了砂磨机的参考台时定额。

表 8.7 国产 80L 立式砂磨机参考台时定额 单位∶kg/(台·h)

品 种	细度/μm	红	黄	蓝	白	黑	绿
醇酸氨基磁漆	20	100~150	100~200	110~120	400~800	110~150	110~150
调和漆	40	600~800	800~900	450~600	800~4000	200~500	500~600
防锈漆	80	1100(铁红),1500(红丹),1000(灰)					

其他研磨设备的参考台时定额如下。

a. 国产 $\phi 405 \times 810$ 三辊机的平均台时定额

一般色浆   50~100kg/(台·h)

硝基色浆   10~14kg/(台·h)

有光乳胶漆浆（$\phi 360 \times 1000$ 三辊机）   6~60kg/(台·h)

$\phi 355 \times 840$ 单辊机   300~400kg/(台·h)

b. 球磨机的平均台时定额 （$V = 1.7 m^3$）

铁蓝醇酸浆   10kg/(台·h)

黑醇酸浆   33kg/(台·h)

平均可取   30kg/(台·h)

8.3.3.3 拌和、调漆罐的选择

拌和罐的搅拌形式，除了高黏稠物料需采用重型拌和机、捏合机外，为砂磨配套的拌和罐多采用高速分散。高速分散用于研磨的预混操作，不但操作工时缩短，而且有助于分散效率的提高。

拌和设备的选择以保证供应研磨所需的浆量为原则。砂磨用拌和罐的数量应按色线配置。各色线拌和罐可单罐配置（间歇供料）亦可成双配置（连续供料）。

拌和罐的容积取决于拌和操作周期内色浆负荷量。实际上，色浆负荷量已在设计条件中给定，拌和罐的容积只取决于拌和操作的周期。拌和操作劳动强度较大，每班每罐加料以 1~2 次为宜。因此，对单罐配置的拌和罐可取每罐周期为 8h （操作周期包括备料、拌和及出料全部时间）；成双配置的拌和罐可取每罐周期 4h。

拌和罐的容积按下式计算。

$$V(m^3) = \frac{(Qt)}{(290 \times 8 n \gamma \delta)}$$

式中 Q ——生产线色浆负荷量，t/a；

     t ——拌和操作周期，h；

     n ——生产班次；

   290 ——年工作日；

     γ ——色浆密度，t/m^3；

     δ ——拌和罐装料系数。

调漆罐与拌和罐一样，也是为砂磨配套的，调漆罐的台数应按色线配置。每色线可单罐配置，亦可多罐配置。单罐配置时，要考虑调漆操作对研磨出料的影响。必要时可适当增加砂磨色浆中间罐的容量。

事实上，调漆罐的数越多，生产将越主动。因此，备用一定数量的调漆罐是十分必要的。调漆罐的容积是由每罐操作周期内漆的负荷量来决定的。负荷量已由设计条件给定（计算时要折算成每条色线的负荷量），调漆罐的容积，实际上只取决于调漆操作周期。对单罐配置的调漆可取每罐周期为 8h （操作周期包括进料、调漆及出料、包装），调漆罐的容积计

算式与拌和罐相同，负荷量应用色漆量计。

8.3.4 厂房及设备布置设计

8.3.4.1 厂房布置设计的目的、要求和方法

厂房布置设计的目的是力求厂房布局和设备排列合理化，以满足安全生产、安装检修、生产管理和降低基建投资等方面的要求。厂房布置不当，就会给生产带来不良影响。所以，厂房的布置设计是工艺设计的又一项重要内容。

一个较好的涂料厂房布置设计应能满足如下基本要求。

① 具备涂料多品种生产的灵活性，所谓灵活性，就是在布置上考虑适当调整或增加设备的一定余地。

② 有足够的原料、中间物料和制成品周转空间。

③ 要避免物料运输的往返和过分集中，物料运输距离应当短些。

④ 方便操作和配管。

⑤ 最大限度地确保安全生产和改善操作环境。

厂房布置设计是一项涉及面较广而又十分细致的工作，不但要考虑工艺本身的需要，还要妥善处理建筑、通风、配电、照明、上下水等工程问题。所以，只有各专业的密切配合，通过多方案的反复比较，才能最终完成厂房的布置设计。

厂房布置设计的方法可以采取制图设计，亦可采取模型设计。模型设计形象化、实感强，便于及时发现和纠正设计错误，有利提高设计质量，但模型的制作周期长、成本高，不便于长期保存，在实际施工中仍然需要绘制一定数量的管段详图，在许多方面没有图纸方便。因此，除了十分复杂的厂房布置设计外，普遍采取制图设计的方法。

厂房布置设计一般先由工艺专业提出方案草图，经各有关专业讨论后，提交建筑专业。而后，再根据建筑专业正式返回的建筑平剖面图绘制正式的布置图。在方案草图阶段，通常是先按 $6m×6m$ 的柱网，以 1∶100 的比例在坐标纸上画出厂房的初步轮廓。把厂房内的设备按同样比例，用硬质纸片剪下设备的平面投影外形，然后把设备纸片放在坐标纸上进行布置。设计者要树立空间立体观念，要考虑管道、电缆、吊车等所占用的空间，特别要注意通风等大管道的走向，因为涂料车间的通风管道比工艺管道大得多。此外，还要考虑各辅助用室所需要的建筑面积。初步布置妥当后，就要邀请有关专业的专家参与讨论辅助用室的布局，初步确定布置方案后，由工艺专业绘出布置方案草图，图上应按比例注明各部分所需的尺寸（包括所需的层高）提交建筑专业。

建筑专业返回的建筑图，应包括各层平面和主要剖面，标注轴线编号、柱柜、跨度和层高（标注梁、柱等尺寸）；标出门、窗、楼梯位置。施工图设计阶段还要附上结构梁板图。工艺专业根据建筑专业返回的条件图可绘制正式的厂房布置图。

8.3.4.2 厂房布置原则

厂房布置设计比较复杂，要求设计者有广泛的知识和丰富的实践经验，但也是有一定规律可循的。归纳起来主要考虑建筑结构、工艺生产操作、设备安装检修、劳动保护和安全防火等方面的要求。最主要的布置原则如下。

(1) 建筑形式 厂房的建筑平面力求简单，这不仅有利于建筑面积和场地面积的合理使用，而且有利于建筑施工的机械化。最简单的建筑平面是长方形，应首先采用。只有那些由于厂房长度过长或受地形限制等其他原因才考虑采用 L 形、门形或 T 形。

(2) 厂房的柱距、跨度、层高和柱网布置 根据建筑模数规定如下。

① 厂房

柱距 4.0m、6.0m；

跨度 6.0m、7.5m、9.0m、12m、15m、18m、24m；

层高 4~6m，最低不宜低于 3.2m，有配管的厂房一般最低不宜低于 4m，由地面到梁底的净空高度不得低于 2.6m，涂料厂房层高宜大于 5m。

② 辅助建筑

开间 3.3~3.9m，最小不小于 3m；

进深 4.2~6.0m；

走廊宽 1.5m、1.8m、2.1m、2.4m；

层高 0.3m 的模数。

（3）门、窗、楼梯、走廊 既要符合建筑上的有关规定又要满足工艺生产的需要。厂房的大门应按人流与货流分开的原则设置。一般运货大门的宽度要比所通过的设备宽度大 0.2m 左右，要比满载的运输设备宽度大 0.6~1.0m。作为涂料成品包装的厂房大门至少应设两个，所有设在厂房生产区域内的门都必须朝室外开。为了改善车间的采光和通风，厂房的开窗面积应加大，但要同时考虑管道安装对窗间墙的需要。厂房的楼梯设置要考虑安全的需要，常用楼梯应设在室内并采用 45°斜坡。除厂房主楼外，还应设安全梯和消防梯。涂料厂房内通道走廊不宜小于 4m，以便于厂房内的物料运输。

（4）生活用室及辅助用室 生产车间除各个生产工段（工序）外，还要设置一定的生活用室和辅助用室。这些用室可单独设立，亦可与厂房毗连，但不宜与厂房内生产区域混同布置，应有明显的分界。生活用室与辅助用室一般包括如下部分。

① 生活用室 车间办公室、分析检验室、更衣室、休息室、厕所等。

② 辅助用室 控制室（仪表室）、变电室、配电室、通风室、除尘室、维修间、贮藏室等。

（5）设备布置 应顺工艺流程，避免物料的不合理往返。通常将计量设备布置在高层，主要设备（如反应釜等）布置在中层，贮罐及重型设备布置在最底层。

（6）同类型设备尽可能布置在一起 如反应釜、砂磨机等宜成列布置，以便各设备互为备用，充分发挥设备潜力。同时，也便于管道安装、整齐美观。

（7）设备之间、设备与建筑物之间都要保持一定的距离 这些间距是生产操作、安装检修所必须的。表 8.8 是供参考的设备间距数据。

表 8.8 设备与设备、设备与建筑物之间的安全距离

项　　目		间距/m	项　　目		间距/m
往复运动的机械，其运动部分离墙	≥	1.5	设备与墙之间有 1 人操作	≥	1.0
回转运动的机械与墙间的距离	≥	0.8~1.0	设备与墙之间无人操作	≥	0.5
回转机械间距离	≥	0.8~1.2	两设备间有 2 人背对背操作，有小车通过	≥	3.1
单个排列的泵的间距	≥	1.0	两设备间有 1 人操作，且有小车通过	≥	1.9
泵列与泵列间的距离	≥	1.5	两设备间有 2 人背对背操作，偶尔有人		
被吊车吊动的物品与设备最高点的间距	≥	0.4	通过	≥	1.8
贮槽间的距离		0.4~0.6	两设备间有 2 人背对背操作，且经常有		
计量槽间的距离		0.4~0.6	人通过	≥	2.4
反应设备盖上传动装置离天花板（如搅			两设备间有 1 人操作，且有人偶尔通过	≥	1.2
拌轴拆装有困难时，距离还需加大）	≥	0.8	采用罐耳支架悬挂在楼板上的容器		
走廊、操作台通过部分最小净空	≥	2.0	（反应釜、拌和罐等）加料口离楼板距离		0.4~0.6
不常走行的地方（最小净高）	≥	1.9	操作台楼梯坡度	≥	45°

（8）设备的搬运与吊装　厂房布置设计必须考虑设备的搬运与吊装。对于单层厂房，问题比较简单，只需考虑水平方向的运输。对于多层厂房同时还要考虑垂直吊装问题，为此，就要在各层楼板上设吊装孔。吊装孔的布置有三种方式：厂房长度不长，可设端头吊装孔，即将吊装孔布置在厂房端头山墙；厂房长度超过36m以上时，吊装孔应设在厂房的中部；厂房内无法设吊装孔时，可考虑跳出混凝土梁，将设备从室外吊进所在的楼层。总之，吊装孔的位置要使设备的搬运距离最短，要尽可能靠近检修较频繁的设备处，必须使每层的吊装孔对齐，注意最低层的设备不得布置在吊装孔区域内，同时应在吊装孔附近设置厂房大门。吊装孔的净孔尺寸为最大设备直径加300～400mm；过大设备，在使用过程又不需调换的，可在设备附近的墙上留孔，待设备吊装后再用砖砌上，而不考虑加大吊装孔的尺寸。

（9）厂房要留有设备拆卸和维修所需的面积和空间　对于经常检修的设备上方应设有吊点。吊点的位置一般设在设备中心位置上，若有困难，也可允许使吊点与设备中心偏移一定距离。吊点的构造形式，推荐采用在混凝土梁内埋置 $\phi 25.4～38.1$ 的钢管，因为埋置吊钩容易被腐蚀损坏。注意吊点一定要埋在梁上，若梁与设备中心偏离大于500mm则应另设次梁。

（10）有爆炸危险的甲类和乙类生产厂房的泄压面积　泄压面积与生产厂房体积的比值（m^2/m^3）可采用0.05～0.10。体积超过1000m^3的大厂房，如采用较大泄压比有困难时，可适当降低，但最小泄压比不应小于0.03。防爆厂房一般采用单层建筑，泄压面积应采用轻质屋顶。易于泄压的门、窗、轻质墙体均可作泄压面积使用。若采用多层建筑时，有爆炸危险的区域应设在最顶层，防爆厂房与不防爆厂房连接时，必须用防爆（防火）墙隔开。

（11）改善厂房的采光与通风设备布置　尽可能使操作者背光工作，站立在自然通风的上风向。根据生产过程中有毒物质的排逸量确定厂房换气次数。加强局部排风，对粉尘厂房要有除尘设施，对于调漆配色岗位应适当加大照度，人工光源应均匀柔和，接近日光。

（12）安全设施　厂房内应设置消防设备和安全疏散设施。

8.4　工程项目的经济评价

项目可行性研究阶段最重要的任务就是为项目的决策提供科学的依据。对一个工程建设项目作决策时，必须对该项目的技术、经济、社会、政治、国防、环境生态及自然资源等方面进行全面的评价。评价是决策的主要依据，正确的评价是正确决策的前提。经济评价是指对工程项目的经济效果，包括经济效益和经济效率，即在经济上可以用数量表示出来的那些因素进行评价。当然，在作决策时，经济评价的结论还要结合那些不能用数量表示的其他方面的影响进行综合评价。进行经济评价，可以比较准确地预测项目投产后的经济效果，避免决策上的失误。

评定项目的经济效果是经济评价的基本任务。经济评价的基本方法就是把为实现该项目的全部支出与通过该项目投入使用可能取得的最终利益作比较。利益与支出之差即经济效益；利益与支出之比即经济效率。通常可以用现金、时间和利润率三项指标来评定。

现金——若干年以后的现金值；

时间——投资回收年限；

利润率——获取利润的程度，如投资利润率、产值利润率等。

现金与利润率指标的数值越大，有利程度越高，相反，时间指标的数值越小越有利。三项指标可分别按照静态分析与动态分析来进行评定。静态分析，资金与时间无关，这种分析方法比较简便，但与实际情况出入较大；动态分析，资金与时间有关，资金随着时间的推移而生利息，资金是时间及利率的函数，它反应了实际情况。

8.4.1 成本估算及投资估算

8.4.1.1 成本估算

成本估算是在工厂实际成本发生前的一种预测，因而不可能将工厂实际成本的复杂情况都包括进去，只能加以简化和概括。

(1) 产品成本的构成　单位产品生产成本构成为：①原材料费；②燃料和动力费；③工资和福利费；④制造费用；⑤副产品回收；⑥生产成本（①＋②＋③＋④－⑤）。

总成本费用由生产成本、管理费用、财务费用和销售费用组成。

(2) 产品成本的估算

① 原材料费　原材料费＝单耗×单价。原材料的单价包括采购价格、运杂费及损耗，即到厂入库价格。

② 燃料费　计算公式同原材料费。燃料费指直接用于产品生产的燃料消耗，如醇酸树脂热煤炉的油耗，而那些间接燃料消耗如蒸汽锅炉的煤耗等应计入动力单价之中，不属于此项费用。

③ 动力费　动力费＝单耗×单价。各种动力费应按实际需要分别计算，其单价有两种情况，一种是外供动力，其单价除了按供方提供的单价外，还需增加本厂为该项动力而支付的一切费用；另一种为自供的动力，可按指标估算动力的成本作为单价。

④ 工资和福利费　指直接从事产品生产的操作工人及补缺人员的工资和福利费。

$$生产工人工资和福利费＝\frac{（人年平均工资＋福利费）×定员}{产量}$$

⑤ 制造费用　制造费用是指为组织和管理生产所发生的各项费用，包括生产单位（分厂、车间）管理人员工资、职工福利费、折旧费、维简费、修理费及其他制造费用（办公费、差旅费、劳动保护费）。

⑥ 管理费用　管理费用是指企业行政管理部门为管理和组织经营活动发生的各项费用，包括管理人员工资、福利费、折旧费、修理费、无形和递延资产摊销费及其他管理费用（办公费、差旅费、劳动保护费、技术转让费、土地使用税）。

⑦ 财务费用　财务费用是指为筹集资金而发生的各项费用，包括生产经营期间发生的利息净支出及其他财务费用。

⑧ 销售费用　销售费用是指为销售产品和提供劳务而发生的各项费用，包括销售部门人员工资、福利费、折旧费、修理费及其他销售费用（广告费、办公费、差旅费等）。

8.4.1.2 投资估算

(1) 投资估算的精度要求　估算是一种预测，项目投资估算是在工程施工完成之前预计的。它不可避免地要带来各种误差，然而这种误差在一定范围内却是允许的。实际上，不同的设计阶段对于估算的精确度要求也不同。根据对精度不同的要求，采用不同的方法进行投资估算是可行的。在项目的酝酿阶段，为寻找一种投资机会，可作粗略的估算，因为当时往往没有流程图、平面布置图和设备表，只可根据类似的已建成的装置投资数据，考虑规模上的差别和适当的涨价因素，进行大致的估算。常用的方法有指数估算法，这种方法的误差大于±30％。当设计深度已经完成物料衡算、能量衡算、带控制点工艺流程图、布置图、设备材料表以及建筑图和其他工程图时，可采用因子估算法，其估算误差可在±20％之内，在项目的规划阶段常用此法。初步设计阶段，为了对项目进行投资控制，此时要进行初步设计概算，可能产生的误差要小于±10％。当详细设计基本完成，需要对项目的施工建设进行招标，那么就要进行施工图调整概算或施工图预算。设备材料的费用常常根据制造厂的报价或订货合同来计算，而不是采用定额指标来计算。此时可能产生的误差大约在±5％以内。

（2）估算方法

① 指数估算法　一个新装置的投资与新旧装置规模之比的指数幂成正比，其指数方程如下。

$$X = Y\left(\frac{C_1}{C_2}\right)^n C_F$$

式中　X——新装置费用；

C_1——费用已知的旧装置规模；

C_2——待取费的新装置规模；

n——指数，$n = 0.5 \sim 0.8$，平均可取 0.6（当采用扩大设备容量达到扩大生产规模时 n 值可取 $0.6 \sim 0.7$；当采用增加相同容量设备数量来扩大生产规模时，n 值可取 $0.8 \sim 1.0$）；

C_F——从某年的物价换算到估价年的校正系数；

Y——C_1 装置的实际费用。

② 因子估算法　首先估算出直接生产设备的价值，再按照一定的比例求出管道、电气、仪表、给排水、土建等费用，这些比例是从过去积累的同类型装置的数据中取得的。

（3）设计概算　设计概算是设计文件的重要组成部分，是以货币形式表示的设计成果。经过批准的设计概算是上级主管部门控制基本建设投资、制订基本建设计划和考核建设成本的依据，也是基本建设拨款（或贷款）和编制施工预算的依据。

设计概算一经批准，一般不得随意突破。若由于建设规模、产品方案、总体布置、工艺流程等重大变更引起设计修改时，应及时修改设计概算并报原批准部门审批。

工程项目的概算一般由总概算、综合概算、单位工程概算及其他工程费用组成。总概算即指工程从筹建起，到建筑安装完成及试车投产的全部建设费用。综合概算是以单项为单位进行编制的，它是编制总概算的基础，一般情况下，它可与总概算合并为一。单位工程概算是指各个独立建筑物、构筑物或生产车间（工段）的全部费用，它是编制综合概算和总概算的基础。无论什么工程项目，概算费用都可归纳为如下四类。

① 设备购置费　包括工艺设备、电气设备、自控设备、生产工器具等。

② 设备安装工程费　包括主要生产、辅助生产、公用工程项目的工艺设备安装、管道安装以及电气、仪表设备安装等费用。

③ 建筑工程费　包括厂房、基础、道路、管架、铁路专用线、围墙等土建工程及室内给排水、采暖通风、电气照明等费用。

④ 其他基本建设费用　包括建设单位管理费、生产工人进厂及培训费、基本建设试车费等不在上述范围的其他费用。

总概算由下列部分组成：编制说明书；主要设备用量、建筑安装的三大材料用量估算表；投资分析；总概算表（参见表 8.9）。

表 8.9　总 概 算 表

序号	工程或费用名称	概算价值/万元					技术经济指标			占总投资比例/%	备注
		设备购置费	安装工程费	建筑工程费	其他工程费	合计	单位	数量	指标		
	第一部分　工程费用										
1	工艺设备及安装										
2	工艺管道										
3	电气设备及安装										
4	自控设备及安装										
5	化验设备										
6	除尘通风										
7	给排水工程										
8	土建工程										
9	防雷接地										
	小计										
	第二部分　其他费用										
1	土地征用费										
2	大型临时设施费										
3	施工机械装备费										
4	法定利润										
5	流动施工津贴										
6	劳保支出										
7	地方材料工业建设资金 1.2%										
	小计										
	第一部分和第二部分费用合计										
	未可预见费										
	设计费										
	技术服务费										
	总概算										
	扣除老设备费										
	实际总投资										

单项工程概算包括工艺设备及安装、电气设备及安装、自控设备及安装、工艺管道安装等费用，按车间（工段）或独立建筑物和构筑物为单位编制。其包括的设备费（包括运杂费）；设备安装费（按设备单位价的比例计）；安装材料；土建工程（按“概算指标”计算主要工程量）；电气照明、避雷、室内给排水、采暖通风等均按有关概算指标计算（参见表8.10）。

8.4.2　经济效果分析

经济评价的基本任务就是进行经济效果分析，如前所述，经济效果分析有静态和动态两

198

种，前者不考虑资金的时间价值，后者却把时间的因素考虑进去。

表 8.10 单位工程概算表

序号	编制根据	设备及安装工作名称	单位	数量	单重/kg	总重/kg	单位价值/元			总价值/元		
							设备	安装工程		设备	安装工程	
								合计	其中工资		合计	其中工资

8.4.2.1 静态分析

（1）资金利润率

① 企业利益分析

$$资金利润率 = \frac{净利润}{总投资} \times 100\%$$

② 国家利益分析

$$资金利润率 = \frac{净利润 + 税金}{总投资} \times 100\%$$

其中，净利润＝销售收入－总成本－税金－固定资产占用费－流动资金占用费；总投资＝基建投资＋流动资金＋基建贷款利息。

（2）投资回收率（return on investment，ROI）

$$ROI = \frac{年净收入}{总投资} \times 100\%$$

① 企业利益分析

$$投资回收率 = \frac{净利润 + 折旧费}{总投资} \times 100\%$$

② 国家利益分析

$$投资回收率 = \frac{净利润 + 折旧费 + 税金}{总投资 - 贷款利息} \times 100\%$$

（3）投资回收期

$$投资回收期(a) = \frac{1}{投资回收率}$$

以上三项指标在具体应用时，必须将所使用公式在评价报告中列出。这是因为项目的具体情况不同，所采用公式的具体内容也可能不同，只有列出计算式，才能进行确切的比较。

8.4.2.2 动态分析

（1）贴现 现金是时间和利率的函数，把现金与时间和利率联系起来进行经济效果分析，更能接近实际情况，这种方法就是动态分析。

某项工程投资 1000 万元，投产若干年后本利和为 1100 万元，用静态分析方法，此工程有盈利是无可非议的了，但以动态分析的观点则不然，试问这净收入 1100 万元－1000 万元＝100 万元是指相当于现在的 100 万元，还是若干年后的 100 万元，如果投资 1000 万元由贷款而来，那么，贷款的利率是多少？这 100 万元够不够支付贷款的利息？可见，必须把将来的现金流通折算成同一时刻的时值（一般为进行评价的那一时刻），然后才能进行比较。

这种把将来的现金流通折算成现在的时值就叫做贴现，又称为折现。

贴现的方法可以用复利公式变换而来。

设：p 为现金；i 为利率；t 为年数；C_t 为本利和。

复利公式如下。

$$C_t = p(1+i)^t$$

上例用贴现的方法来分析。

设：$i = 3\%$，$p = 1000$ 万元；$t = 10$ 年；

贷款情况，已知 $p = 1000$ 万元，应付给银行的本利和为

$$C_t = p(1+i)^t = 1000(1+0.03)^{10} = 1343.9（万元）$$

获利情况，已知 $C_t = 1100$ 万元，贴现

$$p = \frac{C_t}{(1+i)^t} = 818.5（万元）$$

此项工程要亏损 1000 万元－818.5 万元＝181.5 万元（现值）或 10 年后要损失 1343.9 万元－1100 万元＝243.9 万元，因为 10 年后的 243.9 万元经过贴现与现在的 181.5 万元相当。

$$p = \frac{243.9}{(1+0.03)^{10}} = 181.5（万元）$$

经过上述计算可以看出，本工程是一个不可取的亏损项目，因为它投产后的收入不足以支付银行利息。

(2) DCFRR（或 IRR）的概念

① 定义 使净现值等于零的那个贴现率称为贴现现金流通利润率或内部回收率（DCFRR 或 IRR）。

$$NPV = \frac{\sum C_t}{(1+I)^t} = 0$$

式中 I——DCFRR（或 IRR）；

NPV——净现值。

两个现值的代数和称为净现值，现值的大小与贴现率有关，贴现率越大，现值越小，反之则相反，因此，可以人为地找到一个贴现率使净现值等于零。

② DCFRR 及（或 IRR）的意义 逐年累计的净现金流通，到工程项目服务寿命终了时达到最大值，成为最终现金位值，这个最终现金位值是由两部分的增益而构成的：现金流通由时值变化而产生的资金增益；由工程项目经营本身所产生的资金增益。

当采用一个贴现率（通常使用与银行贷款相同的利率），把逐年的净现金流通都折算成现值，意味着扣除了现金由时值的变化而产生的资金增益，那么净现值就是由工程项目经营本身所产生的资金增益，因此，当贴现率与银行贷款（或存款）利率相同时，净现值越大，项目的增益越大。

如果采用比实际贷款利率大的贴现率进行贴现计算，则项目的净现值就会减少，净现值的减少，意味着工程项目经营本身所产生的资金增益减少，而现金随时值变化的增益就增加。如果故意使项目的净现值等于零，即把项目经营本身的资金增益作为零，这样，项目最终的现金位值就当作全部由时值的变化而得到的增益。使现值等于零的贴现率就是假定项目经营本身不产生资金增益，引起现金流通发生特殊变化的贴现率。所以，DCFRR（或

IRR）就是资金在项目中的增长速度，而贷款（或存款）利率是资金在一般情况下的增长速度（即在银行里的增长速度）。拿 DCFRR（或 IRR）与银行的利率相比即可进行投资于这一项目的好处与不投资的好处作比较。显然，DCFRR（或 IRR）比贷款利率越高越好。

③ DCFRR（或 IRR）的计算　计算 DCFRR（或 IRR）的方法一般采用试差法求解，即以假定的 i 值代入净现值方程，以检验其是否成立。

8.4.3　不确定因素分析

在经济评价中，大部分数据来自预测或估计，不可避免地含有不确定的因素，可能导致所作决策的不合理，即带有风险。事先对这些不确定因素进行分析，可以使决策更有把握。

8.4.3.1　收支平衡点（盈亏分析点）分析

估计工程项目投产后能够维持不亏损的最低销售量（或最低收入），即所谓收支平衡点分析。通过收支平衡点分析，可以促使生产者设法在最短的时间内达到最低生产能力（譬如迅速打开市场，解决原料供应等）。例如某厂 10000t/a 丙烯酸涂料工程项目，经可行性研究后得出，当年产量达到 2500t/a 时，才能收支平衡，若低于此产量，工厂就发生亏损，高于此产量，工厂才能获利。

假定如下：

① 产品价格稳定，其单价与销售量无关；

② 年生产成本中，可变成本与产量成正比，固定生产成本与产量无关；

③ 年销售量与年产量相等，即产品不积压；

④ 当收支平衡时，年销售收入与年生产成本相等。

根据以上假定可得到

$$年销售收入　Y=PX$$
$$年生产成本　Y=VX+f$$

式中　Y——年销售收入或年生产成本；

$\quad\quad P$——产品单价；

$\quad\quad X$——产品的年销售量或年产量；

$\quad\quad V$——单位产品的可变生产成本；

$\quad\quad f$——年固定生产成本。

当收支平衡时

$$PX=VX+f$$

以下就是收支平衡点基本公式。

$$PX=VX+f \quad\quad 平衡$$
$$PX<VX+f \quad\quad 亏损$$
$$PX>VX+f \quad\quad 盈利$$

8.4.3.2　敏感度分析

由于数据的不准确，决策会有风险，可取的 DCFRR（或 IRR）数值将根据项目的具体情况而定，一般如下：

① 风险小的现有工厂改造，DCFRR（或 IRR）为 15% 即可；

② 风险中等的新工艺工程项目，DCFRR（或 IRR）达到 30% 可取；

② 风险大的、带机遇性和要开辟新市场的工程项目，DCFRR（或 IRR）应达到 50%。

本节简要介绍了工程项目经济评价中最基本的一些概念。实际工作是由技术经济专业人员按照国家现行的法规来完成的，如国家计划委员会、建设部〔1993 丁 530 号文件〕发布的《关于建设项目经济评价工作的若干规定》、《建设项目经济评价方法》、《建设项目经济评价参数》等。因此，要做好经济评价工作，必须熟悉国家现行的有关经济政策和法规，要具备技术经济的专业知识和相关行业知识，要由具有资格的专门从事技术咨询机构、设计单位来完成。

参 考 文 献

1 童身毅，吴璧耀. 涂料树脂合成与配方原理. 上海：华中理工大学出版社，1990
2 [美] Zem W. 威克斯等著. 有机涂料科学和技术. 经桴良等译. 北京：化学工业出版社，2002
3 Reisch M S. Chem. Eng. News.，1997，75：36
4 Bomgnignon E W. Paint Coat. Ind.，1997，10：64
5 刘国杰. 现代涂料工艺新技术. 北京：中国轻工业出版社，2000
6 蔡奋. 生漆化学. 贵阳：贵州人民出版社，1986
7 陈士杰. 涂料工艺. 北京：北京：化学工业出版社，1994
8 涂料工业编委会编. 涂料工艺. 北京：化学工业出版社，1997
9 马庆麟. 涂料工业手册. 北京：化学工业出版社，2001
10 刘开峻. 涂料有机化学概论. 武汉：武汉制漆总厂科协，1985
11 姜英涛. 涂料基础. 北京：化学工业出版社，1997
12 巴顿 TC 著. 涂料流动和颜料分散. 郭隽奎译. 北京：化学工业出版社，1994

内 容 提 要

本书在编者阅读大量涂料方面资料的基础上，结合多年教学、科研和技术开发经验，以接近实际和生产为目标，简明扼要地阐述了涂料树脂的合成、涂料基础配方原理、涂料基本工艺、涂料施工、涂料性能检测以及涂料工厂设计等主要内容，给读者一个完整的涂料技术的概念。

本书目的明确，结构完整，内容全面，具有较强的参考价值和实用价值。

本书适用于材料专业、高分子专业的本科生、也可供研究生及科技人员参考。